このページのグラフィックは、色のついた帯の束で構成されています。帯は本書のページを表していて、各ページの色を使い、ページ順に並べています。さらに、すべてのページをPNGフォーマットの画像で出力し、それらの画像をProcessingで読み込み、「画像で作るカラーパレット」と同じ手法でカラーパレットを作成し利用しています。　→ Ch.P.1.2.2

本書のカバーでは、帯がベジェ曲線に沿って、フォントのアウトラインへと伸びています。フォントに合わせたポイントを指定する方法は、「フォントアウトライン」で解説しています。
→ Ch.P.3.2

カバー裏では、帯がキーワードのリスト（タグクラウド）に変化しています。このタグは本書のページに対応していて、XMLファイルに保存されています。このファイルを「動的なデータ構造」の作例と同じ手法で読み込んでいます。　→ Ch.M.6

カバーのグラフィックを生成しているプログラム→Cover.pdeは、コードパッケージの一部としてwww.generative-gestaltung.deからダウンロードすることができます（日本語版では、フォントの代わりにSVG画像を利用しています）。

ただし、このプログラムはもともと教育目的のサンプルではなく、経験豊富なユーザーに理解してもらうために提供しているものです。それでもこのプログラムは、複雑なグラフィックイメージが、多くの個々のテクニックの組み合わせでできていることを示しています。また、再利用できる小さなコード集になることも目指しています。

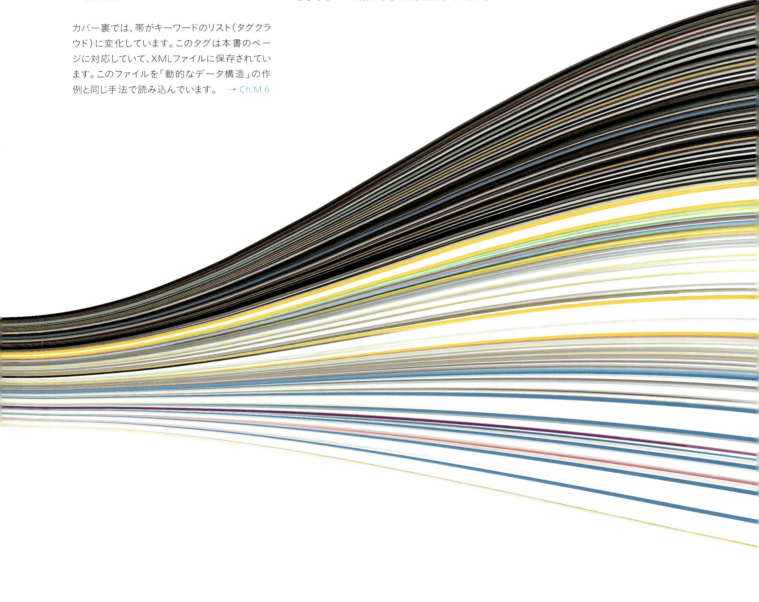

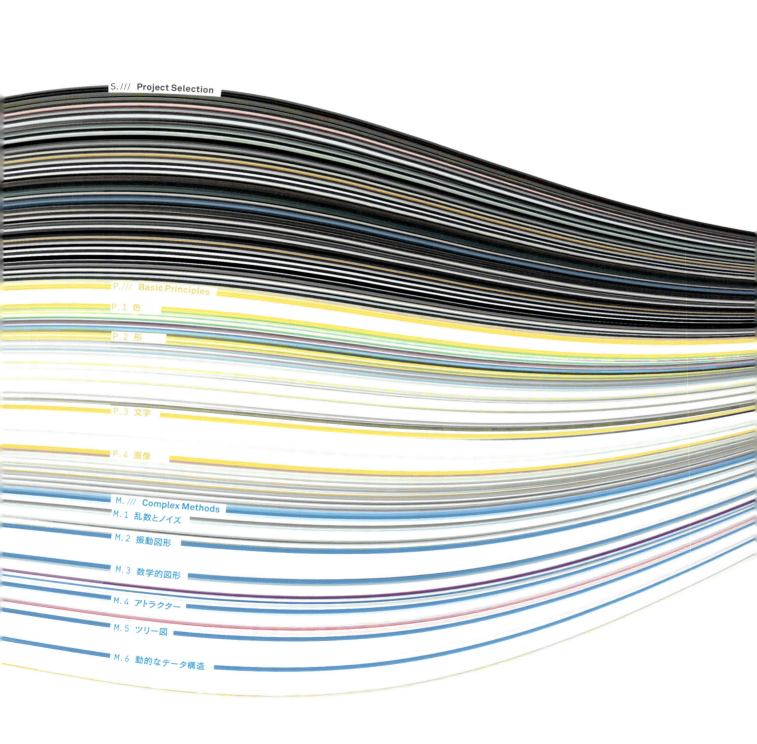

S./// Project Selection

P./// Basic Principles
P.1 色
P.2 形
P.3 文字
P.4 画像

M./// Complex Methods
M.1 乱数とノイズ
M.2 振動図形
M.3 数学的図形
M.4 アトラクター
M.5 ツリー図
M.6 動的なデータ構造

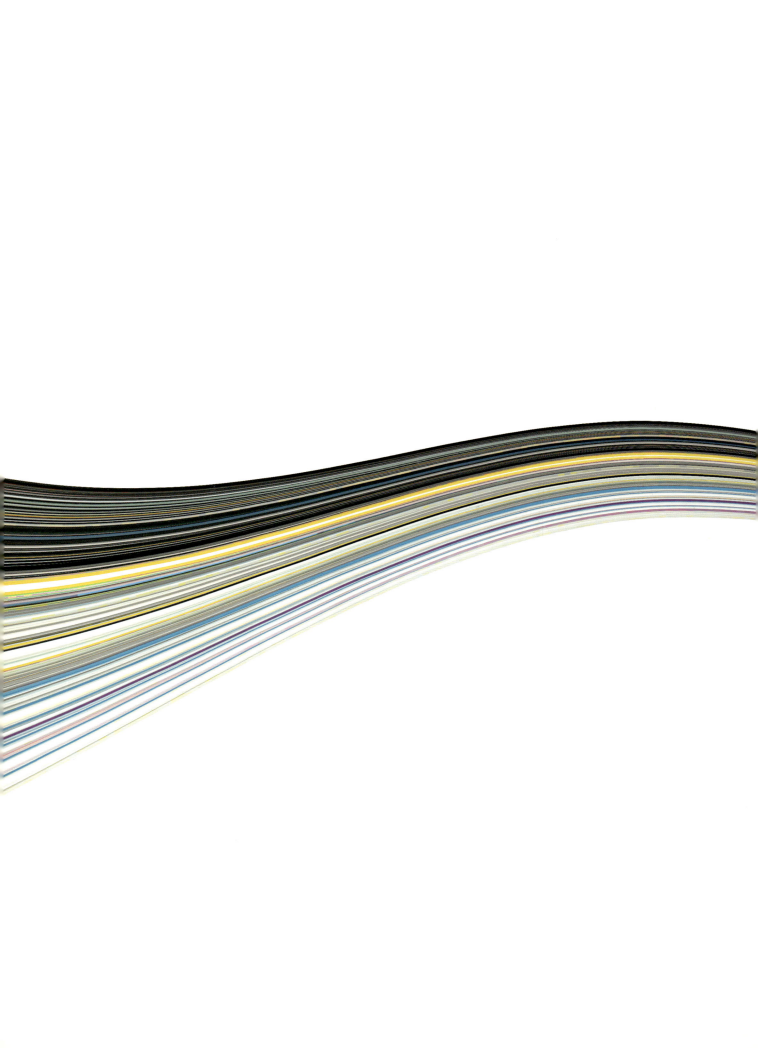

［ジェネラティブデザイン］
# GENERATIVE DESIGN

Processingで切り拓く、
デザインの新たな地平

Hartmut Bohnacker、
Benedikt Groß、
Julia Laub 著
Claudius Lazzeroni 編

安藤幸央、杉本達應、澤村正樹 翻訳
THE GUILD（深津貴之、国分宏樹）監修

## I.1
# 目次

### I./// Introduction → p.002
イントロダクション

I.1 **目次** → p.004
I.2 **序文** → p.006
I.3 **日本語版への序文** → p.007
I.4 **イメージオーバービュー** → p.008
I.5 **本書の読み方** → p.010
I.6 **www.generative-gestaltung.deの使い方** → p.012
I.7 **プログラムの使い方** → p.014

### S./// Project Selection → p.016
作品事例

ここで紹介する43作品は、ジェネラティブデザインの領域で活動する数々のメディアアーティスト、デザイナー、建築家によるものです。この分野の全体像を見渡し、インスピレーションの源泉となることを目指しています。

### P./// Basic Principles → p.176
基本原理

このパートでは、ジェネラティブデザインの基本原理を、「色」「形」「文字」「画像」というデザインの4つの基礎的な側面から紹介します。

P.0 **Processing入門** → p.178
P.0.0 Processing ── **概要** → p.180
P.0.1 **言語の要素** → p.182
P.0.2 **美しいプログラミング手法** → p.190

P.1 **色** → p.192
P.1.0 HELLO, COLOR → p.194
P.1.1 **色のスペクトル** → p.196
P.1.1.1 **グリッド状に配置した色のスペクトル** → p.196
P.1.1.2 **円形に配置した色のスペクトル** → p.198
P.1.2 **カラーパレット** → p.200
P.1.2.1 **補間で作るカラーパレット** → p.200
P.1.2.2 **画像で作るカラーパレット** → p.202
P.1.2.3 **ルールで作るカラーパレット** → p.206

P.2 **形** → p.212
P.2.0 HELLO, SHAPE → p.214
P.2.1 **グリッド** → p.218
P.2.1.1 **グリッドと整列** → p.218
P.2.1.2 **グリッドと動き** → p.222
P.2.1.3 **グリッドと複合モジュール** → p.226
P.2.2 **エージェント** → p.230
P.2.2.1 **ダムエージェント（単純なエージェント）** → p.230
P.2.2.2 **インテリジェントエージェント** → p.232
P.2.2.3 **エージェントが作る形** → p.236
P.2.2.4 **エージェントが作る成長構造** → p.240
P.2.2.5 **エージェントが作る密集状態** → p.244
P.2.3 **ドローイング** → p.248
P.2.3.1 **動きのあるブラシでドローイング** → p.248
P.2.3.2 **回転と距離** → p.252
P.2.3.3 **文字でドローイング** → p.254
P.2.3.4 **動的なブラシでドローイング** → p.256
P.2.3.5 **ペンタブレットでドローイング** → p.260
P.2.3.6 **複合モジュールでドローイング** → p.264

P.3 **文字** → p.268
P.3.0 HELLO, TYPE → p.270
P.3.1 **テキスト** → p.272
P.3.1.1 **時間ベースのテキストを描く** → p.272
P.3.1.2 **設計図としてのテキスト** → p.274
P.3.1.3 **テキストイメージ** → p.278
P.3.1.4 **テキストダイアグラム** → p.284
P.3.2 **フォントアウトライン** → p.288
P.3.2.1 **フォントアウトラインの分解** → p.288
P.3.2.2 **フォントアウトラインの変形** → p.292
P.3.2.3 **エージェントが作るフォントアウトライン** → p.296

P.4 **画像** → p.298
P.4.0 HELLO, IMAGE → p.300
P.4.1 **切り抜き** → p.302
P.4.1.1 **グリッド状に配置した切り抜き** → p.302
P.4.1.2 **切り抜きのフィードバック** → p.306
P.4.2 **画像の集合** → p.308
P.4.2.1 **画像の集合で作るコラージュ** → p.308
P.4.2.2 **時間ベースの画像の集合** → p.312
P.4.3 **ピクセル値** → p.314
P.4.3.1 **ピクセル値が作るグラフィック** → p.314
P.4.3.2 **ピクセル値が作る文字** → p.320
P.4.3.3 **リアルタイムのピクセル値** → p.324

# M. /// Complex Methods → p.330
## 高度な表現手法

このパートでは、ジェネラティブデザインでの表現の幅を広げます。6つのチュートリアルで、より複雑な手法を解説します。

### M.1 乱数とノイズ → p.332
- M.1.0 乱数とノイズ ── 概要 → p.334
- M.1.1 乱数と初期条件 → p.336
- M.1.2 乱数と規則性 → p.337
- M.1.3 ノイズ VS 乱数 → p.338
- M.1.4 ノイズによる地形 → p.342
- M.1.5 ノイズによる動き → p.344
- M.1.6 3次元空間の中のエージェント → p.354

### M.2 振動図形 → p.358
- M.2.0 振動図形 ── 概要 → p.360
- M.2.1 調和振動 → p.362
- M.2.2 リサジュー図形 → p.363
- M.2.3 変調振動 → p.365
- M.2.4 3次元のリサジュー図形 → p.366
- M.2.5 リサジュー図形を描く → p.368
- M.2.6 ドローイングツール → p.376

### M.3 数学的図形 → p.380
- M.3.0 数学的図形 ── 概要 → p.382
- M.3.1 グリッドを作る → p.384
- M.3.2 グリッドを曲げる → p.385
- M.3.3 Meshクラス → p.389
- M.3.4 メッシュ構造を崩す → p.390
- M.3.5 カスタムシェイプを定義する → p.400
- M.3.6 Meshクラス ── リファレンス（一部）→ p.401

### M.4 アトラクター → p.402
- M.4.0 アトラクター ── 概要 → p.404
- M.4.1 ノード → p.406
- M.4.2 アトラクター → p.408
- M.4.3 アトラクター生成ツール → p.412
- M.4.4 空間内のアトラクター → p.416
- M.4.5 Nodeクラス ── リファレンス（一部）→ p.420
- M.4.6 Attractorクラス ── リファレンス（一部）→ p.421

### M.5 ツリー図 → p.422
- M.5.0 ツリー図 ── 概要 → p.424
- M.5.1 再帰 → p.426
- M.5.2 ハードディスクからのデータ読み込み → p.427
- M.5.3 サンバースト図 → p.429
- M.5.4 サンバーストツリー → p.434
- M.5.5 サンバースト生成ツール → p.435

### M.6 動的なデータ構造 → p.444
- M.6.0 動的なデータ構造 ── 概要 → p.446
- M.6.1 力学モデル → p.448
- M.6.2 インターネットからのデータ読み込み → p.452
- M.6.3 データと力学モデル → p.455
- M.6.4 大きさをビジュアライズする → p.457
- M.6.5 テキストの意味解析 → p.460
- M.6.6 魚眼ビュー → p.466

# A. /// Appendix → p.470
## 付録

最後に、本書の内容を振り返ります。デザインプロセスの変化と、ジェネラティブデザインがもたらす新たな可能性についての考えをまとめています。こうした思考をサンプルプログラムと結びつけ、さらなる発展への道しるべを示します。

- A.0 解説 → p.472
- A.1 索引 → p.478
- A.2 参考文献 → p.480
- A.3 編著者紹介 → p.482
- A.4 謝辞 → p.483
- A.5 連絡先 → p.484
- A.6 訳者／監修者紹介 → p.485
- A.7 コピーライト → p.486

## I.2
# 序文

Karin（カリン）とBertram Schmidt-Friderichs（ベルトラム・シュミット＝フリードリヒ）
Verlag Hermann Schmidt 発行人

この数年、ジェネラティブデザインは、メディアアートの祭典やカンファレンスの関係者のあいだで大きな興奮を巻き起こしてきました。グラフィックデザインとプログラミングとのあいだの、複雑な情報の相互作用を通して、斬新で魅力的なビジュアルの世界が立ち現れ、そこに潜んでいた相互関係が見えるようにもなりました。

Processingのようなプログラミング言語は、デザイナーの役割を変える可能性を秘めています。いま起こっていることは、視覚表現を新しい領域へと導くデザインのパラダイムシフトなのです。しかし、このパラダイムシフトは理解されづらいところがありました。デザイナーはこれまで、プログラマーが開発したツールを使うしかなく、プログラムが提供する表現の範囲に縛られてきていたからです。

ジェネラティブデザインにより、既製品のデジタルツールのユーザーは、独自のデジタルツールを作るプログラマーに変化します。このことで、デザインのプロセスが根本的に変わります。技巧的な側面は後退し、その代わりに、より高い次元にある「抽象化と情報」から形が生まれます。ジェネラティブデザインは、イメージの見た目を問うのではなく、現象を深く認識することからスタートするのです。

4名の編著者、Harmut Bohnacker（ハルムート・ボーナッカー）、Benedikt Groß（ベネディクト・グロース）、Julia Laub（ユリア・ラウブ）、Claudius Lazzeroni（クラウディウス・ラッツェローニ）と出会う前から、私たちはジェネラティブデザインの作品に非常に関心をもっていました。そして編著者たちとひとしきり話し合って初めて、このデザインのパラダイムシフトがはっきりと分かるようになりました。私たちは、数式やコードの本を作る気はまったくなかったのですが、「絶対に作らない」とは言っていませんでした。このような本は、ジェネラティブデザインを理解するために必要であり、単にジェネラティブデザインの凄さを見せつけるためのものではありません。これまで本づくりの仕事で、こんなにも多くのことを学んだ経験はほとんどありませんでした。この学びをもたらした著者のみなさんに感謝しています。

新たな領域への明快で包括的なガイドである本書をぜひ活用してください。かなり複雑なソースコードを扱いながらも、分かりやすく、大切なポイントを浮かび上がらせています。編著者たちは、色、形、文字、画像といった標準的なデザインの原則に基づくガイドを作り上げるとともに、Webサイトwww.generative-gestaltung.deを構築しました。彼らは、急速に増大しているジェネラティブデザインに関する基礎知識を提供することで、デザイナーとプログラマーの両者の視野を広げようとしているのです。

この数年間でジェネラティブデザインは、マイナーな存在からより多くの人々が活用する価値ある存在へと浮上してきました。編著者たちは、本書および併設サイトで、ジェネラティブデザインへのアクセスの基盤を作ったのです。

私たちは、読者のみなさんに、ジェネラティブデザインとその使い方を学ぶ機会を提供できることをうれしく思うとともに、デザインの新たな世界に向かってすばらしい旅をされることを願っています。

# I.3
# 日本語版への序文

深津貴之
THE GUILD 代表

『Generative Design』の日本語版が、いよいよ出版されました。本書は、プログラミングによる視覚表現の「最上級の教本」と言っても過言ではありません。この素晴らしい本の序文を書かせていただくにあたり、何を書くべきか非常に悩みました。最終的に、歴史やカルチャーの話をするよりは、この本の読者に最も役に立つであろうことを書くことにしました。それは、表現者と技術者がジェネラティブデザインをどう学習すべきか、です。

## 表現者が技術を学ぶには

アーティストがプログラミングを学ぶとき、最大の壁は「技術を習得することの面倒さ」です。アーティストは「作りたいモノ」がすでに頭にあります。しかし、技術学習において、これは往々にして障害となるのです。頭の中にある小粋なアニメーションや、美しいパターンを目指してプログラミングを学習すると、大抵の場合は挫折してしまうでしょう。

なぜならば、「作りたいモノ」を作るためには、その内容次第で膨大な量の前提知識や周辺技術が必要となるからです。ちょっとした演出にロケットサイエンスが必要なこともある……それがプログラミングの世界です。アーティストはすでに自分の得意な表現手法（手書きであれ、Photoshopであれ）を持っているので、何かを学習するよりもスケッチブックを取り出すほうが、楽で早いのです。すでに手を動かせる人ほど、不自由なプログラミングを学ぶという面倒さが前に出てしまうこととなります。

アーティストが技術を学ぶコツは、学習中の技術をテーマに、面白い表現を模索したり、小作品を量産することです。線の引き方を覚えたら、線をテーマにする。繰り返し文を覚えたら、繰り返しを活かした作品を作る。このように、技術から新しい表現を模索することが、アーティストにとって最も簡単な技術の学び方となります。また、学習途中で生まれる習作は、アーティストの表現の幅を大きく広げてくれるでしょう。

## 技術者が表現を学ぶには

一方、エンジニアの場合はどうでしょう？　エンジニアからジェネラティブデザインを始めた人々にも、多くに共通する悩みがあります。「何を作っていいか分からない」と「綺麗にならない」ということです。これらの問題は、表現技法の欠如や、表現活動そのものへの経験不足に起因します。逆を言えば、初めのとっかかりと勉強の仕方で解決できるわけです。

エンジニアにおすすめなのは、表現手法をお題ととらえて、そのロジックをコード化していくことです。例えば色彩理論や構図、アニメーション演出といった表現技法を学び、それをコードやライブラリ化する。最初のうちは、そのサンプルや検証コードのつもりで作品を制作するとよいでしょう。

このような制作スタイルをとることで、ジェネラティブデザインと並行して表現技法を体系的に学ぶことができます。エンジニアの習作は、始めのうちは色彩や構図にメリハリが欠けたモノになりがちですが、理論をコード化することによって容易に克服できます。エンジニアの気質としても、ゴールの曖昧な作品制作を行うよりも、表現を技術として学び遊ぶほうが簡単です。

またエンジニアの場合、アーティストとは違う楽しみ方もあります。それはライブラリの公開です。視覚ロジックをライブラリ化しGitHubなどで共有することで、さまざまなアーティストが自分の代わりに作品を作ってくれる。これはエンジニアならではの楽しみ方でしょう。

この本を手に取ったあなたは、表現者かもしれないし、技術者かもしれません。どちらにしても、このアドバイスが役に立てばと思います。最後に、どちらのタイプにも有効なアドバイスをひとつ。上達につながる最短経路は回数です。1つの超大作を作るよりも、小さな習作を数多く、コンスタントに発表していくのがおすすめです。面白い作品が作れたら、私と共同監修者の国分がFacebookで主催しているInteractive Codingグループにぜひ投稿してください。

https://www.facebook.com/groups/1478118689119745/

# I.4
# イメージオーバービュー

P./// Basic Principles 基本原理 → p.176

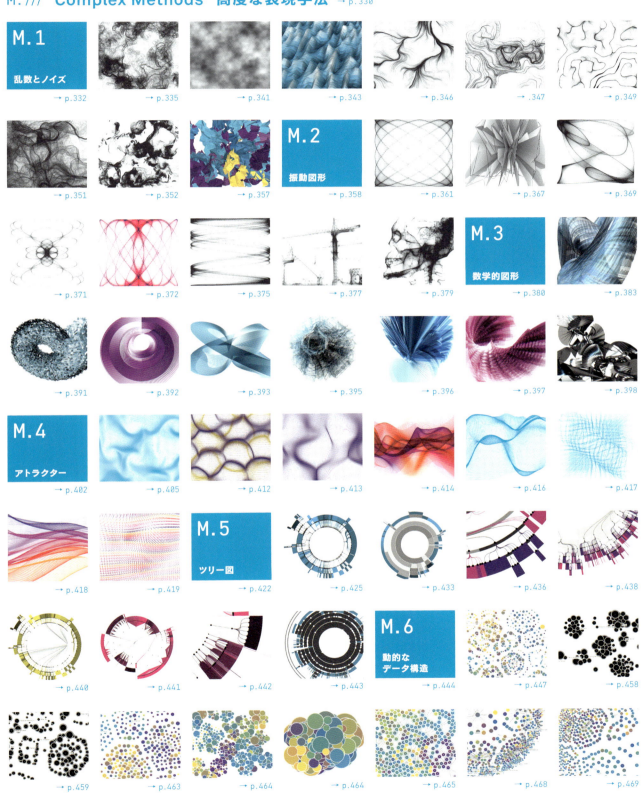

# I.5
# 本書の読み方

**ヘッダ**

右側のコードリンク（例：→ P_2_2_1_01.pde）は、そのチャプターのベースとなるプログラムを示しています。→ p.012「Processing用プログラムのダウンロード」

プログラムの解説は、「_01」がついている最も基本的なものに限っています。コードのフォルダには、その他のバリエーション「_02」や「_03」など）も用意されていることがあります。これらは最初のベースとなるプログラムのバリエーションで、より複雑になっています。

左側のリストは、キーボードやマウスの操作により動作を引き起こすインタラクションの一覧です。例えば、ほとんどの場合Sキーを押すことで、作成した画像をPNG形式で保存することができます。各種パラメータの中には、マウスカーソルの位置に連動するものもあります。→ p.015「プログラムの利用」

**コードブロック**

コードの重要な部分を掲載して解説しています。コードをよく理解するためには、本書を読み進める際に、コンピュータ上でもコードを開いておくのが理想的です。

解説を見つけやすくするために、一番重要な部分を ハイライト しています。

キーワード には、色をつけて区別しています。

…… この部分は、省略していることを示しています。

→ 矢印は、コードブロックが次のページに続いていることを示しています。

### P.2.2 - P.2.2.1
### チャプター見出し

このリードテキストでは、このチャプターが何についてのもので、そこから何が学べるかについて説明しています。他のチャプターへの参照や、外部リンクも示しています。

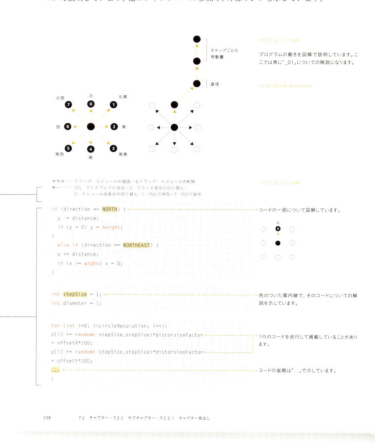

**プログラム名の構成**

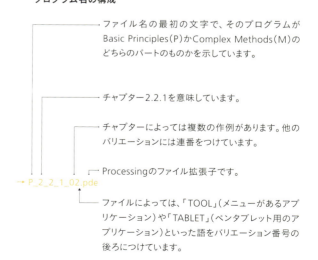

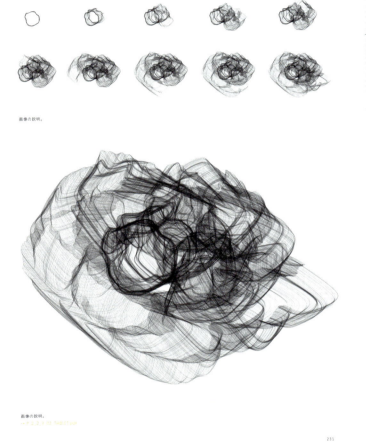

画像の説明。

画像の説明。
→ P_2_1_3_02_TOOL.pde

### 画像

小さな画像を並べて、時系列の変化を示しています。

画像のキャプションには、短い解説と、この画像を作成したプログラムへの参照を示しています。

### 参照リンクの種類

→ P_1_1_01.pde　プログラムパッケージ内のプログラムファイルの参照です。
　　　　　　　　→ p.012–013「プログラムとライブラリのダウンロード」
→ p.123　参照ページです。
→ Ch.P.1.1.2　参照チャプターです。
→ W.345　参照Webサイトです。
　　　　　www.generative-gestaltung.deでは、長いURLをタイプせずとも、検索フォームにコード番号を入れることで参照できます。　→ p.013「Webリンク」

# I.6
# www.generative-gestaltung.deの使い方

**Processing用プログラムのダウンロード**

本書で扱うすべてのプログラムを、1つのパッケージでダウンロードすることができます。Processing 1.x、2.x、3.x用があります。パッケージ全部をダウンロードしたくない場合は、各コードの詳細ページからそれぞれのプログラムを個別にダウンロードすることもできます。

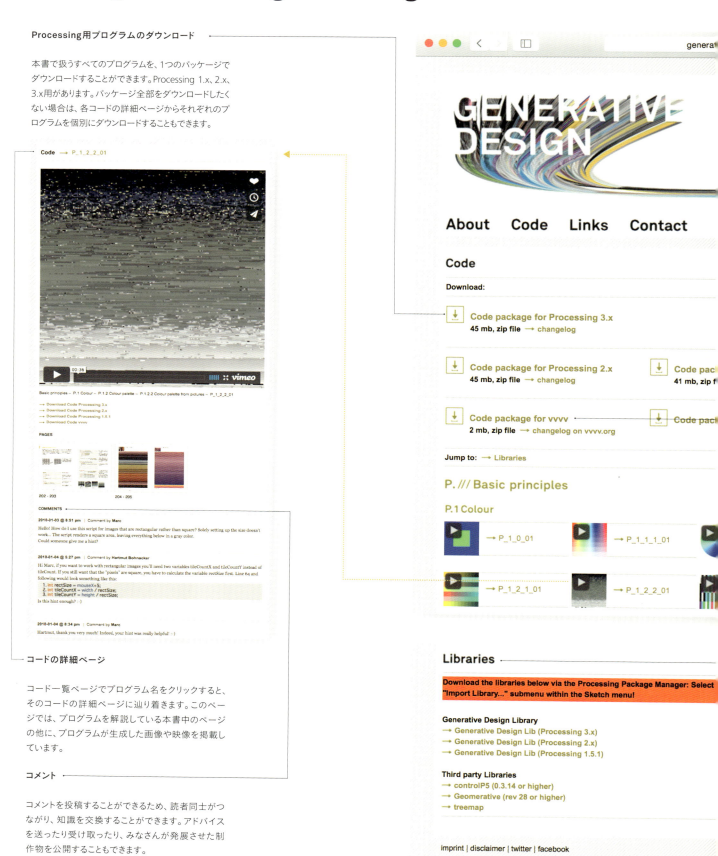

**コードの詳細ページ**

コード一覧ページでプログラム名をクリックすると、そのコードの詳細ページに辿り着きます。このページでは、プログラムを解説している本書中のページの他に、プログラムが生成した画像や映像を掲載しています。

**コメント**

コメントを投稿することができるため、読者同士がつながり、知識を交換することができます。アドバイスを送ったり受け取ったり、みなさんが発展させた制作物を公開することもできます。

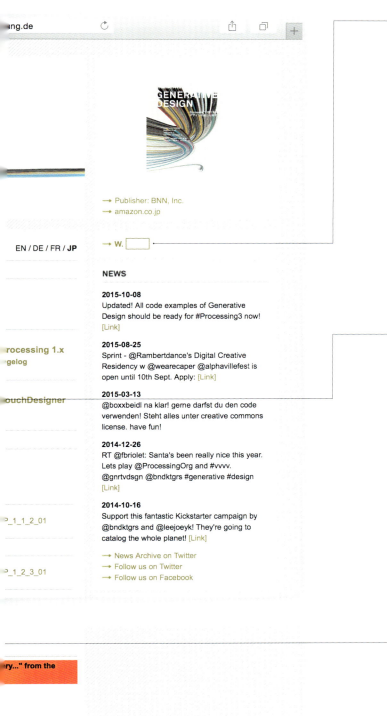

### Webリンク

便利なクイックリンク検索があります。リンクのコード番号を検索フィールドに入力すると、Enterキーですぐにリンク先のサイトに飛べます。このリンク集は、URLが変わった場合は最新の情報に更新するようにしています。

メニュー項目のLinksでは、本書のすべての参照Webサイトをチャプターごとにリストアップしています。このWebリンクには、短い説明と、そのリンクが登場する本書のチャプターを掲載しています。

**Links**　　　　　　　　　　　　　　　　　　　　　　　EN / DE / FR / JP

Jump to:　→ Basic principles　→ Complex methods　→ Appendix　→ Common links

**S. /// Project selection**

→ **W.101** Website Sanch
→ **W.102** Website Andreas Fischer
→ **W.103** Wikipedia: Mercator Projektion

### vvvvコードパッケージ

ビジュアルプログラミング言語「vvvv」によるプログラム一式をダウンロードすることもできます。

vvvvはグラフィカルなプログラミング環境で、簡単にプロトタイピングや開発ができます。vvvvは、物理インターフェース、リアルタイムモーショングラフィックス、オーディオやビデオなど、幅広いメディアを簡単に扱えるように設計されています。
→ vvvv.org

本書ではvvvvには言及していませんが、ビジュアルプログラミングに慣れている読者は、Processingの代わりにvvvvパッチを使うほうがよいかもしれません。これらは、本書で取り扱っているProcessingと同様に動作し、詳しい説明はパッチの中に直接書かれています。また、TouchDesignerのコードパッケージも同様にダウンロードできます。

### ライブラリのダウンロード

プログラムに必要な「ライブラリ」が、ここでダウンロードできます。Generative Designライブラリは、本書のために開発されました。これ以外の3つのライブラリは別の開発者によるもので、プログラムによっては必要になります。

013

# I.7 プログラムの使い方

**Processingのインストール方法**

1. Processingの最新バージョンをダウンロードします。本書のプログラムは、バージョン3.0.1を基準にしています。 → www.processing.org

2. www.generative-gestaltung.de/codeから、3.x用のコードパッケージをダウンロードします。
→ p.012「Processing用プログラムのダウンロード」

本書では、以下のライブラリが必要です。
- Generative Design Lib
- controlP5
- Geomerative
- treemap

Processing 3.xでは、メニュー項目「スケッチ > ライブラリをインポート... > ライブラリを追加...」で、簡単にライブラリを追加できます。

Processingの古いバージョンを使っている場合は、www.generative-gestaltung.deからライブラリをダウンロードする必要があります。すべてのライブラリを「書類 > Processing > libraries」フォルダに入れます（このProcessingフォルダは、Processingプログラムの初回起動時に自動的に作成されます）。コードパッケージは、コンピュータの好きな場所に保存してかまいません。

3. 「ファイル > 開く...」から、コードパッケージのどのプログラムも開けます。Processingのプログラム（「スケッチ」と呼ばれます）には、ファイル拡張子「.pde」がついています。プログラムフォルダにある複数のpdeファイルは、プログラムの一部分です（この例では、「M_3_4_03_TOOL」）。

これらのpdeファイルのうち1つを開けばOKです。その他のpdeファイルも、エディタのタブとして自動的に表示されます。プログラムによっては、プログラムフォルダの中に「data」という名前のフォルダがあり、この中に入っているテキスト、画像などのファイルもプログラムに必要です。PNGファイルは、そのプログラムを実行した時のイメージです。

▼ 📁 M_3_4_03_TOOL
　　📄 GUI.pde
　　📄 M_3_4_03_TOOL.pde
　　📄 M_3_4_03.png
　　📄 Mesh.pde
　　📄 TileSaver.pde

4. 「スケッチ > 実行」か「Run」ボタンでプログラムを開始します。新規ウィンドウ（「ディスプレイウィンドウ」と呼ばれます）が開き、プログラムが実行されます。本書中（およびpdeファイルのヘッダ）で説明しているインタラクションが利用可能です。

5. ディスプレイウィンドウを閉じるかStopボタンを押して、プログラムを終了します。ディスプレイウィンドウで行った変更は失われ、次回開始する時には初期設定で始まります。プログラムコードを編集して保存した変更点は保持されます。

6. プログラムによっては、特に高解像度の画像を保存する時に大きなストレージ容量が必要になるので注意してください。そこでProcessing環境設定の「有効な最大メモリを増やす」をチェックし、512MB以上に設定してください。場合によっては、画像の保存に少々時間がかかるかもしれません。

7. さらに詳細な情報はこちらを参照してください。
→ Ch.P.0.0 Processing ── 概要

この部分（「コンソール」と呼ばれます）には、デバッグ用の情報やエラーメッセージが表示されます。

各チャプターに対応するプログラムは、ファイル名で簡単に見つかります。
→ p.010「プログラム名の構成」

本書のプログラムはApacheライセンスでリリースされています。つまりこのプログラムは、自由に利用したり、改変したり、どんな目的で配布してもかまわないことを意味しています。

## プログラムの利用

誤解を恐れずに言うと、プログラミングができなくても、本書を役立てることはできます。すべてのプログラムがそのままの状態で利用できるからです。Basic Principlesパートでは、インタラクティブなプロジェクトを使ってイメージを生成し、そのイメージを変えたり保存したりできます。

Complex Methodsパートでは、最終的なプログラムにはコントロールやボタンなどのパラメータのメニューがあります。このメニューを使って、コードに触れずに多種多様なイメージを生成し、高解像度画像として保存することができます。

## プログラムの出力

プログラムによっては、高解像度画像やベクターデータを保存できます。出力したファイルは、pdeファイルのあるフォルダと同じ場所に保存されます。保存されたファイルには日時が入った名前がつけられ、イメージを生成した順番が一目で分かります。

カラーパレットに関するチャプターのプログラムを使用すると、カラーパレットをAdobeのソフトウェア用のASE形式で保存できます。

通常、Pキーを押すだけで、編集可能なPDFとしてベクターデータを保存できます。プログラムによってはPDFを疑似的に録画する必要があるかもしれません（録画はRキーを押して開始し、Eキーで終了します）。録画開始後に生成したすべての要素をその場でPDFに保存して、録画が終了した時点で完了します。

## プログラムの編集

プログラミングへのちょっとした入門として、「パラメータを変えること」があります。パラメータを変えると、マウスやキーボードのインタラクションよりもずっと大きな変化を生み出すことができます。パラメータの変更の効果がよく分かる行は////で示していて、適切な値の範囲が書かれています。

## 新規プログラムの作成

私たちは読者に、本書のプログラムを改造したり、プログラムの要素を使って新しいプログラムを作成することを推奨します。

Generative Designライブラリでは、便利な関数やクラスを多く用意しており、プログラムの作成に大きな助けになるでしょう。

ライブラリのドキュメントは「ヘルプ ＞ ライブラリ・リファレンス ＞ GenerativeDesign」にあります。

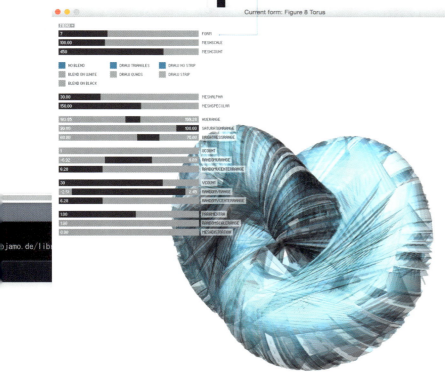

S.///

# Project Selection

## 作品事例

さまざまなメディアアーティスト、デザイナー、およびジェネラティブデザインの分野で活躍する作家たちによる数多くの作品の中から、代表的な35作品を紹介します(これに加え、日本語版では新たに8作品を紹介しています)。読者の皆さんのインスピレーションの源として役立つことでしょう。関連するBasic PrinciplesとComplex Methodsへの参照先も記載されています。

S.01 **Superformula** → p.020

S.02 **extracts of local distance** → p.024

S.03 **10,000 Digital Paintings** → p.028

S.04 **Reflection** → p.032

S.05 **A Week in the Life** → p.036

S.06 **Gestalt** → p.040

S.07 **Aperiodic Symmetries** → p.044

S.08 **Recursive Growth** → p.048

S.09 **Platonic Solids** → p.052

S.10 **Subdivided Pavilions** → p.056

S.11 **Der Wirklichkeitsschaum** → p.060

S.12 **Red Ambush** → p.064

S.13 **Subjektbeschleuniger** → p.068

S.14 **Growing Data** → p.072

S.15 **Similar Diversity** → p.076

S.16 **Generative Lamps** → p.080

S.17 **Segmentation and Symptom** → p.084

S.18 **Footfalls** → p.088

S.19 **Poetry on the Road** → p.092

S.20 **Actelion Imagery Wizard** → p.096

S.21 **Talysis II, Autotrophs** → p.100

S.22 **Delaunay Raster** → p.104

S.23 **Tile Tool** → p.108

S.24 **Process Compendium** → p.112

S.25 **con\texture\de\structure** → p.116

S.26 **Being not truthful** → p.120

S.27 **Casa da Música Identity** → p.124

S.28 **Type & Form Sculpture** → p.128

S.29 **Faber Finds** → p.132

S.30 **genoTyp** → p.136

S.31 **Evolving Logo** → p.140

S.32 **_grau** → p.144

S.33 **well-formed.eigenfactor** → p.148

S.34 **Cyberflowers** → p.152

S.35 **Stock Space** → p.156

S.36 **Strata #3** → p.160

S.37 **Forms** → p.162

S.38 **CLOUDS** → p.164

S.39 **パラメトリック** → p.166

S.40 **Lilium** → p.168

S.41 **Possible, Plausible, Potential** → p.170

S.42 **LANDFORMS** → p.172

S.43 **Virtual Depictions: San Francisco** → p.174

※S.36〜43は、日本語版オリジナルコンテンツです（テキスト：久保田晃弘）。

## S.01
# Superformula

Superformulaは、典型的なジェネラティブアート作品です。このプロジェクトは抽象的な3次元コンポジションを探求したもので、純粋に美的なものを創造しようとしています。ランダムな値やアルゴリズムの適用、インタラクティブな操作による試行錯誤によって、芸術的な空間形態と鮮やかな色彩が生み出されています。

それぞれのコンポジションは、多数の個別の形態から構成されていますが、数式によってその3次元形状が歪められ、さらに巧みに操作されています。使われているパラメータによって、貝殻型の華やかな形状から、アグレッシブな技術的構造にもなり得ます。

2004年、David Dessens（デヴィッド・デセンス）は「Superformula」（参照：Johan Gielis）という数学的形態を、処理スピードの速さで有名なグラフィカルプログラミング環境vvvvと組み合わせて使い始めました。vvvvが利用するグラフィックカードは、コンピュータのメインプロセッサに負荷をかけずに多くの計算を実行します。さまざまな数式がピクセルシェーダーや頂点シェーダーへと変換されたのち、幾何学的な形態として表示されます。その変換の過程で頂点シェーダーは、既存のオブジェクトの幾何学的形状に影響を与えます。

**David Dessens (Sanch)**

2008年
Superformula

→ W.101
Webサイト：Sanch

関連するチャプター：
→ Ch.M.3
数学的図形

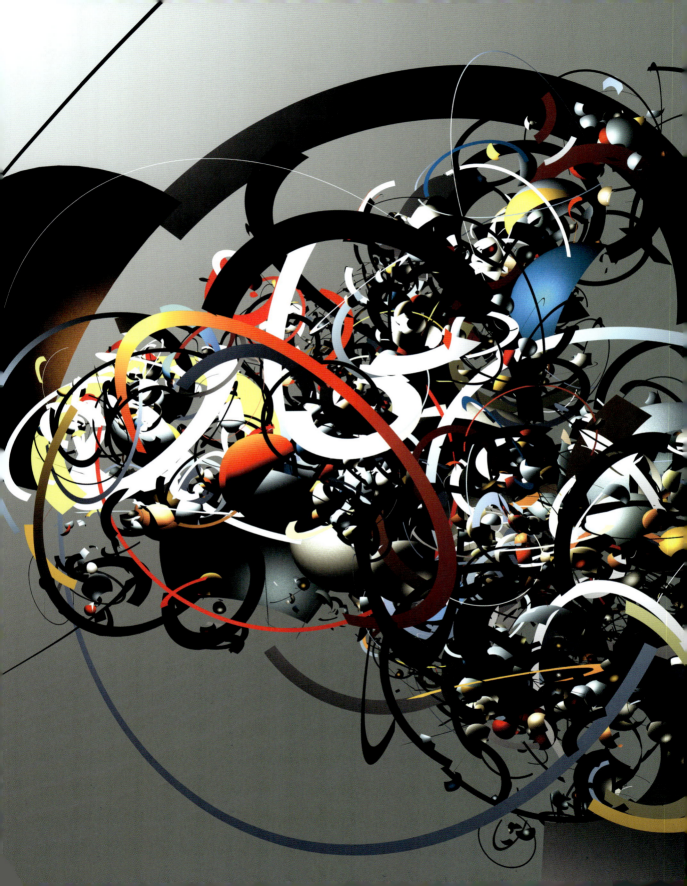

## S.02
# extracts of local distance

スタジオFELDのメンバーは、建築写真のアーカイブを探求することから、extracts of local distanceの最初のアイデアを思いつきました。何千枚もの写真を調べることによって、遠近感や消失点など、画像の構成について共通する側面が明らかになったのです。

この発見は、視覚的特徴に関する実験的な試みにつながりました。その初期段階では、画像の分析と分割に関するさまざまなアルゴリズムとその組み合わせがテストされました。種々の写真の小さな断片を単純に何層にも重ねたものを共通の消失点に並べ、共通の視点を持った、建築空間の小さなコラージュを作りました。デザイナーたちはその実験結果に魅せられ、さらに大きなコラージュの作成にも使えるソフトウェアツールで、そのアルゴリズムを実行してみました。

最終段階では2つのツールが使用されました。高解像度の素材画像は、まず分析され、消失点と画像に含まれる形状によってカテゴリーごとに分類されます。分析に基づき、画像はデジタル処理によって消失点に対する位置と透視図の遠近情報を有した、多くの部分に分割されます。この処理のために、半自動的に分析を行うアルゴリズムが開発されました。このアルゴリズムは画像を分割して小さな断片にするため、断片が集められた巨大な素材集ができ、新しい画像内の新たな遠近感や形状に適用するための準備を行います。その断片は、もとの遠近感情報とともに、新しいコラージュを作成するための部品の1つとなります。

第2のツールは、新しいコラージュを構成するためのインターフェースを提供します。コラージュを作成するために、まずおおまかな構造が定義され、そこに適合する画像の断片が重ね合わせられます。フレームに合うように断片が変形されることはなく、その代わりに大量の断片の中から、うまく適合できるものが選ばれます。最終的に使用される断片の選択には、オリジナル写真の内容を説明するために付加されたキーワードが影響を与えることもあります。このように、元の素材との意味的なつながりが、文脈的レイヤーを付与しているのです。

こうして再構成された作品は、建築家と写真家の両者の見方と視点を一致交錯し、新しく選ばれた第3の枠組みを与えます。結果として生まれたそれぞれのファインアートプリント（アート作品として販売目的の高品質写真プリント）は、独特な個性を持っています。この手法にはさらなる実験の可能性があり、進行中の研究でもあります。

**FELD**

2009年
extracts of local distance
コラージュジェネレータ

→W.144
Webサイト：extracts of local distance

関連するチャプター：
→Ch.P.4.2.1
画像の集合で作るコラージュ

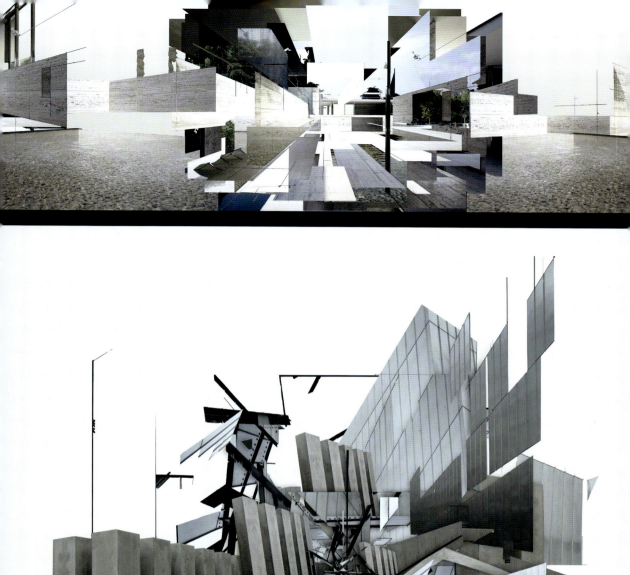

# S.03
# 10,000 Digital Paintings

FIELDは、デザインコミュニティにデジタル印刷とジェネラティブデザインの可能性を伝えるべく、英国の製紙業者GF Smithの2011年版印刷見本の表紙を制作しました。ジェネラティブコーディングと創造的な直感力を組み合わせて生み出されたこれらの表紙は、多様な見方ができる「多元彫刻（hypercomplex sculpture）」と呼べるものです。SEA Designのチームはもともと、ミュージックトラックに反応する即興演奏のようにこの作品を作っていました。その後、その紙の繊維構造との類似性に気づいたことから、FIELDをこの紙見本制作プロジェクトに迎えました。

手描きの3D曲線が、生成物の基本構造を形成し、そのうちのいくつかは凸多角形で囲まれています。矩形ジェネレータは、無作為に生み出されたノイズ・テクスチャに基づいた矩形を生成し、そこには1枚の紙を粉砕したようなしわが表現されています。すべての画像は、巨大な彫刻的形状の異なった一部分を拡大したものです。形状の大部分は、表紙として印刷されてはいない広大な仮想空間に隠れています。実際の形、手触り、質感は、観る者のイマジネーションに委ねられているのです。

## FIELD

2011年
10,000 Digital Paintings

Commissioned by:
SEA Design

Client:
GF Smith

→ W.145
Documentation video on field.io

関連するチャプター：
→ Ch.M.3.1.1
数学的図形
→ Ch.M.1.4
ノイズによる地形

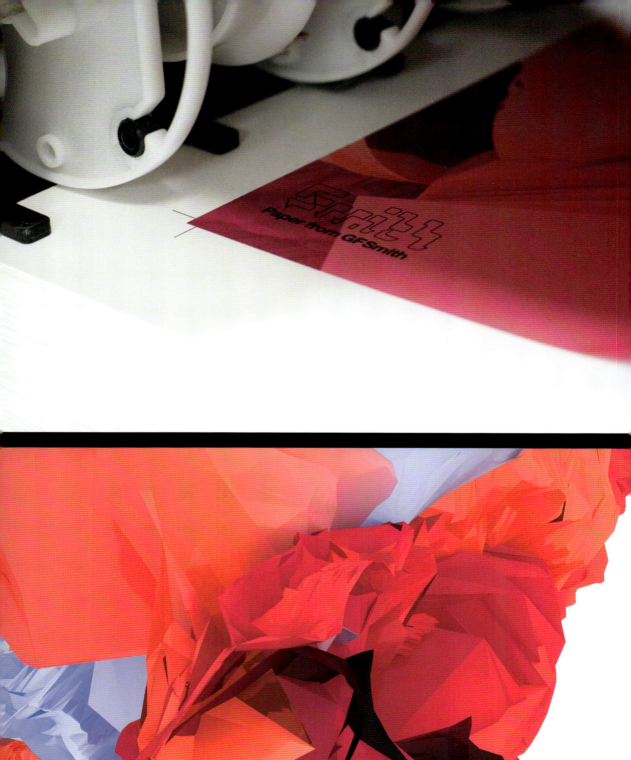

## S.04
# Reflection

Reflectionは、オランダのアーティストFrans de Waard（フランス・デ・ワード）による同名の音楽作品の分析に基づいたデータ彫刻です。この彫刻は「Frozen」という展覧会のために、2008年7月アムステルダムでの音楽イベント「5 Days Off」から制作を委嘱されました。

Reflectionはおよそ16分の長さの電子音楽作品で、12の音楽的な主題を特徴としており、主題は線形の連続性を持って繰り返されます。その波形とスペクトル分析は、この作品の反復的な構造を明確に示しています。モチーフは、最少の反復要素にまで切り詰められています。

音楽作品から引き出された独特の要素は、この作品のために作られた専用ソフトウェアにより解析され、空間座標に変換されました。高速フーリエ変換は音声解析の一般的な手法で、この解析手法によって曲の時間的経過とともに音声信号の周波数スペクトルが描かれ、音楽的モチーフの構造を目に見える形にしています。結果として得られたスペクトルの起伏は、1枚の板に収められました。

**Andreas Fischer**
**Benjamin Maus**

2008年
Reflection
彫刻

CNC-milled MDF
90 × 72 × 12 cm

→ W.102
Webサイト：Andreas Fischer

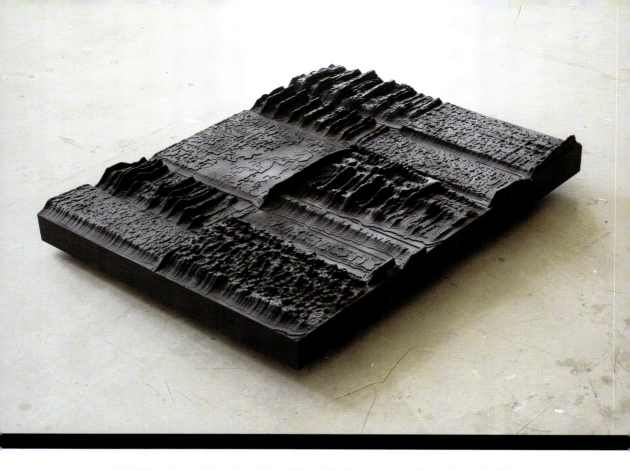
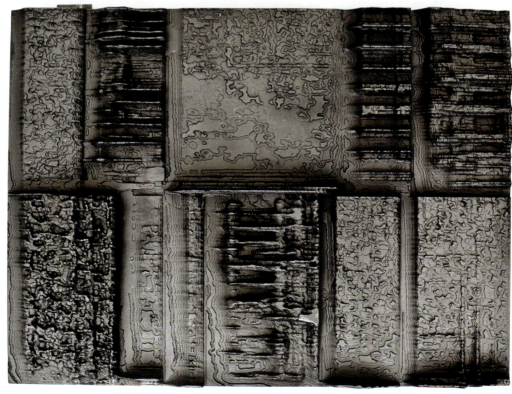

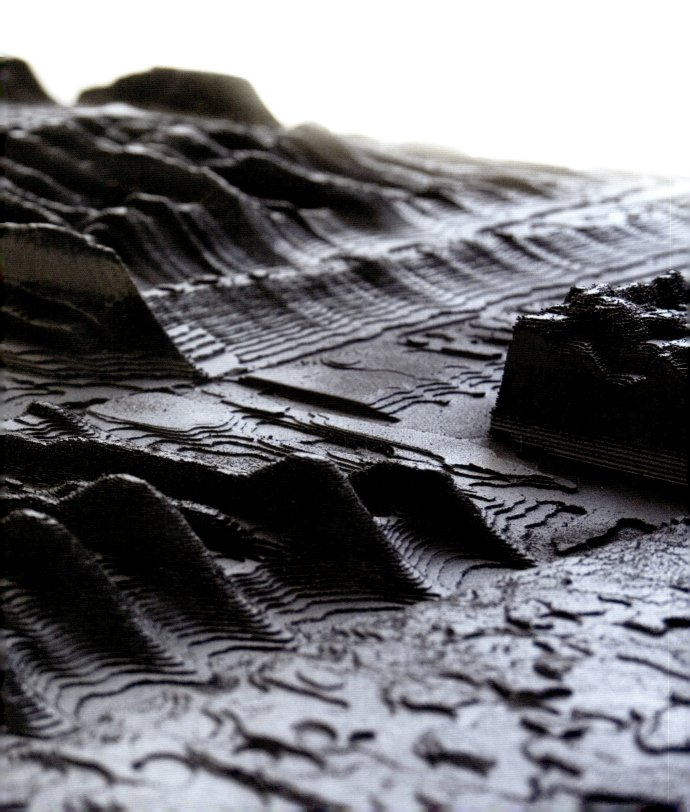

## S.05
# A Week in the Life

A Week in the Lifeは、ドイツの法律「テレコミュニケーションの監視およびその他の秘匿調査手法に関する改正法（2006/24/EC）」（EUデータ保護条令）をもとにして制作されました。この法律が定めるのは、「すべての通信プロバイダは顧客の接続履歴を6ヵ月間保管しなければならない」という決まりです。この彫刻作品は、Andreas Fischer（アンドレアス・フィッシャー）が1週間にわたってベルリン内を移動した際の通信データを視覚化したものです。データは、この目的のために特別に書かれたソフトウェアを用いて収集されました。円は、フィッシャーが移動した場所の電波強度の半径を用いて計測されています。電波の範囲は、信号の強さと位置によって決定されています。つまり、ある場所で電波を使うことで、その情報が緯度と経度に変換され、それがこの彫刻の形となっているのです。

**Andreas Fischer**

2005年
A Week in the Life
彫刻

Laser-cut cardboard
120 × 70 × 20 cm
→ W.102
Webサイト：Andreas Fischer

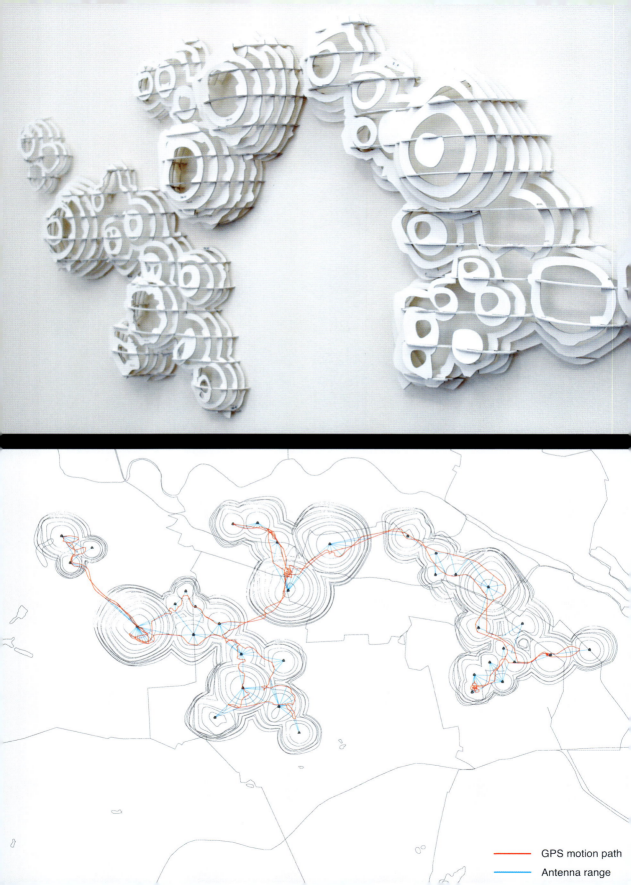

GPS motion path
Antenna range

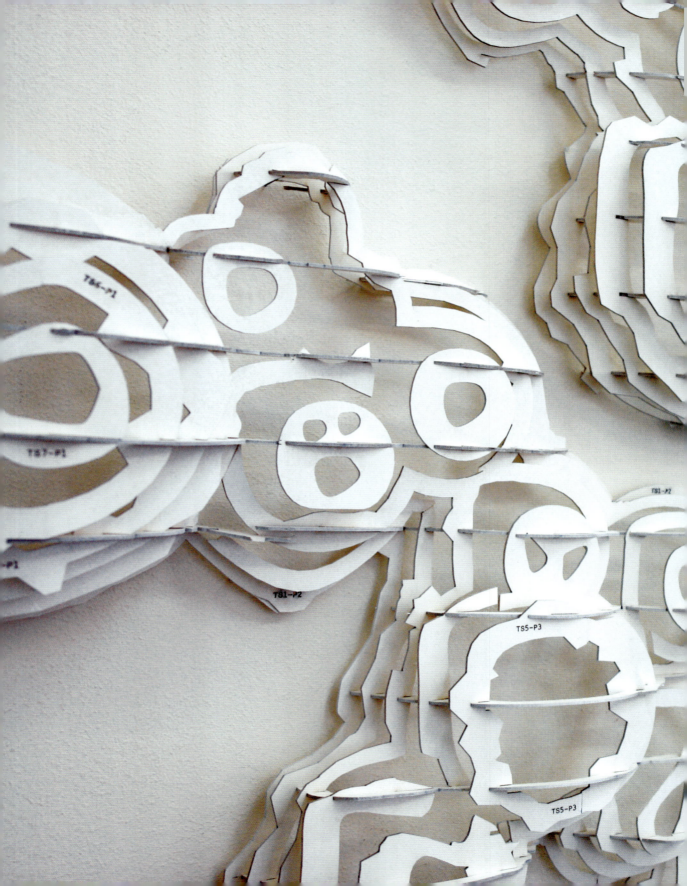

# S.06
# Gestalt

Gestaltは、ある数式から作り出される視覚的空間を探索していく、実験的な短編映画です。この作品は、Thorsten Fleisch（トルステン・フライシュ）がマンデルブロ集合によるフラクタルと4次元幾何学を駆使して作り上げたものですが、それだけでなく、数学の精神性も表現されています。

数学のもつ精神的な要素には、昔から大きな関心が寄せられてきました。ピタゴラス学派の学者たちは、科学や数学を神の秩序の表れと考えていました。数とは、単なる道具ではなく、物質性をまるで持たないところからすでに神秘的な存在であり、神に宿る力の表れとされたのです。このピタゴラス学派の考え方は、今日でも生き続けています。超ひも理論を取り扱う素粒子物理学の研究は、その最たる分野です。この理論を用いて、科学者たちは宇宙の根底にある4つの力（重力、電磁気力、核の弱い力、核の強い力）を1つのエレガントな方程式に統一して表したいと考えています。こうした理論家たちのこれまでの研究成果を土台にして、フライシュはここで、ある単純な数学理論が生み出す複雑怪奇な空間を表現したのです。

4次元クォータニオン（フラクタルの特別な種類）は、それを3次元空間に投影することで可視化できます。そこに、この映画Gestaltの数学的な本質があります。公式（x [n + 1] = x [n] p - c）を可視化したのです。こうした数学的な式から作り出される形状をよりよく理解するために、フライシュは1年近くのあいだ変数を操作して数式を調べ上げ、さらにほぼ1年をかけていくつかの場面をより高解像度に表現し直しました。

**Thorsten Fleisch**

2003年
Gestalt
映画

Rendering:
Timo Fleisch, Bernarda Fleisch,
Jan Weingarten, Thorsten Fleisch

→ W.104
Webサイト : Thorsten Fleisch

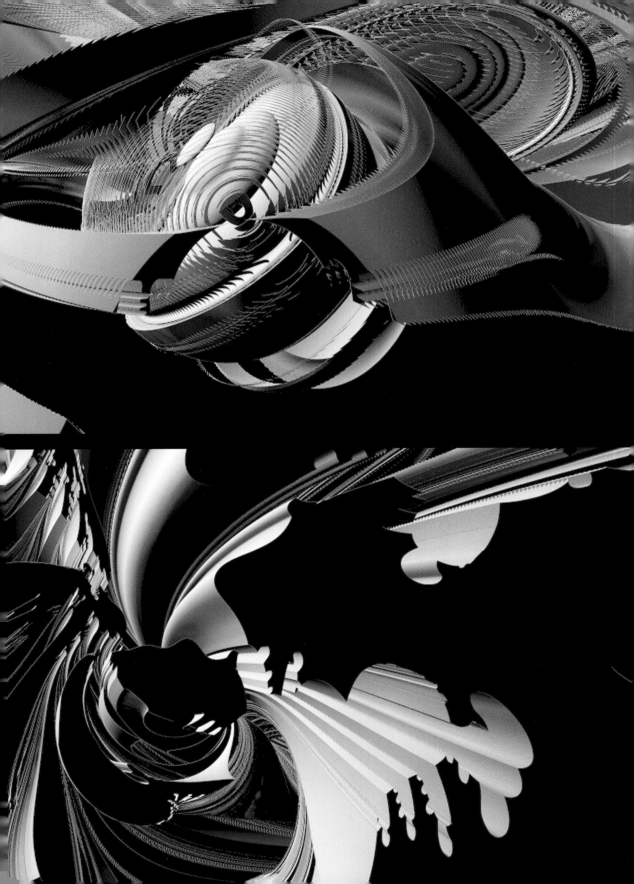

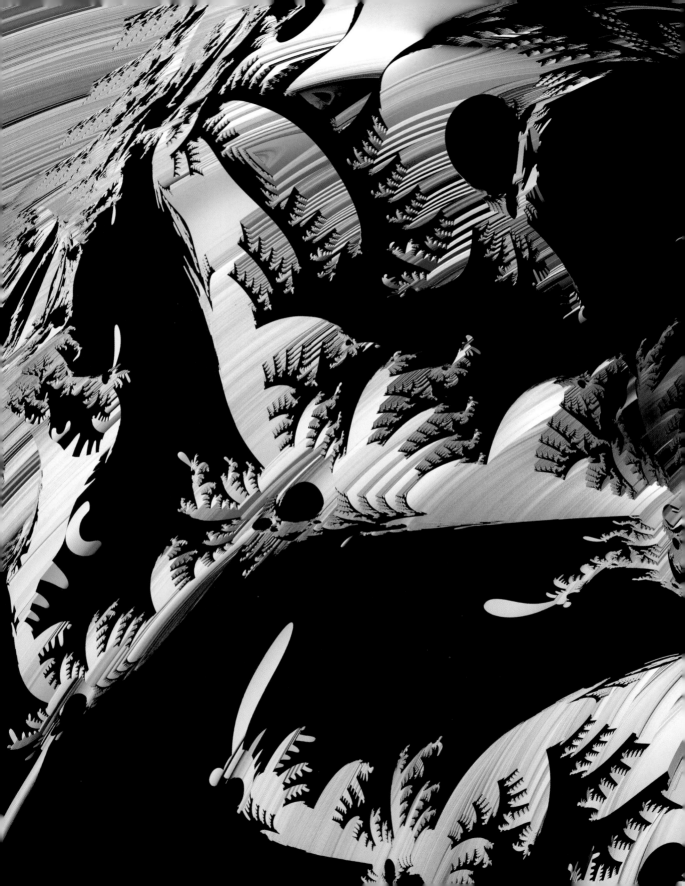

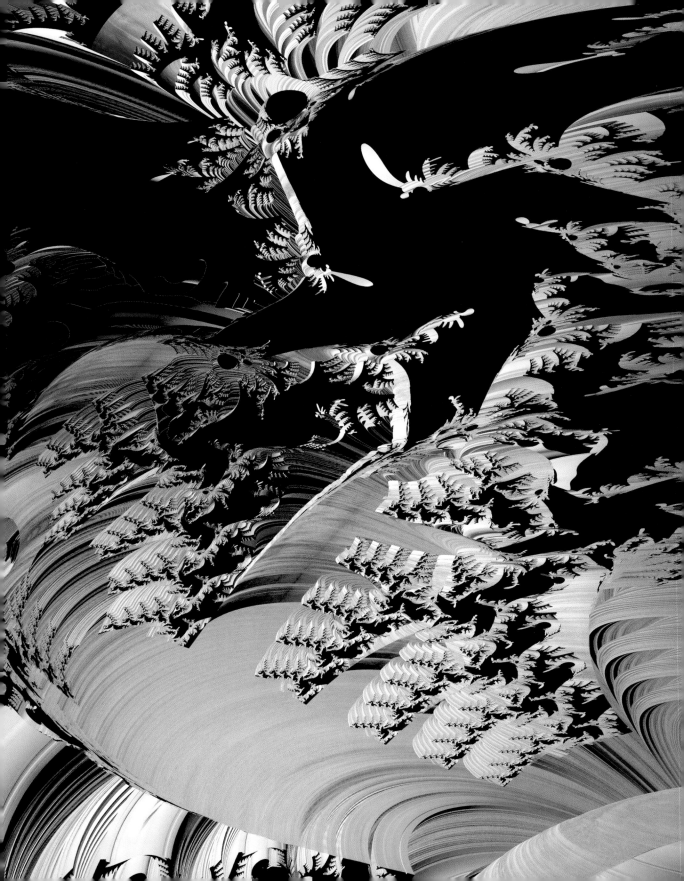

## S.07
# Aperiodic Symmetries

Aperiodic Symmetriesは、THEVERYMANYらにより行われた一連の実験の一部です。このプロジェクトは、最適化アルゴリズムによって生成された複雑な空間的構造を探求しています。この建築的形態へのアプローチは、設計プロセスの中で、工学技術、コスト、空気循環、光透過、そして、特に美的な性質を最適化することを目指しています。

合計757個の星型の連結部と、883個の幾何学的なパーツ（それぞれ独自の形状のパーツ）が、6.3×2.5×3mというサイズの抽象的な大構造を作り出すために繋ぎ合わされています。ポリエチレンシートから作られた各々のパーツは、CNC旋盤を使用して5日間かかって作成されたもので、たくさんの自由形状を自動個別制作することができます。MicrosoftのVBScriptをもとにしたRhino 3Dモデリングソフトウェア用スクリプト言語「RhinoScript」を用いてプログラムされています。

**THEVERYMANY**
**Marc Fornes**
**Skylar Tibbits**

2009年
Aperiodic Symmetries
常設インスタレーション

プログラミング（RhinoScript）：
Marc Fornes

Sponsored by:
Sturgess Architecture
Zeidler Partnership Architects
RJC Consulting Engineers

Supported by:
Faculty of Environmental Design,
University of Calgary, Canada
Jason S. Johnson, Josh Taron

Student assistants:
Frazer Van Roeckel, Dolores Bender-Graves,
Matt Knapic, Bradena Abrams Reid, Carmen
Hull, Peter MacRea, Adam Onulov, Tiffany
Whitnack

Gallery assistants:
Jordan Allen, Ryan Palibroda

→ W.105
Webサイト：THEVERYMANY

## S.08
# Recursive Growth

数学と科学の世界において「再帰」とは、関数定義に自分自身を用いる手法のことを指します。より広い意味での「再帰」は、あるオブジェクトが自分自身を反復している過程についても使われます。例えば、直接向かい合った2つの鏡は、お互いの姿を無限に繰り返して映し出します。

Recursive Growthプロジェクトでは、面を再帰的に分割するという原理を採用しています。この原理を適用することで、どのような成長過程が発現するかを探っていきます。シミュレートされた物理的な力を用いることで、構造的な形状発見の過程を表示することができます。面の中心に圧力をベクトルとして加えることで、面を分割するのです。力の向きや面の形状に応じて、面は複数の破片へと分割されますが、割れ方はあらかじめルールで定義しておきます。加えた力は、次のステップには新たな付加力として伝わっていきます。したがって、この分割の過程は、何度も繰り返されていきます。

このプロジェクトの一連の実験は、効率性の探求を目的とし、問題解決からデザイン研究まで、対象が多岐に及びます。デザイナーは、成長過程のすべてを観察し、非対称性、破断、制限といった要素を個別に付け加えていくことができます。こうした手法により生み出された構造物の性質は、後に類似の課題に対しても応用できるでしょう。

**THEVERYMANY**
**Marc Fornes**

2007年
Recursive Growth
研究プロジェクト

Programming (RhinoScripting):
Marc Fornes

→ W.105
Webサイト：THEVERYMANY

関連するチャプター：
→ Ch.M.5.1
再帰

## S.09
# Platonic Solids

このプロジェクトは、3D形状の細分化アルゴリズムの活用方法を探求することで、1つの単純な方法から異質で豊かな造形を生み出し得ることを証明するものです。このアルゴリズムは、もともとはコンピュータグラフィックスの分野で、起伏の多い多角形からなめらかな丸みをもった形状を算出するために使われていました。

細分化のプロセスは、シンプルな「プラトン立体」に再帰的に適用されます。そうすることでデザイナーは、個々の生成プロセスから生み出される結果に集中することができます。パラメータの変化は、分岐、屈曲、構造、表面特性といった造形特性に直接影響します。多くの造形は、エルンスト・ヘッケルの著作『生物の驚異的な形』の放散虫のように有機的で、実際の生物に似ているようにも見えます。対照的に、パラメータの他の組み合わせによっては、自然界には見られない完全に異なる結果をもたらします。どちらにしろ、造形は単純なプロセスによって生み出されます。したがって、これらは簡単にやり直すことができ、自由に変形させることができます。

ここ数年、ジェネラティブアートについての議論では、魅力的な結果を作り出すことができるエージェント型の計算モデルに注目が集まっています。対照的に、このプロジェクトでは、単純で予測可能な、分かりやすい創造のプロセスに焦点を当てています。その結果は、予測可能、制御可能であるため、容易に開発し改良することができます。

このデザインに使われている細分化アルゴリズムは、Daniel Doo（ダニエル・ドゥー）とMalcolm Sabin（マルコム・サビン）、Edwin Catmull（エド・キャットムル）とJim Clark（ジム・クラーク）、Jörg Peters（イェルク・ピーターズ）、Ulrich Reif（ウルリッヒ・ライフ）、Charles Loop（チャールズ・ループ）のアルゴリズムに基づいています。その形状はProcessingとOpenGLを使って生成されており、DXF変換フォーマットをもとにレンダリングされています。ここに掲載した作品は第7世代から10世代目のもので、200,000から1,800,000の面で構成されています。レンダリングは8,000×8,000ピクセルの解像度で行われています。

## Michael Hansmeyer

2008年
Platonic Solids

→W.106
Webサイト：Michael Hansmeyer

関連するチャプター：
→ Ch.M.3
数学的図形
→ Ch.M.5.1
再帰

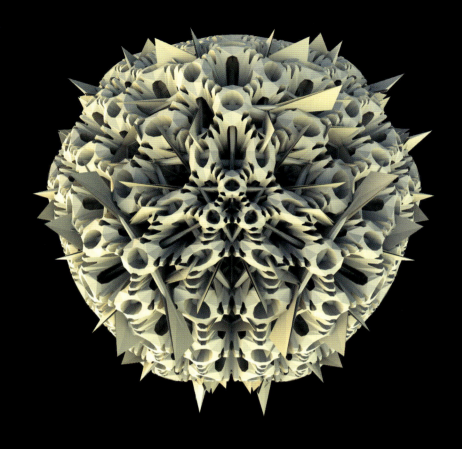
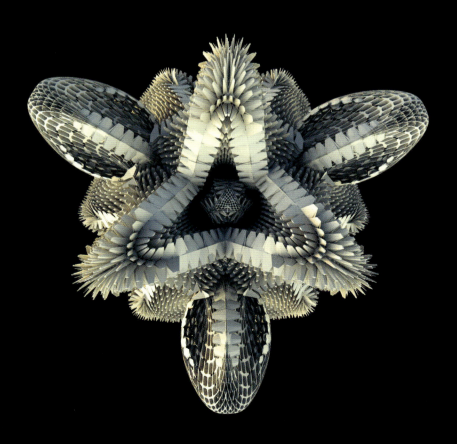

## S.10
# Subdivided Pavilions

このプロジェクトは、建築物の形態を生成する方法としての立体分割プロセスについて考察しています。この作品では、元となるデータは、僅か数十面から成るシンプルで抽象的な長方形で構成されています。空間と文脈によって、矩形に適用される分割プロセスが決まります。分割の大きさと回数は共に変化し、この値が変化すると、生成される建物の空間と外観に影響を与えます。別の階層では、矩形の端が建物の構造全体に影響を与えます。最終的には、柔らかさ、気孔率、形状パターンにも影響されます。この結果得られる形は、単一の、事前に決められた分割プロセスから生成されたものです。本プロセスでは、容積と外観を表面的には区別しませんが、構造的条件と（完全に意味を持たない）表面とのあいだには、観察者には分かる、はっきりとした質の違いがあります。まさにこの違いがあるがゆえに、生成プロセスをさらに考察する価値があるのです。

本プロジェクトでは、Catmull-Clark（キャットマル - クラーク）アルゴリズムとDoo-Sabin（ドゥー - サビン）アルゴリズムの変種を使用しました。形状はProcessingで生成され、MELスクリプトでMayaにエクスポートされました。形状には最初8面から32面のサーフェスがあり、オブジェクトは最終的に平均500,000面あります。10㎠より小さな面は、それ以上分割はされません。

**Michael Hansmeyer**

2006年
Subdivided Pavilions

→ W.106
Webサイト : Michael Hansmeyer

## S.11
# Der Wirklichkeitsschaum

Der Wirklichkeitsschaum（現実の泡）という作品においてEno Henze（イーノ・ヘンゼ）は、現実世界ではすべてのものが多次元の球体に見えると仮定することで、私たちがオブジェクトを見る際の構造を描こうと試みています。物体は意味ごとの要素に還元されるべきではなく、むしろ、関係、参照、境界のネットワークとして表すべきです。想像上の「層」と「覆い」が、モノの物質的性質を理解しがたいものにしています。原子のように、それぞれの中心部には殻に包み込まれたボリュームがあり、それが周囲とのやりとりや境界を決めることに影響しています。遠くから見ると、現実の事柄は「泡の海」を、すなわち「現実の泡」を形成します。

こうした意味を持った球体は、粒子がその中心部に入り込めないようにするアトラクター（力学的集合）として数学的に描写されます。粒子は、隣接したアトラクターの影響が混在したエリアをぐるぐると回ります。アトラクターの構造を粒子によりスキャン、もしくはサンプリングすることで、粒子の動く道筋が網状の線として目に見えるようになります。A3の紙288枚のカラーレーザープリントから成る作品は「My Vision」と題され、写真展示専門のギャラリーであるゼファールームと、マンハイムのライス・エングルホルン博物館の壁面に展示されました。

**Eno Henze**

2007年
Der Wirklichkeitsschaum

→ W.107
Webサイト：Eno Henze

関連するチャプター：
→ Ch.M.1
乱数とノイズ
→ Ch.M.4
アトラクター

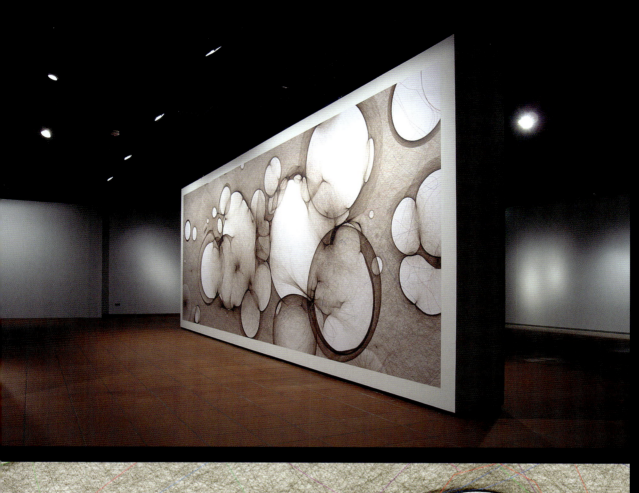
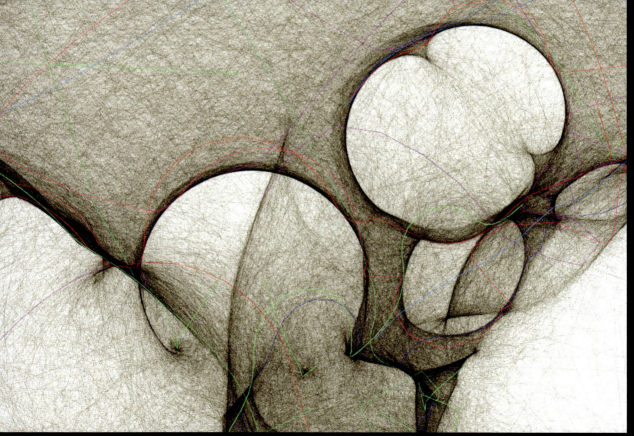

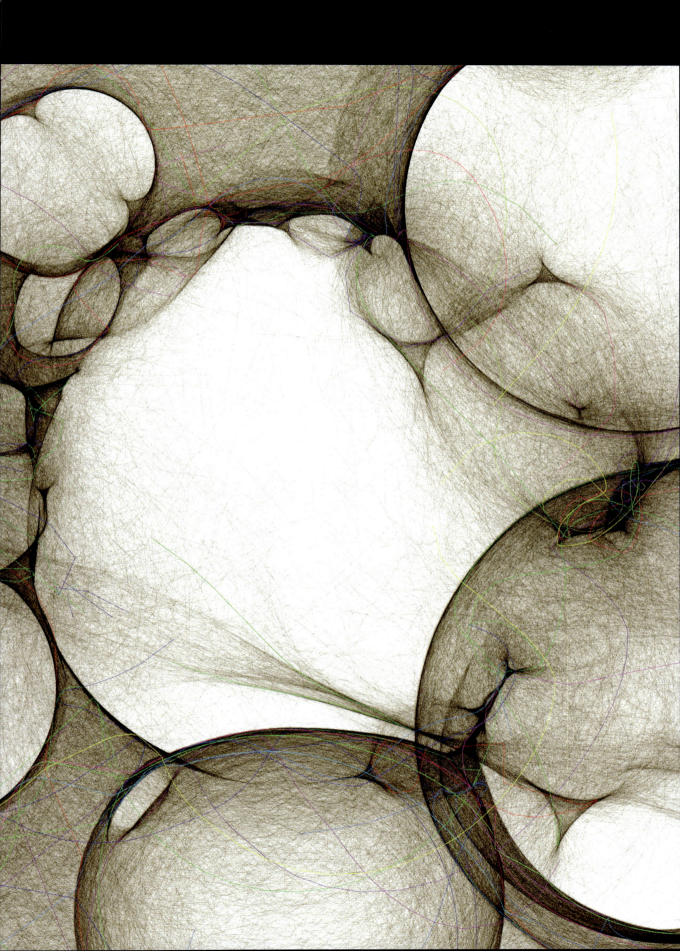

## S.12
# Red Ambush

イーノ・ヘンゼのRed Ambushは、コンピュータに人間のようなドローイングを教える試みの中から生まれた作品です。各々のラインは非常に不安定で、不規則で、そして恣意的なものなので、手で描かれたように見えます。しかし、全体的に見れば、各々の線は非常に均等で、正確に配置されているので、それらが機械によって描かれたものであることが分かります。

画像の大きな構造は、パーリンノイズから生成された表面を走査して生成されています。パーリンノイズはさまざまな周波数が重ねられたノイズ関数です。パーリンノイズは、異なる大きさの波を持った水面のような、自然現象に似たランダムな構造を作成することができます。作品の無定形な形状を定義するために、複数の線が表面を縦横に走っています。その網目構造が、緩く織られた「布」を形成します。

Red Ambushは、アムステルダムのMAXALOTギャラリーの依頼により制作されました。

**Eno Henze**

2008年
Red Ambush

→ W.107
Webサイト：Eno Henze

関連するチャプター：
→ Ch.P.2.2.3
エージェントが作る形
→ Ch.M.1
乱数とノイズ

## S.13
# Subjektbeschleuniger

このドローイングは、例えばジュネーブにあるCERN（欧州原子核研究機構）で使用されているような、検出器に残された素粒子の痕跡に基づいて描かれています。この痕跡を解釈することで、科学者たちは世界の基本レベルにおける万物の構成や、世界がどう機能しているのかを説明しようとします。イーノ・ヘンゼはずっと、その単純性、軌跡の見た目の美しさ、そして目に見えない意味のあいだにあるコントラスト（対比）に魅了され続けてきました。この作品は、科学的証拠としての意味を取り除いた、素粒子の軌跡だけを利用します。深く描かれたもつれた軌跡が、科学的方法で世界を説明しようとする試みの象徴になっています。ヘンゼは、彼自身が考案したフレーム表現のアルゴリズムを使用することで、本当の手書き署名のような表現を近似しています。このアルゴリズムは、実際の署名に欠くことのできない特徴（分岐型の繋がった螺旋、漂う線、長短形、動く線の記号における変化）を再現するのです。モデルを記述する科学的な数式は使っていません。

このプロジェクトは、ヘンゼが開発したドローイングマシンを使って実行されます。集光レーザービームの付いた2つのコンピュータ制御の鏡によって、感光材でコーティングされた板を露光していきます。描画すべき線が計算されながら、それが同時に描かれていきます。描画とレーザー制御は、vvvvというソフトウェアで実装されています。

## Eno Henze

2008年
Subjektbeschleuniger (Subject Accelerator)
インスタレーション

Subjektbeschleuniger I
Exhibited at Node08: Forum for Digital Arts in Frankfurt am Main
32 panels, each 68 × 68 cm
280 × 560 cm total dimensions

Subjektbeschleuniger III
Part of the exhibition
Von Dunkler Materie und Grauer Masse (Of Dark Matter and Gray Mass)
at the Marion Scharmann gallery, Cologne, 2009
20 panels, each 60 × 60 cm
240 × 300 cm total dimensions

→ W.107
Webサイト：Eno Henze

関連するチャプター：
→ Ch.P.2.3
ドローイング
→ Ch.M.1
乱数とノイズ

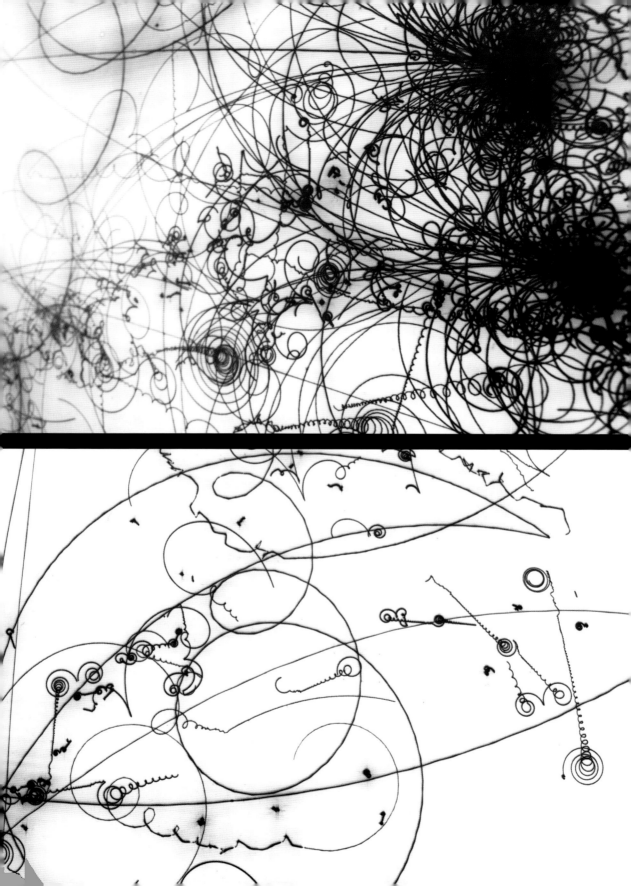

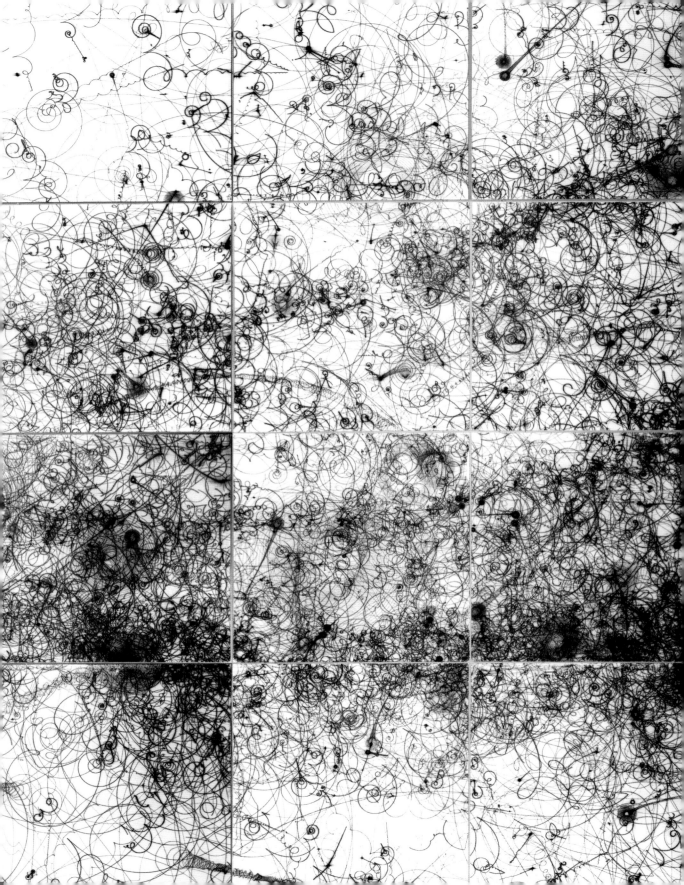

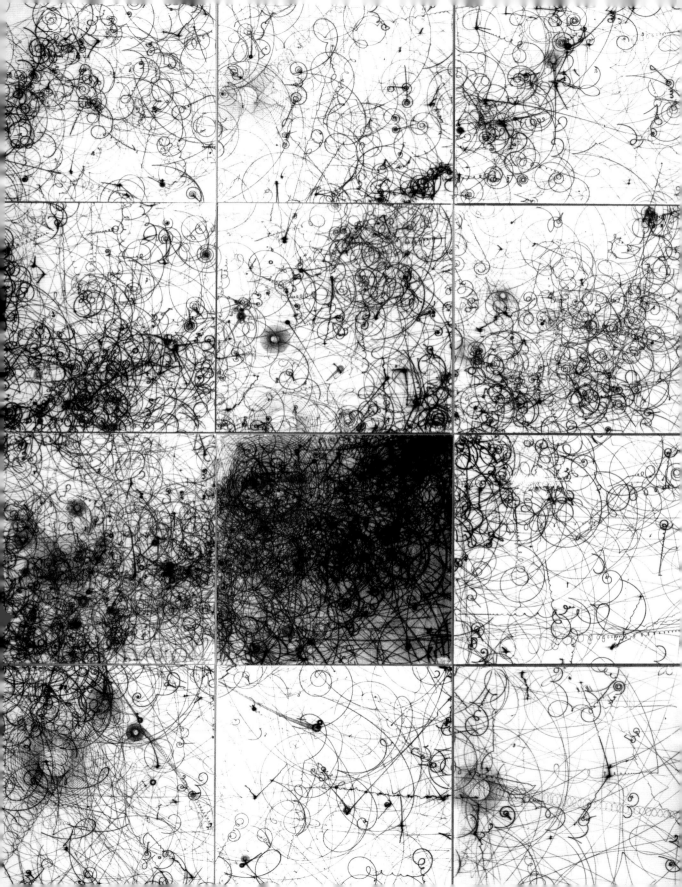

## S.14
# Growing Data

Growing Dataは、古典的な統計チャートとは異なる、データ・ビジュアライゼーションの新たな形式を生み出すために、いかにして現実のプロセスや構造が使用できるかを探るための研究プロジェクトです。さまざまな自然現象の形式的な側面が、視覚システムに変換されます。人間の脳が視覚的なパターンを迅速に解釈し、それらを繋ぎ合わせて全体像を作り上げることに熟達しているのに対して、生成的な手法は個々のパターンやテクスチャを作成するのに適しています。ここでの主な目的は、データの精度を規定するのではなく、ストーリーを語り、全体像を簡単に把握できるようなイメージが進化していけるように、データ・ビジュアライゼーションの抽象的な形式を回避することにあります。

Growing Dataプロジェクトはこのシリーズの一部であり、仮想的な植物の成長を利用して、いくつかの主要都市の大気の状態を可視化する方法を探求しています。植物や他の生命体の成長は、データの変化に対する明確なメタファーを提供します。外部からの影響が植物の成長を決定するように、多様に変化するデータがデジタル成長の様子をコントロールします。例えば、ここでのデータは、寿命、密度、速度に関係する変数に割り当てられています。都市の名前や言葉、あるいは記号の上に、ゆっくりと成長する構造によって表現されたデータが付加されていきます。

さまざまな都市の、現在および過去数年の比較情報はもちろん、異なるインターフェースやデータベースにも接続することで、印象的に可視化することができます。プログラム自体は主に「エージェントモデル」のより複雑なバージョンに基づいています。このエージェントはブラウン運動によって制御され、運動に関する変数からの影響を受けます。

**Cedric Kiefer**

2008 / 2009
Growing Data
研究プロジェクト

In cooperation with
Christopher Warnow

→ W.109
Webサイト : Cedric Kiefer

関連するチャプター :
→ Ch.P.2.2
エージェント

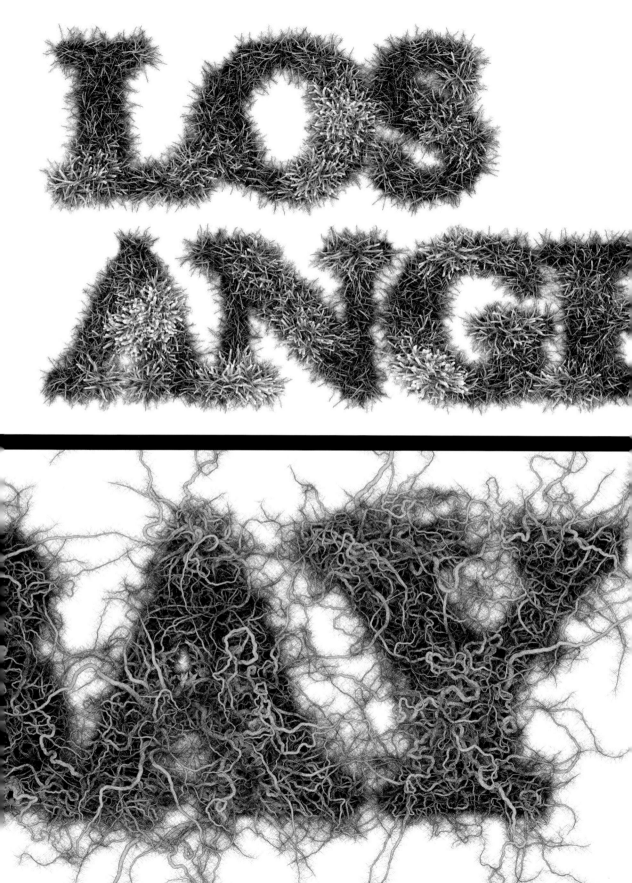

## S.15
# Similar Diversity

Similar Diversityは、世界五大宗教の聖典の一部を視覚化したインフォグラフィックです。キリスト教、イスラム教、ヒンズー教、仏教、ユダヤ教の類似点と相違点に光を当てることで、宗教と信仰の問題に対する新たな視点を切り拓きます。この作品の基礎となっているのは客観的な文章解析で、各聖典の著者による解釈は含まれていません。この作品には、抽象的な情報のレベルだけでなく、各自の先入観や現代の宗教紛争について感情的なレベルから考えてもらおうという狙いがあります。

横一列にアルファベット順で並んでいるのは、各聖典に頻繁に登場する41名の人物の名前です。名前と名前を囲う半円の大きさは、それぞれ固有の色が割り当てられた全5冊の聖典中に登場する回数に対応しています。下方に伸びている棒グラフは、各人物の名前の直後に続く動詞を一覧表示したもので、その人物の動作を分析しています。棒グラフの高さとグラフ内の文字の大きさは、文章中にその人物の名前と動詞の組み合わせが登場する頻度に応じて変化します。無数に描かれた上部の弧は、繋がれた人物間の動詞の組み合わせの類似性を示しています。

この作品は完璧な精度と完全性を備えたものではない、と前置きされています。例えば、仏教徒のパーリ仏典はまだ完全に翻訳されておらず、ヒンズー教や仏教のように一部の宗教は何冊にもわたる聖典に基づいているため、ここではそのうち一番よく知られたもののみが使用されています。

Similar Diversityは、Stefan Sagmeister（ステファン・サグマイスター）がオーストラリアのザルツブルクで大学教授をしていたあいだ、その指導のもと、Andreas Koller（アンドレアス・コラー）とPhilipp Steinweber（フィリップ・スタインウェバー）によって作られた作品です。この作品は、ザルツブルクのレッドブル・ハンガー7で行われたサグマイスターの授業の作品展示会「Is it possible to touch someone's heart with design?（デザインで人の心に触れることは可能か?）」の一部として、2007年6月に初めて公開されました。

今回の文章解析ではさまざまなツールが活用されています。データの評価にはvvvvを使い、解析されたデータはProcessingで視覚化されました。

## Andreas Koller
## Philipp Steinweber

2007年
Similar Diversity

Canvas print: 7 × 3 m
Total number of analyzed words: 2,903,611
(15,625,764 characters)

→ W.110
Webサイト：Andreas Koller
→ W.111
Webサイト：Philipp Steinweber
→ W.112
Webサイト：Similar Diversity

関連するチャプター：
→ Ch.P.3.1.3
テキストイメージ
→ Ch.P.3.1.4
テキストダイアグラム
→ Ch.M.6
動的なデータ構造

SIMILAR DIVERSITY

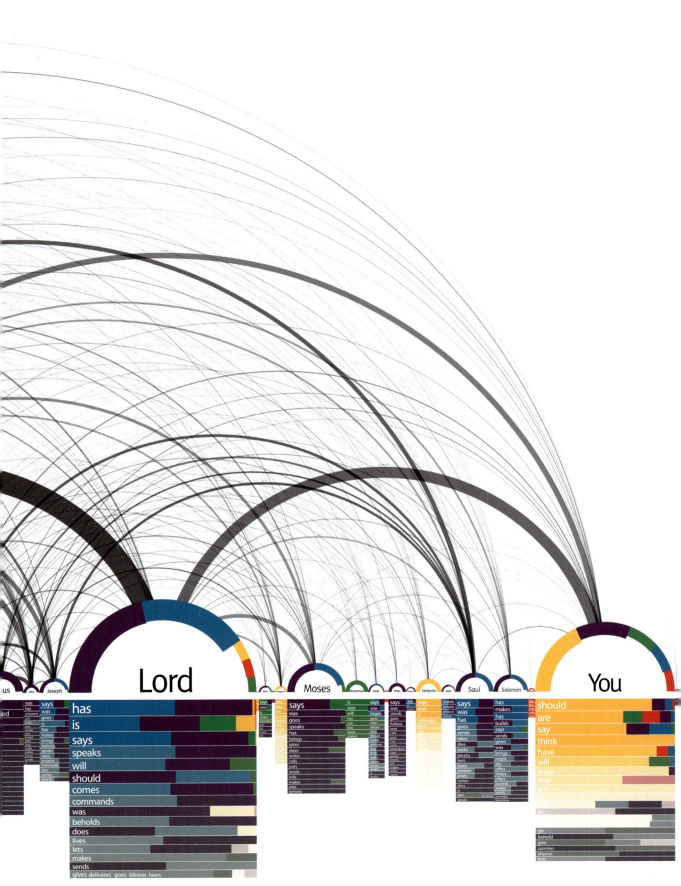

## S.16
# Generative Lamps

照明オブジェとしてのDahlia、Vasarely、610は、アムステルダムのデザイン会社FOC（フリーダム・オブ・クリエーション）のポートフォリオの一部です。デザイナーであり共同設立者のJanne Kyttänen（ヤンネ・キッタネン）の作品の特徴は、自然の造形物との類似にあります。

ダリア（幾何学的な配置の花弁を持つ）は、Dahlia（次ページ、上）という照明のモデルとなりました。その植物自体と同じく個々の形状は層状に重ねられ、それらは自然界の数式に基づいています。

Vasarely（次ページ、下）は、有名な芸術家、だまし絵の実践者であるVictor Vasarely（ヴィクトル・ヴァザルリ）へのトリビュートです。完璧な正方形から力強い幾何構造が膨れ出ています。この照明オブジェは、錯視を生み出すヴァザルリのグラフィック構造と物理的に対応しています。

テーブルランプ610（さらに次のページ）は、自然界に遍在する数列であるフィボナッチ数列をベースにしています。610の形態は、中央の円錐形が特徴的な矢車草からインスピレーションを受けています。

**Janne Kyttänen**

2007年
Generative Lamps
照明オブジェ

Dahlia
Laser-sintered polyamide
Diameter 16, 32, and 50 cm

Vasarely
Laser-sintered polyamide
30 × 30 × 8,5 cm

610
Laser-sintered polyamide
Height 51 cm, diameter 16 cm

→ W.113
Webサイト：FOC

関連するチャプター：
→ Ch.P.2.1
グリッド

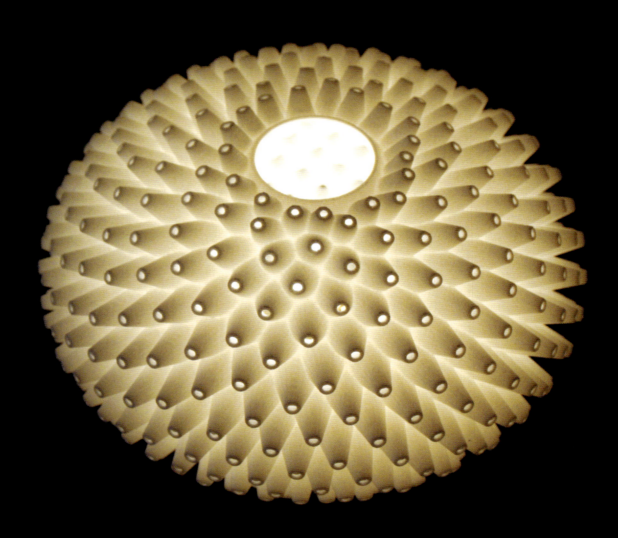

# S.17
# Segmentation and Symptom

画像のフィルタ処理の考え方は、長いあいだコンピュータアートにとって不可欠な要素でした。1966–1967年、Ken Knowlton（ケン・ノールトン）とLeon Harmon（レオン・ハーモン）による文字で描かれたヌード作品「Studies in Perception I」や、最近ではJim Campbell（ジム・キャンベル）のダイナミックなLEDディスプレイ、Daniel Rozin（ダニエル・ロージン）の木片をピクセル状に配したインタラクティブな鏡などの実験的な作品が有名ですし、Photoshopにも多くの種類のフィルタが用意されています。フィルタの応用はしばしば、コンピュータによる計算の利用を目指す学生のスタート地点ともなります。

Segmentation and Symptomは、こうした背景とは異なり、ボロノイ図のもつ画像化の能力を追求することから生まれた作品です。ボロノイ図の幾何学的構造は、細胞、気泡、結晶など、自然の中にも現れることがあります。圧力を及ぼし合う空間的構造の中に発生し、均衡点としての特徴的な境界を作り出すのです。

季刊誌『British Zoo』のために描かれたこのシリーズ作品でGolan Levin（ゴラン・レヴィン）は、ボロノイ図のアルゴリズムを、住処を追われた人々やホームレスの写真に適用し、無数のベクトル線を用いてその肖像画を作り出しました。その今にも壊れてしまいそうな様子は、ボロノイ図のデリケートな構造と響き合っているようです。

この結果を得るために、まず何千個もの点が元の写真上の各部の明るさに基づいて配置されました。画像の各部の濃淡値によって、暗い部分にはより多くの点、明るい部分にはより少ない点が配置されます。この構造がボロノイ図のアルゴリズムを用いた計算の基礎となり、そこから何万本もの線からなる画像が作り出され、PostScriptファイルとして出力されました。このプロジェクトはすべてJavaを用いて開発されています。

**Golan Levin**

2000年
Segmentation and Symptom

→ W.114
Webサイト：Segmentation and Symptom

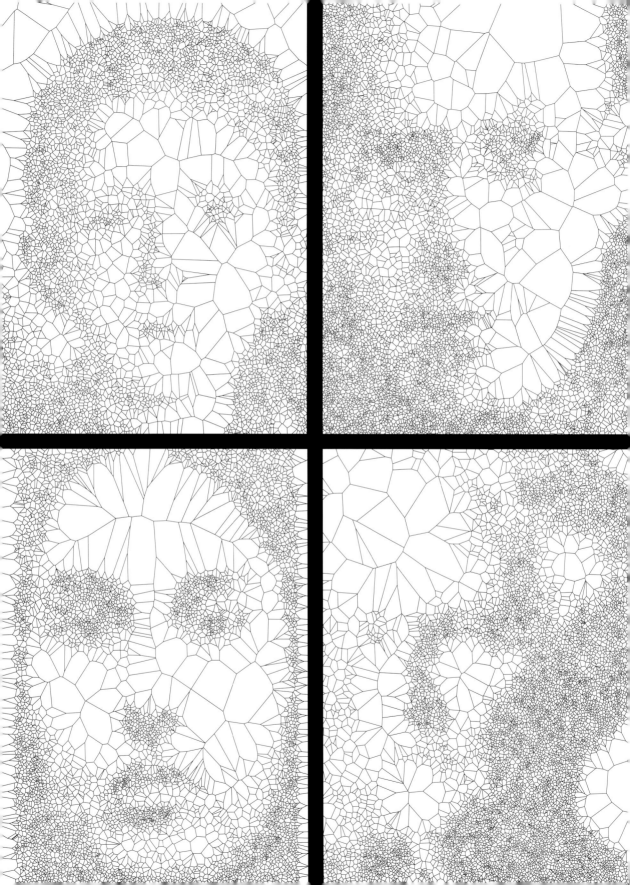

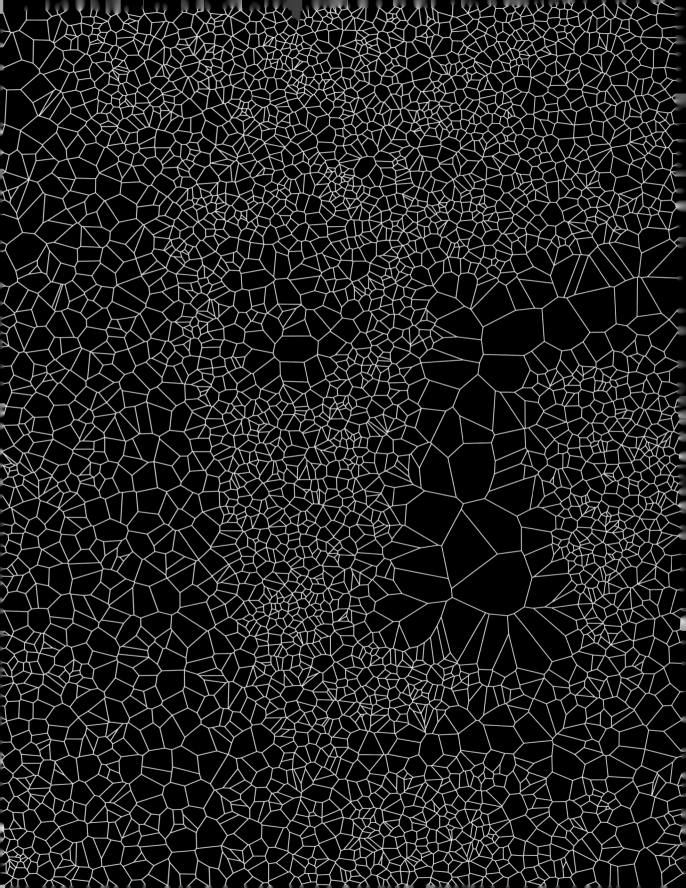

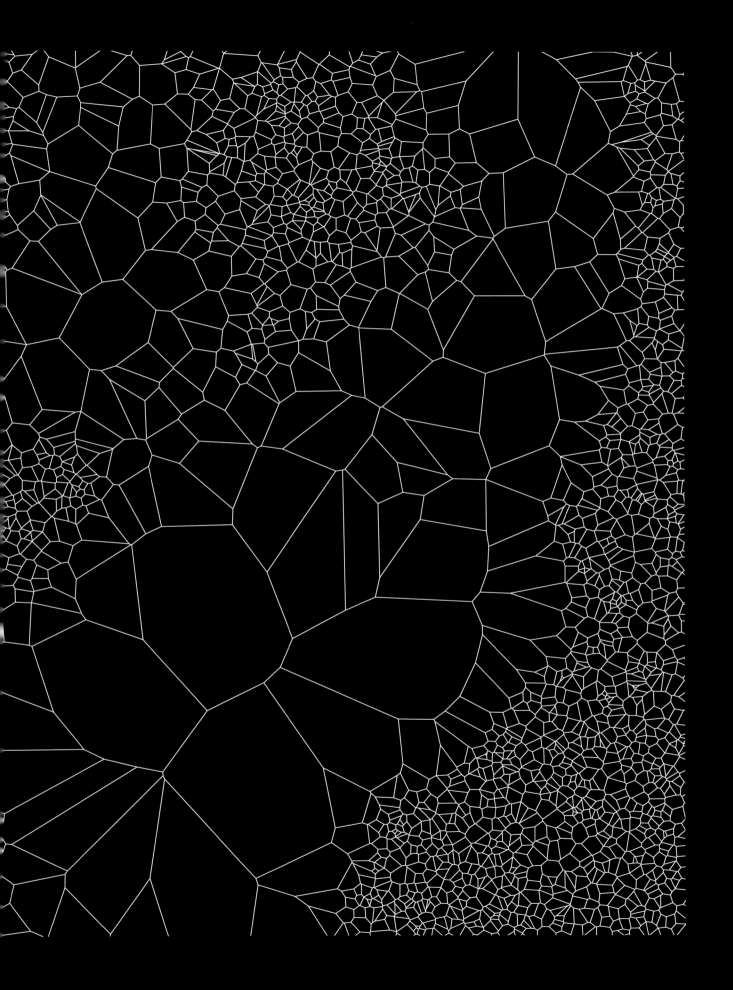

## S.18
# Footfalls

Footfallsはインタラクティブ性のある視聴覚映像で、鑑賞者が足踏みをすると、弾む仮想物体がなだれ落ちてくる作品です。これは2006年7月に、東京にあるNTT InterCommunication Center（ICC）で行った展示「TMEMA」の一部でした。

ゴラン・レヴィンとZachary Lieberman（ザカリー・リーバーマン）が、もう1つの共同制作作品である Messa di Voce（声の調整）をもとにこの作品を制作しました。床のマイクから鑑賞者の足音を取り込みます。音の強さによって、高さ6mの投影スクリーンの上部から落ちてくるボールの大きさや数が変化します。より強く足踏みをすれば、より多くの物体が落ちてきます。

鑑賞者は、シルエットを使って物体を掴んだり、並べ替えたり、投げたりすることができます。2つの物体がぶつかると小さな衝突音がします。もし同時にたくさんのボールがぶつかれば、音量レベルが急激に大きくなって、耳障りで不快な音になります。鑑賞者は全身を使ってテンポの速い視聴覚光景を作り出すことで、視覚的かつ音楽的なパフォーマンスを体感することができます。

Footfallsは、クロスプラットフォームでオープンソースのライブラリであるopenFrameworksを用いてC++で開発されました。鑑賞者のシルエットは赤外線で追跡され、幾何学的表現に変換され、さらに物理的シミュレーションを活用することでこのインスタレーションのロジックに組み込まれます。数千個の仮想粒子が目に見えない輪郭とぶつかって、シルエットを作り上げているのです。

**TMEMA**
**Golan Levin**
**Zachary Lieberman**

2006年
Footfalls
インタラクティブ・インスタレーション

→ W.117
Webサイト：TMEMA
→ W.118
Webサイト：Footfalls
→ W.119
Webサイト：Messa di Voce

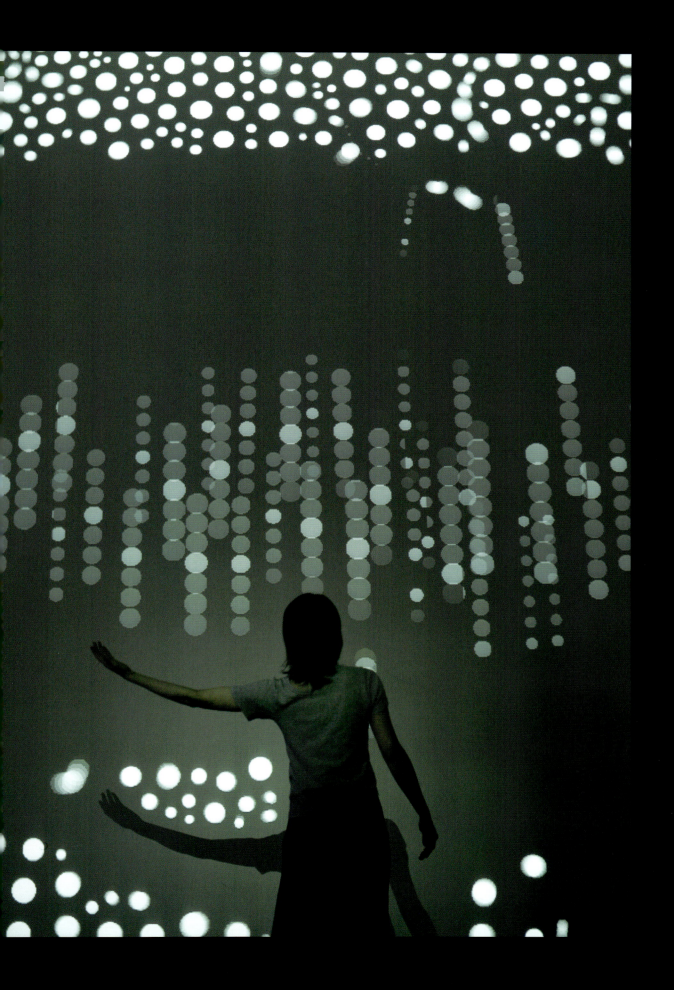

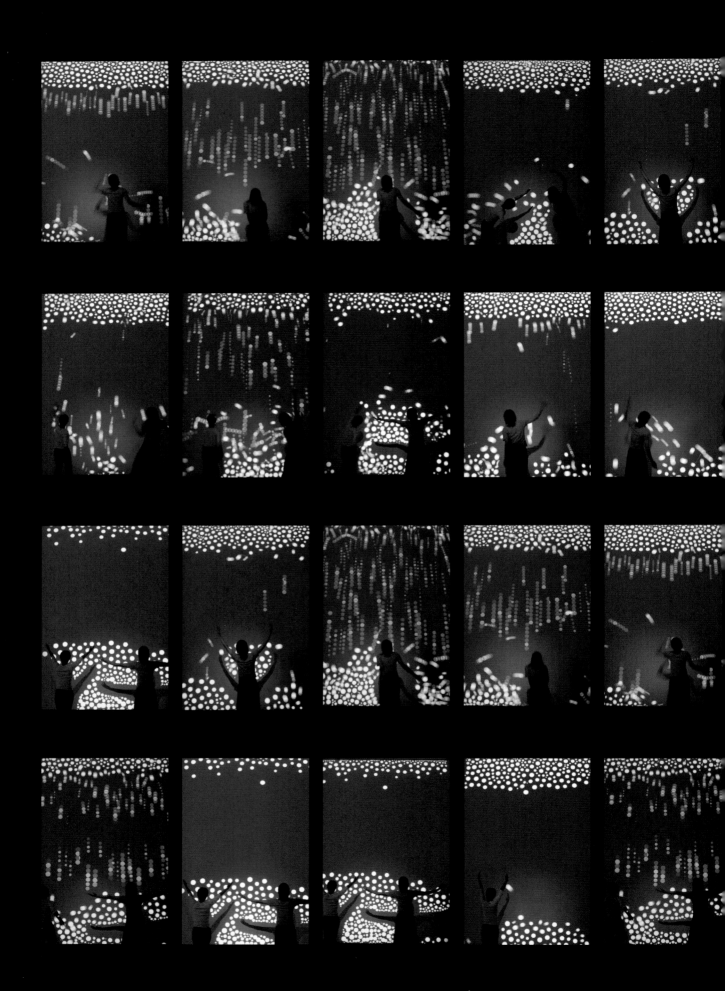

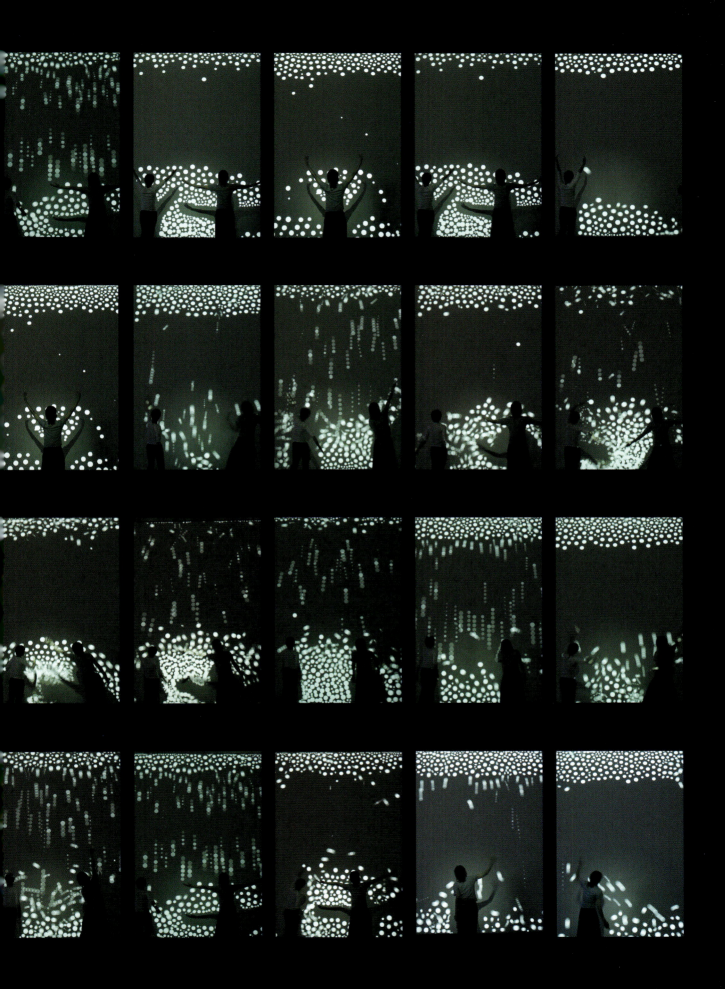

## S.19
# Poetry on the Road

Poetry on the Roadは、ブレーメンで毎年開催される国際文学祭です。デザインスタジオJung & PfefferのFlorian Pfeffer（フロリアン・プフェッファー）と共に、Boris Müller（ボリス・ミュラー）が2002年からこの文学祭のグラフィックスをデザインしています。

視覚的なモチーフはその年ごとに大きく異なってはいるものの、それらはすべてコンピュータプログラムが文学祭の詩を分析し、それを抽象的イメージに変換する、という1つの共通したプロセスで結ばれています。柔軟なコンピュータプログラムは、異なるメディアに対して無数のバリエーションを生み出すことができます。プログラムは明確に定義されたルールに従っているため、詩の視覚化は感情的・恣意的に行われるものではありません。むしろ、その根本にある文字そのものを直接反映したものです。

このアプローチをとても独創的にしているのは、Poetry on the Roadのデザインの独自性が、ロゴやフォント、色彩設計のような形式主義的なものではなく、概念的なものであることです。それは視覚的な一貫性ではなく、むしろアルゴリズムを用いて文字をイメージに変換するという考えです。ボリス・ミュラーが文字をイメージに変換するコンピュータプログラムを開発しましたが、彼はそのグラフィックスの最終的な外観にはまったく関与していません。Jung & Pfefferのデザイナーたちは、プログラムの助けと詩の選択だけで、プロジェクトに必要な画像を作り出しました。

グラフィックスの最初のバージョン（2002–2005年）は、文字を扱うのに適したスクリプト言語Pythonを使用して開発されました。しかし、オンラインユーザーがそれぞれの作品の概念を理解できるようWeb版を開発したときに、ある1つの問題が残りました。PythonのスクリプトはWebアプリケーションには向かないため、Flashを用いて開発されたのです。この問題もProcessingにより2006年に解決され、それ以来ずっとProcessingが使用されています。そうすることで、同じプログラムを印刷物でもオンラインでも見ることができるようになりました。

**Boris Müller**
**Florian Pfeffer**

2002〜2007年
Poetry on the Road

→ W.120
Webサイト：Boris Müller
→ W.121
Webサイト：one/one

関連するチャプター：
→ Ch.P.3.1.2
設計図としてのテキスト
→ Ch.P.3.1.3
テキストイメージ

# poetry ON THE ROAD

## 7. INTERNATIONALES LITERATURFESTIVAL BREMEN

## 11. – 19. MAI 2006

VERANSTALTET VON:  radio**bremen** Goethebund in Bremen e.V.

GEFÖRDERT VON: Bremen Marketing, Senator für Kultur, Karin und Uwe Hollweg Stiftung, Bernd und Eva Hockemeyer Stiftung, Wolfgang-Ritter-Stiftung, DAAD, Waldemar Koch Stiftung, Bremer Literaturstiftung, pro helvetia

WWW.POETRY-ON-THE-ROAD.COM | Programmheft und Karten bei: Buchladen im Ostertor, Fehrfeld 60, Fon: 0421-785 28 |

GESTALTUNG: jung und pfeffer : visuelle kommunikation Bremen, Amsterdam | mit Boris Müller, esono.com

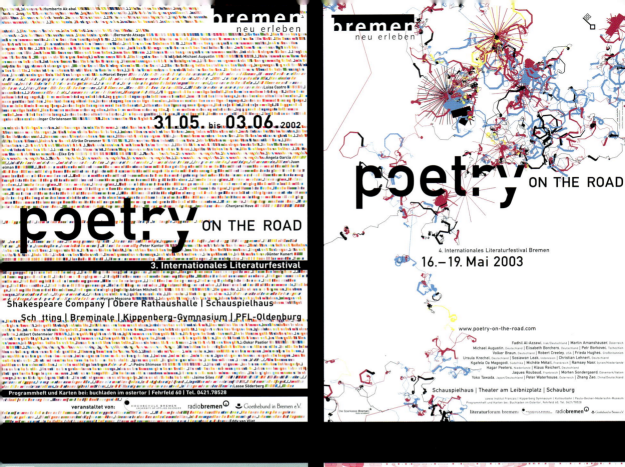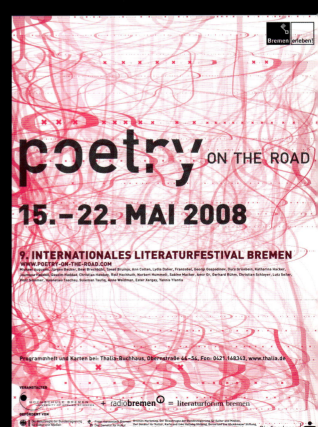

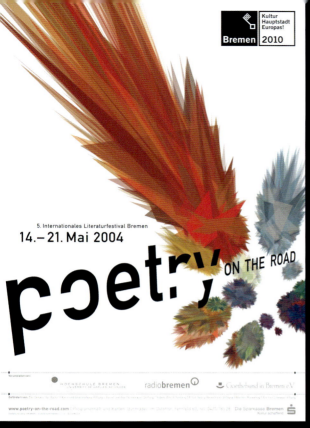
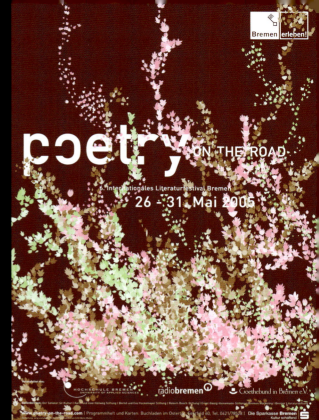

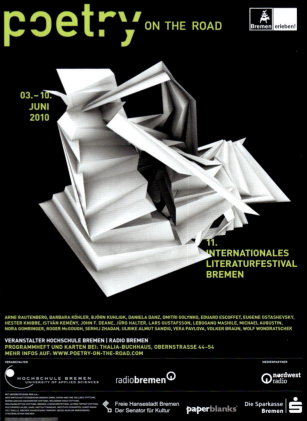

# S.20
# Actelion Imagery Wizard

アクテリオン社は、適切な治療法がまだ見つかっていない疾患に対する薬を研究、開発、そして販売するバイオ医薬品会社です。「アクテリオンのブランドに新しいアイデンティティを与えてほしい。現在使っているロゴを変えることなく、製薬の世界が今までに目にしたことのないものを作り出してほしい」── アクテリオンからのこのような依頼を受け、チューリッヒにあるブランドコンサルタント会社インターブランドが、クライアントの現行のブランドアイデンティティがどのようなものかという初期調査を行ったところ、他の競合会社と区別がつけにくいイメージを数多く発見しました。そこで、「医療産業から医療魔法へ」というスローガンのもと、目に見えない医療の魔法を露にする、新しい視覚的アイデンティティが作られました。

この新しいイメージは、分割できる最小の単位であるデジタル分子が元になっています。それは、新しい薬が分子から作り出される魔法のような瞬間を表現している、革新的な治療を世界に提供する会社にふさわしいデザインです。onformativeは、インターブランド社がこの画像を作り出す際に協力し、複数の異なる視覚素材から固有の均質的なイメージを自動的に作り出すためのツールを開発しました。この新しいビジュアルアイデンティティは、2010年の年次報告書でとりあげられ、アクテリオン社の新たなWebサイトで継続的に進化を遂げています。

Processingをベースにしたソフトウェアは、アクテリオン社のために特別に開発されたものです。写真をベースに、目的に合ったイメージの生成を可能にするもので、元になる写真の視覚的情報をソフトウェアが解析し、ある特別なアルゴリズムによってそれを点、直線、曲線といった図形要素に変換します。ソフトウェアには数々のプリセットが内蔵されていると同時に、個々の図形要素に対して微妙な調整をするための多くの編集機能や設定機能があり、数え切れない可能性を生み出します。元になる写真自体を編集することもできるので、他の画像編集ソフトに切り替える必要がありません。このソフトウェアは、印刷用ベクターデータとデジタルメディア用データの両方をエクスポートすることができます。独立したメニューで、アニメーションに対する幅広い適用の可能性も用意しています。こうしたモジュール構成のおかげで、ソフトウェアは今後も容易に拡張することができ、アクテリオン社のデザインを継続的に更新していくことを可能にしています。

## onformative

2011年
Actelion Imagery Wizard
コーポレートアイデンティ作成ツール

Client:
Actelion Pharmaceuticals

In cooperation with:
Hartmut Bohnacker

→ W.146
Webサイト : onformative

関連するチャプター：
→ Ch.P.4.3.1
ピクセル値が作るグラフィック
→ Ch.M.2.6
ドローイングツール
→ Ch.M.5.1
再帰
→ Ch.M.6.1
力学モデル

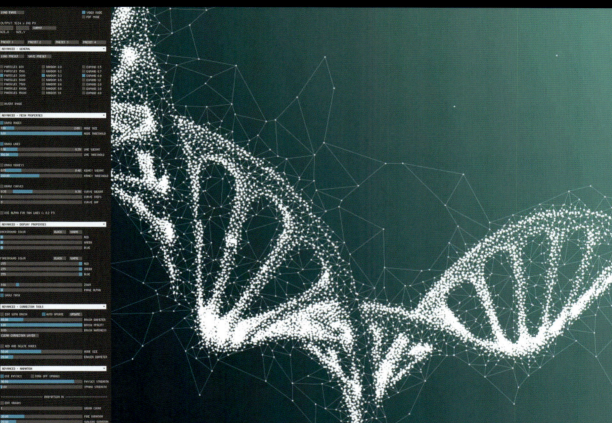

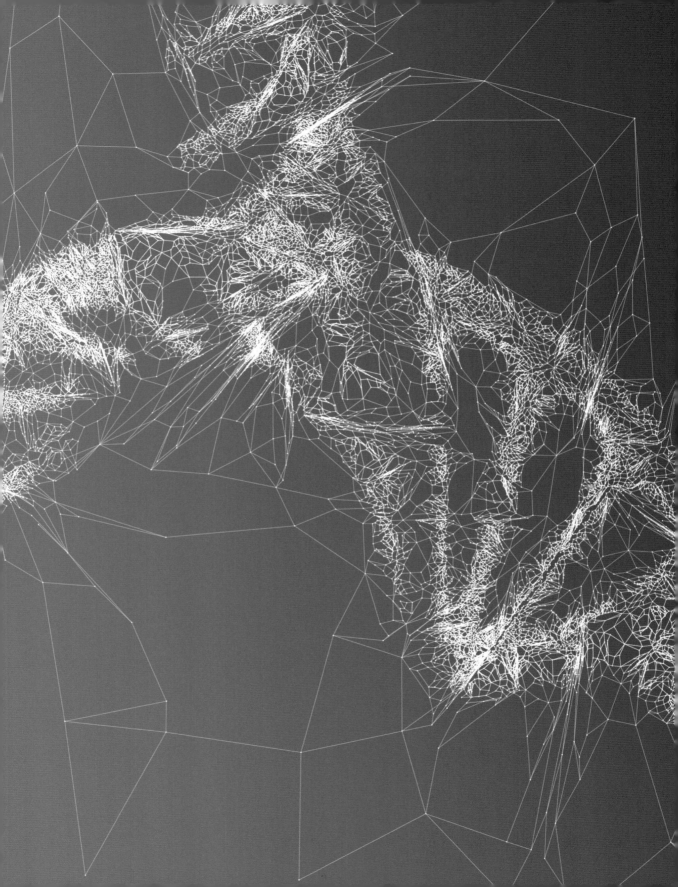

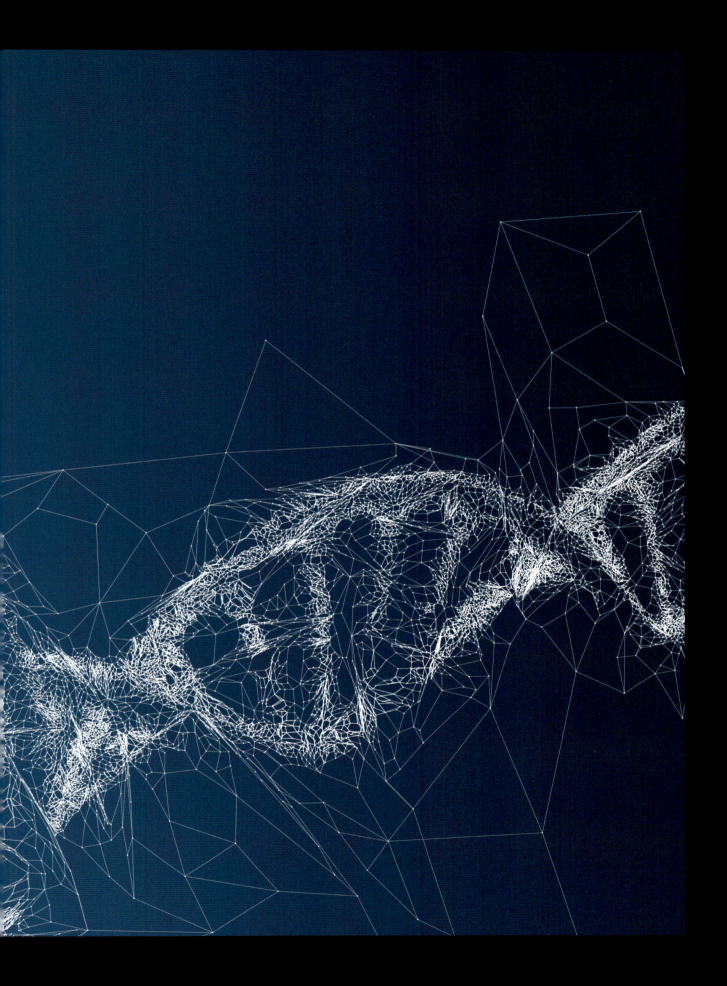

## S.21
# Talysis II, Autotrophs

この作品の形状は、独立栄養微生物の機能を模倣した、複雑なプロセスを使用して作成されています。「独立栄養微生物」とは、自分で自身に栄養を与えることのできる生物を指す生物学用語です。このプロジェクトは、自動触媒プロセスや自己強化プロセスから出現する芸術作品や演技への興味から生まれました。デジタルビデオ・フィードバックは、再帰関数シミュレータとして機能しています。その厳密な対称性により、Talysis IIからは1960年代の錯視的オプアートが想起されます。Autotrophsイメージシリーズは、それらと同様の幾何学を使用して、そこに生物の形態形成をコンピュータ化したモデルを組み合わせたものです。

Autotrophsは、映像信号を形態の発生源として機能させることでこのプロセスを模倣しています。ビデオ信号が自分自身を複製することによって、複雑で有機的な結晶形状が生成されます。神話では、このプロセスは自分自身の尾を噛むヘビ、ウロボロスによって象徴されています。この作品は、その「入力としての出力」という自己持続する反復を具現化したものなのです。

Talysis IIとAutotrophのシリーズは、カメラの出力信号を表示するモニターにカメラが向けられているというアナログ・フィードバックの古典的構造を、プログラムでシミュレーションすることで生成されています。

コンピュータ化されたバージョンでは、それが相互接続されたレンダラーで構成されています。ここで用いられているのは、仮想モニター画面です。各レンダラーは、その出力を次のレンダラーへと渡します。その転送の間に、ビデオ信号はさまざまな方法で変換されます。この無限ループから、自己相似形のバリエーションが多数生成されます。この作品はvvvvというソフトウェアを使ってプログラムされました。

### Paul Prudence

2007年
Talysis II, Autotrophs

→ W.122
Webサイト : Paul Prudence
→ W.123
Webサイト : Transphormetic
→ W.124
Blog: dataisnature

関連するチャプター :
→ Ch.P.4.1.2
切り抜きのフィードバック

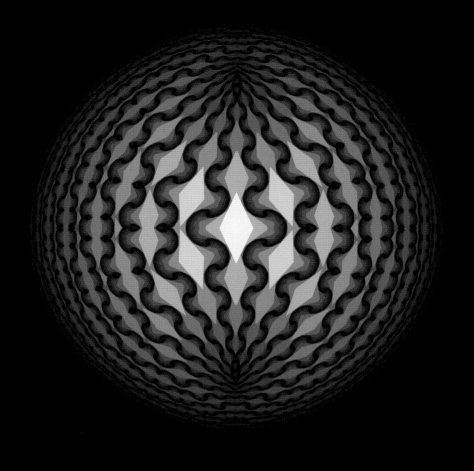

## S.22
# Delaunay Raster

Delaunay Rasterは、カスタマイズされたイメージグリッドを制作するための長い取り組みの成果です。従来の表示プロセスでは、コンピュータが自動的に画像をラスター化します。これは一意的なプロセスであり、常に同じ方法で行われます。例えばある画像にフィルタを適用するとき、そのパラメータは変更できますが、その結果どのような変化が起こるかは事前に決定しています。

それに対してDelaunay Rasterは、そこに人の手による操作を組み込みます。画像をスキャンした後、使用者が画像上でマウスをクリックすることでグリッドポイントを設定します。その効果がすぐに目に見えるため、操作中にこのツールがどのように動作するかを確認しながら作業を進めていくことができます。このフィードバックによって、利用者は画像中の変化に対応しながら、プロセスを直接操作していくことができます。最終的に得られる画像は、そのグリッドポイントがどのように設定されたかによって異なります。何百回という利用者の瞬時の判断が、最終的な結果を決定するのです。

このツールは、1934年にロシアの数学者Boris Delaunay（ボリス・ドロネー）が考案した、ドロネー三角形分割に基づいています。このシステムは、複数のポイントから最適な三角形の集合を生成します。Delaunay Rasterは、Illustrator上でこれらの三角形をパスに変換します。三角形を2つの部分に分割し、各部分の平均色のプロファイルを作成することで、色が決まります。

このツールには、Jürg Lehni（ユルグ・レーニ）が開発したAdobe Illustrator用のスクリプト環境であるScriptographerが使用されています。

**Jonathan Puckey**

2008 / 2009年
Delaunay Raster

→ W.125
Webサイト：Jonathan Puckey/Delaunay Raster

関連するチャプター：
→ Ch.P.4.3.1
ピクセル値が作るグラフィック

## S.23
# Tile Tool

この実験的試みの意図は、単純な原理から多様な結果を得ることです。Tile Toolのユーザーは、いわゆるタイルを用いて自由な形式のかたちを描くことができます。そのロジックは結果を見れば分かりますが、操作はユーザーに委ねられていて、それが最終的な作品の外観に大きな影響を及ぼします。ツールは作業の自動化と、個人のアイデアやデザイナーのエネルギーを結びつけます。また、チャンスと制約のあいだのバランスを保とうとします。結果は、ユーザーの思い入れとアイデアに依存したものになります。

このツールは極めて小さな幾何学的形状を使用し、かなりの精密さを必要とする時間のかかるデザイン作業を単純化します。このツールは、水平、垂直あるいは角の要素となる小さな構成部品をうまく利用します。Tile Toolは、描画の方針に従ってこれらの構成単位を画像の中に配置し、緻密な抽象構造を生み出します。

Tile ToolはAdobe Illustrator用のスクリプト環境Scriptographerを用いて開発されました。Scriptographerを使えば、通常はプラグイン開発者しか利用できないIllustrator APIにJavaScriptで簡単にアクセスできます。Tile Toolはオンラインで入手可能で、無料でダウンロードできます。

**Jonathan Puckey**

2006年
Tile Tool

→ W.126
Webサイト：Jonathan Puckey/Playtime
→ W.127
Webサイト：Scriptographer/Tile Tool

関連するチャプター：
→ Ch.P.2.3.6
複合モジュールでドローイング
→ Ch.P.4.3.1
ピクセル値が作るグラフィック

## THE CLASSROOM

The Classroom is a monthly lecture series organised by Lectoraat Kunst en Publieke Ruimte with speakers proposed by the 13 departments of the Rietveld Academy

Information/reservation
esther.deen@rietveldacademie.nl

Speaker
Jean Marc
Bustamente

Location
Gerrit Rietveld
Academy

Proposed by
The Photography
Department

Date & Time

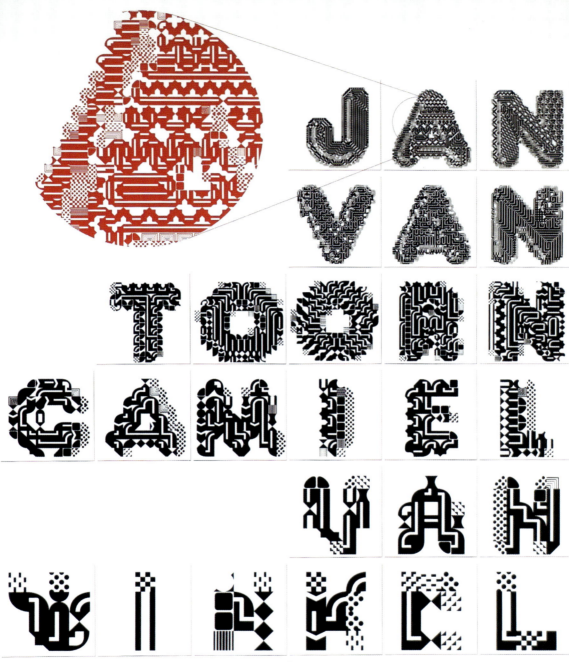

# S.24
# Process Compendium

プロセス4からプロセス18までを記録した15枚のプリントを納めた Process Compendiumには、2つのエディションがあります。それぞれのプリントは、無限に続くさまざまな変化の中から選び出された2枚の静止画像です。カタログには、この印刷物と変化を生み出すソフトウェアについての説明、そして一連のタイムラプス画像によりさまざまな形態が創発する様子が記録されています。

このプロジェクトの枠組みにおいて各エレメント（要素）は、ある1つのフォーム（形態）と1つまたは複数のビヘイビア（動作、振る舞い）による単純な機械です。プロセスとは、多くのエレメントにとっての環境を表し、エレメント間の関係性をどのように視覚化するかを定めています。例えばエレメント1は、1つの円の形をしていて、そのビヘイビアの1つは直線上を一定速度で動くことです。プロセス4は、ある表面をエレメント1で埋めていきながら、エレメントと他のエレメントのあいだに線を引くのですが、そのエレメント同士は時に重なり合います。それぞれのプロセスは短い文章で表され、多くの解釈を通じて探索されるある1つの空間を定義しています。ソフトウェアにおけるプロセスの解釈とは、始まりだけが与えられ、どこで終わるかは定められていない動力学的な描画機械です。一度に一歩ずつ進み、その一歩ごとに、どのエレメントも定められたビヘイビアに従って自分自身を変えていきます。そうして出来上がる視覚的な形状は、1つ前に描かれた形状に修正を加えていくエレメント群の変化として出現します。

7年以上の時間をかけてCasey Reas（ケーシー・リース）は、フォーム、ビヘイビア、エレメント、そしてプロセスから成るこのシステムを少しずつ洗練させてきました。創発（エマージェンス）という現象がこの探求の核心であり、作品のひとつひとつが1つ前の作品をもとにして作られ、次の作品に伝えられていきます。このシステムは奇異で似非科学のようですが、数学史から人工生命の生成に至るさまざまな人智を背景にしています。

最初の3つのプロセスによる作品は、ストラクチャー1、2、3と名付けられています。

## Casey Reas

2004–2010年
Process Compendium

→ W.148
Webサイト：Casey Reas

関連するチャプター：
→ Ch.P.2.2
エージェント

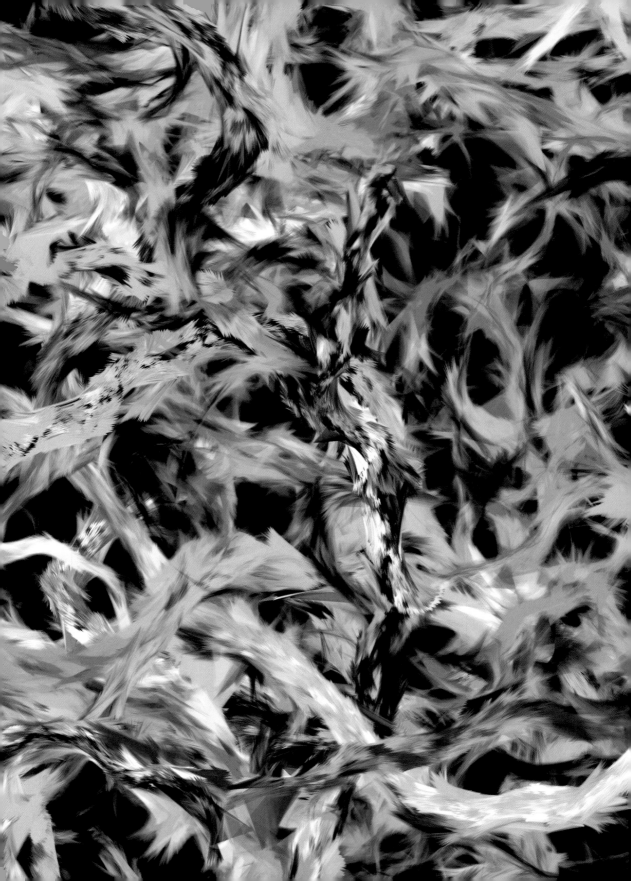

## S.25
# con\texture\de\structure

"芸術作品それ自体は実証的なものです。それがいかに不要で偶発的なものであっても、究極的には必要不可欠なものとして現れます。なぜならある種の自己限定によって、それ自身があらゆる機会を異なるものにすることを奪い去ってしまうからです。"
—— Niklas Luhmann（ニクラス・ルーマン）

「不測の事態」というニクラス・ルーマンのアイデアをもとに制作された作品、con\texture\de\structureは、製図機を使用しています。自己参照プロセスを生み出すその制御プログラムは、具象でも抽象でもないイメージを生成します。

結果として出来上がった作品は特殊なものなので、その価値が認められることはありません。もしその作品が偶然によって出来上がったものだとしたら、そこに独創性はありません。視覚芸術の色彩構成や、音楽の調性やリズムといった芸術作品の構造要素は、伝統的な形式を参照しながら、過去の作品との関連性で評価されます。

しかし、con\texture\de\structureはその偶発性を隠そうとはしません。むしろ意図してそれを見せているのです。機械の動きを見ただけで、その背後にあるプログラムが簡単に理解できるよう、プログラミングは意図的にシンプルになされています。

ペンはx軸方向およびy軸方向に最小値から最大値まで動き、また戻ります。ペンは最小値または最大値に到達するまで動き続けますが、ペンが線とぶつかるたびにx軸およびy軸方向の速度が変わるため、描線の角度も変わります。この機械のプログラムは、イメージの外枠に達したら方向とスピードを変える、一度行ったことのある点に再び達したらスピードを変える、というたった2つのルールで組まれています。

**Tim Riecke**

2006年
con\texture\de\structure
インスタレーション

→ W.129
Webサイト：Tim Riecke

関連するチャプター：
→ Ch.P.2.2.2
インテリジェントエージェント

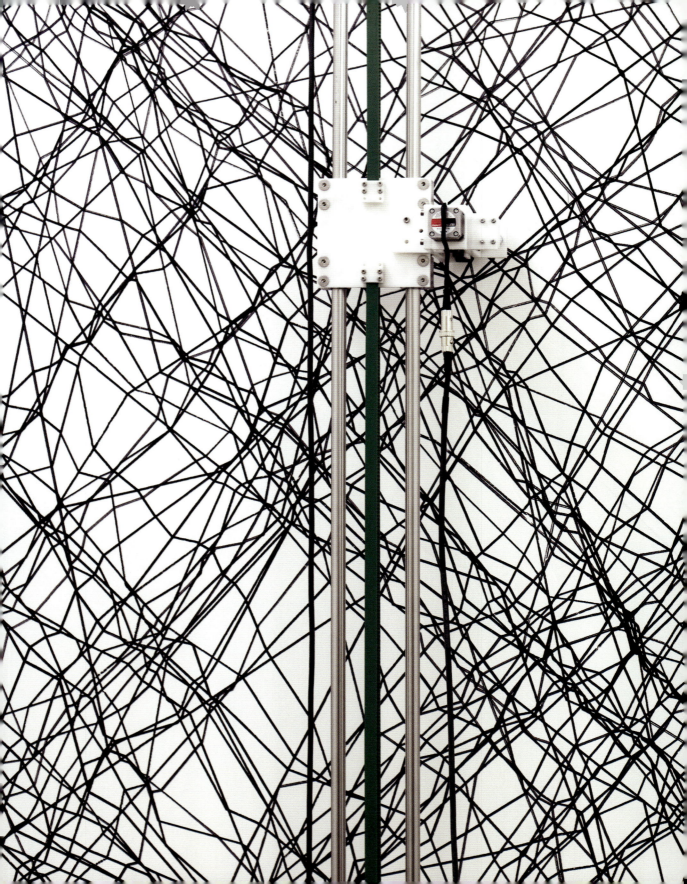

# S.26
# Being not truthful

「誠実でないことは私に反する（Being not truthful works against me.）」は、「私がこれまでの人生で学んだこと（Things I have learned in my life so far.）」というタイトルが付けられたStefan Sagmeister（ステファン・サグマイスター）の日記の一節です。Being not truthfulというインスタレーションで、この格言は仮想のクモの巣に織り込まれ、鑑賞者の影が触れるとこのクモの巣が破れます。すると、少しずつこのクモの巣は自分自身を再構築し始めます。この壊れやすい構築物は、サグマイスターの金言の傷つきやすさと、そのために必要な努力のメタファーとして機能し、真実の本性と誠意の価値についての問いを投げかけます。

このテクニカルな構造物は、カメラに接続されたコンピュータとプロジェクターで構成されています。カメラは鑑賞者を撮影し、ソフトウェアがそのビデオ入力を蜘蛛の巣のシミュレーションと統合し、鑑賞者の影を巣の上に写し出します。

**Ralph Ammer**
**Stefan Sagmeister**

2006年
Being not truthful
インタラクティブ・インスタレーション

Programming:
Ralph Ammer
Technical support:
Stephan Huber
Design support:
Matthias Ernstberger

→ W.130
Webサイト：Ralph Ammer
→ W.131
Webサイト：Stefan Sagmeister

関連するチャプター：
→ Ch.P.4.3.3
リアルタイムのピクセル値

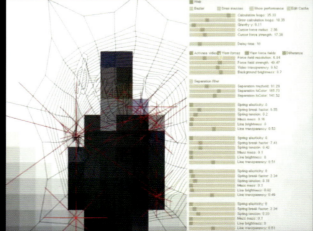

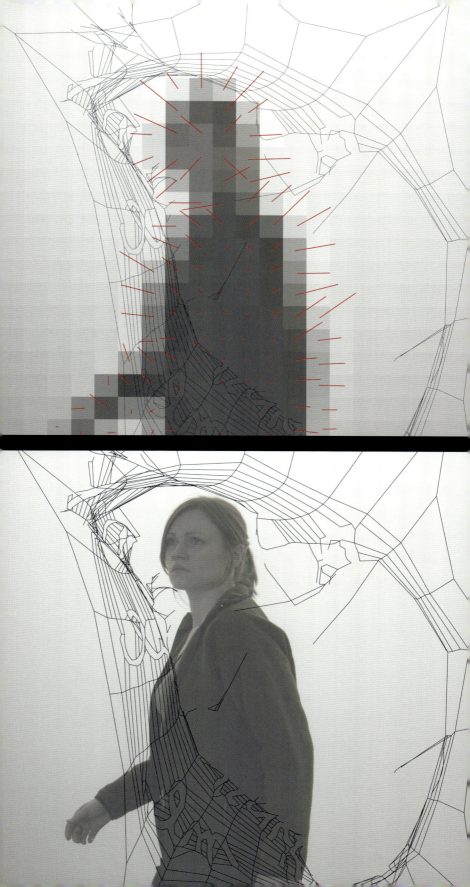

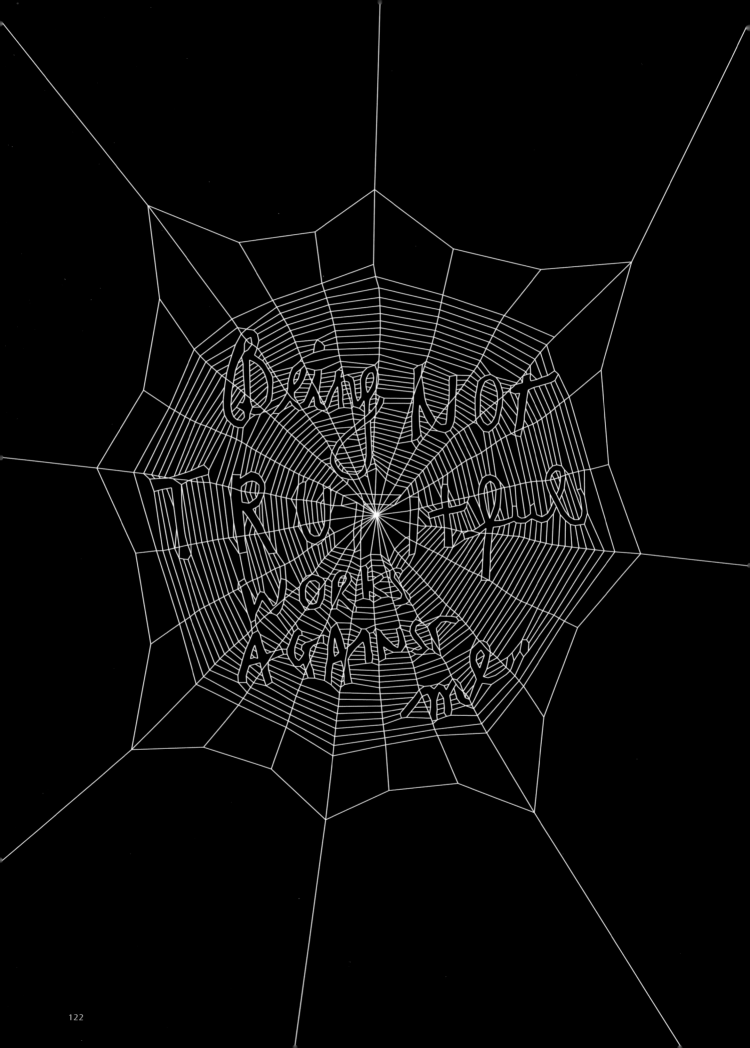

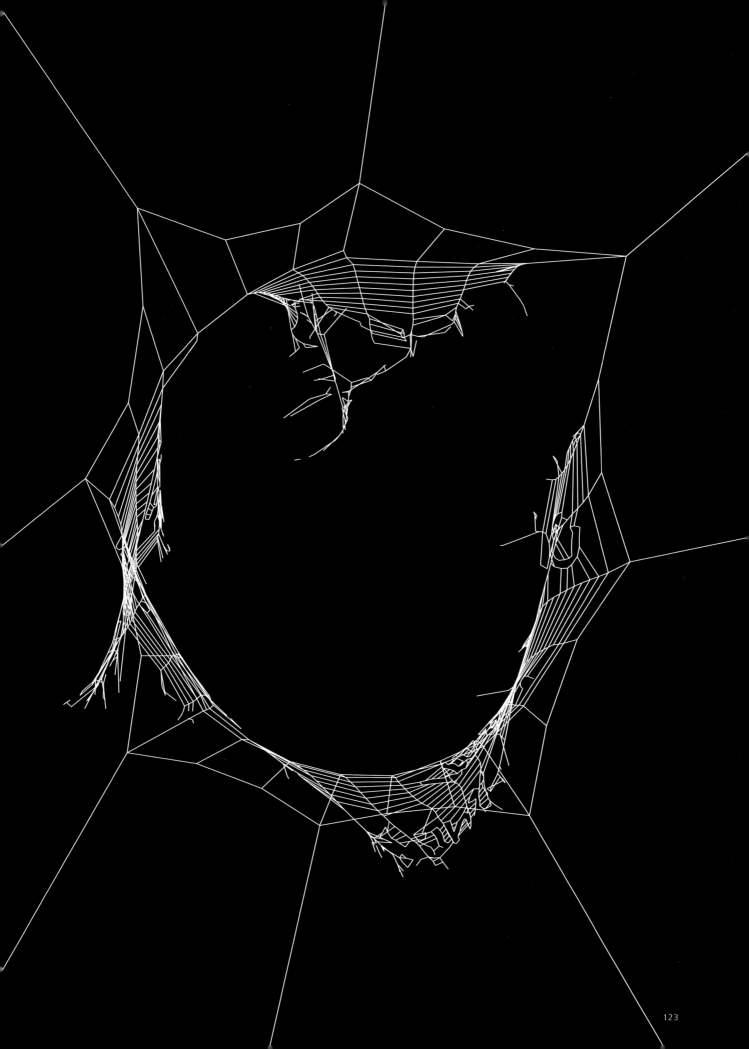

## S.27
# Casa da Música Identity

Rem Koolhaas（レム・コールハース）の設計で、ポルトガルのポルト港に位置するコンサートホールCasa da Músicaのために、ステファン・サグマイスターが包括的なモジュール型のブランドアイデンティティをデザインしました。プロジェクトの当初の目的は、建物に言及することなくホール用のロゴを作成することでしたが、その建物自体がロゴであることが調査により明らかにされたため、これは実現不可能だということが分かりました。コールハースは、このことを「シンボリズム（象徴主義）の利害関係的構造」という、絶妙の言い回しで表現しました。

求めるイメージが建物のイラスト以上の表現である必要があったため、デザイナーはコンサートホール特有の外観をアプリケーションからアプリケーションへと変形させていくカメレオンのようなシステムを開発しました。建物の構造を示す高解像度レンダリングは、あらゆるコンサートホールの出版物の中で統一の要素として表現されます。演奏される音楽ジャンルによってロゴの文字が変化することから、コンサートホールで演奏されるさまざまな種類の音楽からブランドイメージのハーモニー（調和）が生まれます。

**Stefan Sagmeister**

2007年
Casa da Música Identity
コーポレートデザイン

Art direction:
Stefan Sagmeister
Design:
Matthias Ernstberger, Quentin Walesh
Logo generator:
Ralph Ammer
Client:
Casa da Música, Portugal

→ W.130
Webサイト : Ralph Ammer
→ W.131
Webサイト : Stefan Sagmeister

関連するチャプター :
→ Ch.P.1.2.2
画像で作るカラーパレット

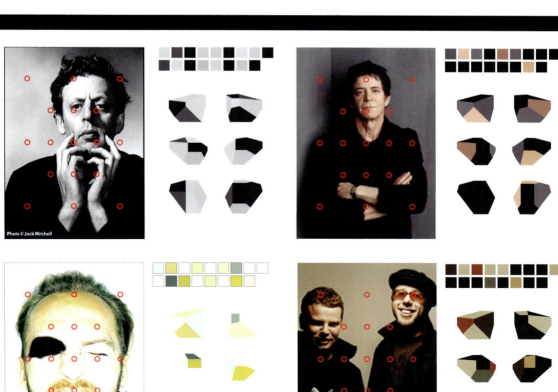

# SERVIÇO EDUCATIVO
Patrocínio **Superbock**

## 01 Junho | Sex

António Victorino d'Almeida
Concerto para tuba e orquestra
Richard Strauss:
**Till Eulenspiegels lustige Streiche**
Destinatários: Público geral,
escolas [a partir do 2º ciclo]
e cidadãos seniores
11:00 Ensaios Abertos

Filme/Concerto | Space Ensemble
As Aventuras Do Príncipe Achmed
Destinatários: Escolas do
Ensino Básico e Secundário
11:00 e 15:00 Outros Concertos

## 02 Junho | Sáb

Ritmos Urbanos Jorge Queijo
11:00 Workshops [ConstruSom]

Narrativas Sonoras Rui Penha
11:00 Workshops [CyberSom]

Sonoridades Líquidas João Ricardo
de Barros Oliveira
14:00; 15:30 Workshops [ConstruSom]

Ritmos Do Mundo Jorge Queijo
14:30 Workshops [ConstruSom]

Digital Jam | Rui Penha
14:30 Workshops [CyberSom]

Filme/Concerto | Space Ensemble As
Aventuras Do Príncipe Achmed
15:00 [Outros Concertos]

Compor Com Hyperscore Rui Penha
16:00 Workshops [CyberSom]

De Festivais Dos Anos 60
Álvaro Costa
16:00 [Breve Dicionário de Ouvido]

## 03 Junho | Dom

Orquestra Nacional Do Porto
Marc Tardue, direcção musical
António Rosado, piano Obras de
Maurice Ravel, Ernst von Dohnanyi,
Richard Strauss
12:00 Sala Suggia
[Concertos Comentados]

GUDGIGUDGI DADA Ana Paula Almeida,
Katarzyna Pereira
Concerto comentado por Fátima Pombo
[Primeiros Sons]
Destinatários: 11:30 [0-18 meses]
15:00 [18 meses-3 anos]
16:15 [3-5 anos]

SONORIDADES LÍQUIDAS João Ricardo
Barros de Oliveira
Destinatários: Famílias com crianças
a partir dos 4 anos
14:00; 15:30 Workshops [ConstruSom]

DJ Classic: audição musical com
crianças e jovens Jorge Ribeiro
14:30-17:30 [Formação Música na
Sala de Aula]

casa da música

## S.28
# Type & Form Sculpture

このタイポグラフィ彫刻は、雑誌『Print』からの依頼で制作されました。生化学的反応に基づいた生成過程を使って、コンピュータ上で生成されました。この彫刻は、それを発生させる成長過程そのものをはっきりと具現化しています。

カスタムフォントの輪郭が彫刻の基礎となり、初期の結晶を作り出します。そこから時間が経つにつれて、シミュレーションは繊細なパターンでオリジナルの構造を分解していきます。

医学の世界においてMRIスキャンでよく使われる方法を利用することで、さまざまなプロセスの段階にある2次元構造が、数百万の多角形から構成されるきめ細かい3Dモデルに結合されました。その後、3Dプリンタでこの実際のモデルを作成しました。使用した原材料はきめが粗く、骨の構造に似ていて、一見すると自然の鍾乳洞のようであり、模倣生物的な美しさを秘めています。

### Karsten Schmidt

2008年
Type & Form Sculpture
『Print magazine』表紙

Concept, type design,
generative design, photography:
Karsten Schmidt (PostSpectacular)
Client, art direction:
Kristina Di Matteo/Lindsay Ballant
(Print magazine)
3D printing:
Anatol Just (ThingLab)

→ W.132
Webサイト : Type and Form
→ W.133
Webサイト : Karsten Schmidt

関連するチャプター :
→ Ch.P.3.2.3
エージェントが作るフォントアウトライン

## S.29
# Faber Finds

Faber Findsは、2008年にロンドンの出版社Faber & Faberが始めた革新的なオンデマンド印刷ビジネスです。廃刊になった本を復活させることを専門にしており、誰でも簡単に廃刊本を入手できるようにしました。

Faber Findsのために全自動で表紙デザインを制作する機能が開発され、そこから無限のバリエーションを作り出す可能性が生まれました。受注された本一冊一冊に、独自の表紙が印刷されます。非常にきめ細やかで装飾的な枠組みと、Michael C. Place（マイケル・C・プレイス）がFaber Findsのために特別にデザインした書体を組み合わせるという、1つの厳密な美的基準に従ってすべてのデザインが作り出されます。

印刷技術者のMarian Bantjes（メリアン・バンジェス）のスケッチが、この装飾的な枠組みのルック＆フィールに対する最初のインスピレーションをもたらしました。スケッチはまず象徴化され、最小のコンポーネントに分解され、その後コンポーネントはソフトウェアよって新しい形態に反復再構成されます。最終的なデザインに必要な35項目のレイアウト条件に対して、ソフトウェアは何回もの反復プロセスから条件に合ったものを導き出します。この条件を満たすべく、プログラムは200から300の異なるデザインを算出し、その後ようやく印刷に使える1つのデザインが出来上がります。

### Karsten Schmidt

2008年
Faber Finds
ブックカバー

Design, programming:
Karsten Schmidt
Client, art direction:
Faber & Faber/Darren Wall
Illustrations:
Marian Bantjes
Type design:
Michael C. Place and Corey Holms
Photography:
Karsten Schmidt

→ W.133
Webサイト：Karsten Schmidt
→ W.134
Webサイト：Faber Finds

関連するチャプター：
→ Ch.P.2.3.6
複合モジュールでドローイング

## S.30
# genoTyp

genoTypは、タイポグラフィと遺伝学を結びつけた実験的ソフトウェアです。個々の文字に含まれている遺伝情報の交配とコンピュータの生成能力によって、フォントが生育されていきます。

遺伝学の原理を利用することで、genoTypはデザインが生成的に発展していくフレームワークを作成します。それは創発のプロセスを反映した、変化の可能性と予期せぬ結果を生み出します。

異なるフォントが交配するためには、遺伝子コードに互換性がなければなりません。つまり、その特別な遺伝子フォーマットがすべての文字に対して有効であるように設計される必要がありました。GenoTypは骨格構造を利用しています。文字がある基本的構造から構成されていて、平均的なスケルトン（字形）とストローク（線）の太さを決めるリッジ（盛り上がり）が定義されています。さらにもう1つ別のスケルトンが文字のセリフ（ストロークの端にある小さな飾り）を記述しています。このように、1つの文字に3つの染色体が保存されています。

フォントは家系図に読み込まれ、ユーザーがそれらを交配させます。実験室であるディスプレイでは、ユーザーがその結果生まれた文字を検討し、他の文字と比較することができます。そうすれば、文字の遺伝子の転写と変異を追跡することが可能になるのです。

**Michael Schmitz**

2004年
genoTyp
ジェネラティブタイポグラフィの実験

→ W.135
Webサイト：genoTyp
→ W.136
Webサイト：Michael Schmitz

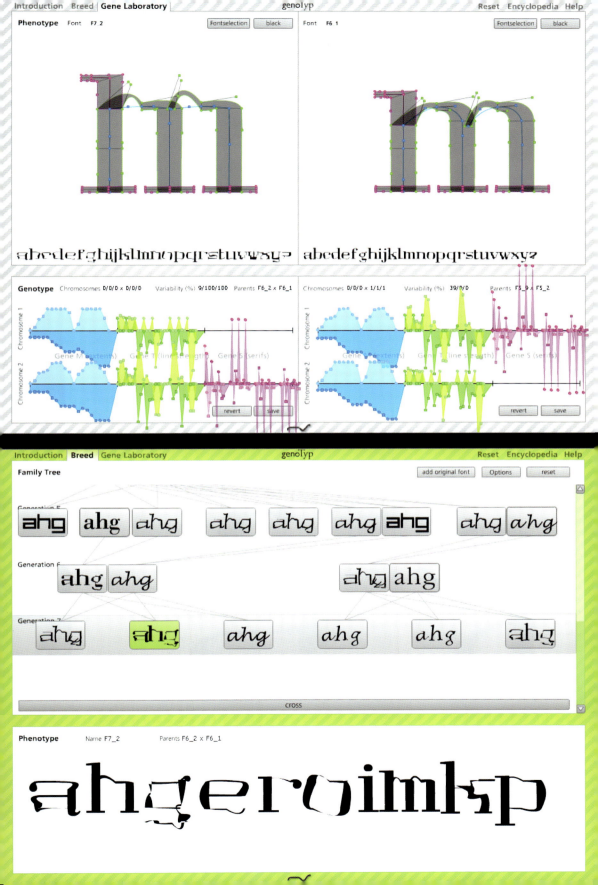

## S.31
# Evolving Logo

Evolving Logoは、進化論の原理に基づいて企業のロゴマークを洗練していくシステムです。ロゴマークは、何かしらの目標を目指すのではなく、組み換えと突然変異によって絶え間なく変化していきます。ロゴマークの要素のひとつひとつが生きたままに保たれ、その遺伝子を子孫に伝えられるかどうかは、それが生息する環境にどれほどうまく適応しているか次第です。

そこから生まれるロゴマークの質は、いわゆる適合度関数によって判断されます。適合度関数は、それぞれのロゴマークの属性を決定し、それを企業の現状と比較します。そうすることで、最良のロゴマークが交配し、その遺伝的物質の組み換えから生まれる子孫としての新しいロゴマークが、古いロゴマークと入れ替わります。更新された子孫たちは再評価され、こうしたリニューアルのプロセスが絶え間なく継続します。その時々で、最も適応できる質を持った個体が、そのときのロゴマークとなり、それを企業が公開します。

ロゴマークの外観は、細胞システムをシミュレーションするときにお馴染みのセル・オートマトンモデルに基づいています。個々の要素は単純な規則に従って変化しますが、それが全体の振る舞いを創発します。これは気ままな運動ではなく、この方法で視覚化された動きと活動は、企業とその従業員の発展とに関係していて、企業の状態を正確に反映します。このシステムはJavaでプログラミングされています。

**Michael Schmitz**

2006年
Evolving Logo

→ W.136
Webサイト：Michael Schmitz

# Max Planck Institute
of Molecular Cell Biology and Genetics

# Max Planck Institute
of Molecular Cell Biology and Genetics

# Max Planck Institute
of Molecular Cell Biology and Genetics

# Max Planck Institute
of Molecular Cell Biology and Genetics

# Max Planck Institute
of Molecular Cell Biology and Genetics

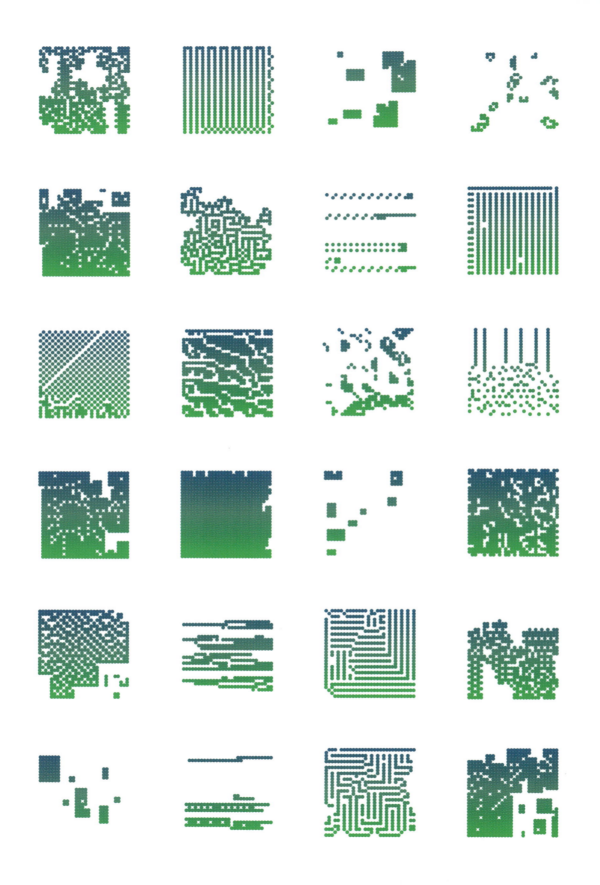

## S.32
# _grau

実験的な短編映画_grauは、自動車事故によって生じた記憶の個人的な投影です。その事故の際に、ほんの一瞬のうちに不可逆な結合としてシナプスの残像が生じたのです。生き生きとした具象のタブローを思い起こさせるこの「ライブペインティング」は、10分と1秒（10:01）の間、分岐し続けていきます。この時間の長さはライプニッツの2進法に基づくもので、そこでは神が1を、闇が0を意味しています。

この作品は、構造、空間、運動、そして時間レベルの活力に溢れた集合体です。当初それは、3Dスキャン、MRI（磁気共鳴画像）やX線、モーションキャプチャで記録された無数のスケッチやオブジェクト、そして体のパーツで構成されていました。動的なプロセスのシミュレーションは、L-system、パーティクル、フラクタル、デジタルアーティファクト（デジタル固有のノイズ）が畳み込まれたものを元にしています。スクリプト言語やAfter Effects、3ds Maxを用いて、個人のアイデアと、見る人の記憶を奪い取ってしまうような美を有したシステムの創造とのあいだにある鋭い境界を溶解させるために、表現とアーキテクチャ間の対比的なギャップをつなぐ新しい可能性が探求されています。

## Robert Seidel

2004年
_grau

Duration:
00:10:01 min
Direction, production, animation:
Robert Seidel
Music:
Heiko Tippelt, Philipp Hirsch

→ W.137
Webサイト : Robert Seidel

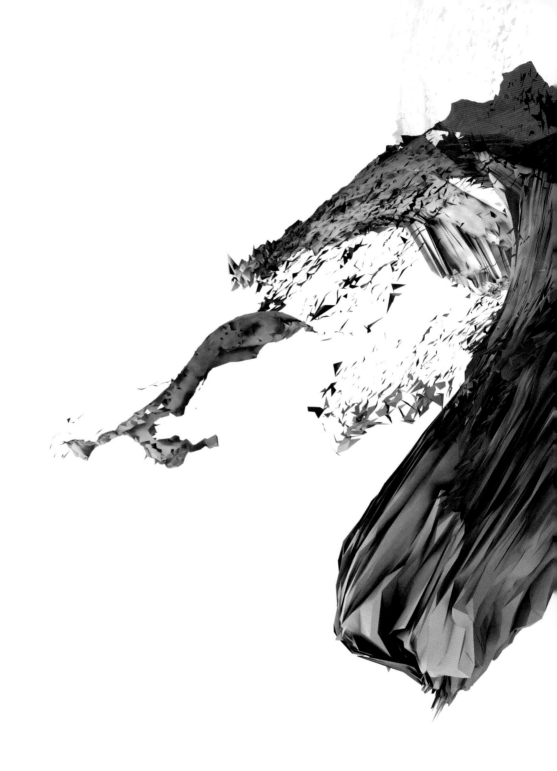

# S.33
# well-formed.eigenfactor

well-formed.eigenfactorは、科学の分野の生態系における情報の流れを可視化したものです。その目的は、各専門分野がどのように関係しているのかをアプリオリに決めるのではなく、むしろ実際の科学研究の中で各分野がどのようにグループ化され互いに影響を与え合っているのかに基づいた、科学の地図を作成することです。

ワシントン大学のバーグストロム研究所は、科学雑誌の影響力の指標値（アイゲンスコア）を計算し、それを重みづけネットワークに書き出すことで、階層的クラスタリングを求めました。Moritz Stefaner（モリッツ・ステフェナー）はこの膨大なデータを、それぞれが情報の異なる側面を明らかにする4つの可視図へと変換しました。

このプロジェクトは、ネットワーク・ビジュアライゼーションの語彙を拡張しています。すなわち、まず階層型エッジバンドリング（グラフのリンクを束ねることでグラフ表現の視覚的な煩雑さを低減する方法）やツリー図といった既存の表現の機能を変更することと、もう一方では影響力指標を磁石の針で表現したり、クラスタ構造の時間変化を表すための新しいフローチャートといった新たなアプローチを通じて、これらを実現しています。

データは、1997年–2005年の間のトムソン・ロイター誌のレポートから引用、抽出されています。約13,000の引用関係がある上位400誌が選択されました。

**Moritz Stefaner**
**Martin Roswall**
**Carl Bergstrom**

2008年
well-formed.eigenfactor
情報可視化

→ W.138
Webサイト：well-formed.eigenfactor
→ W.139
Webサイト：Moritz Stefaner

関連するチャプター：
→ Ch.M.5
ツリー図
→ Ch.M.6
動的なデータ構造

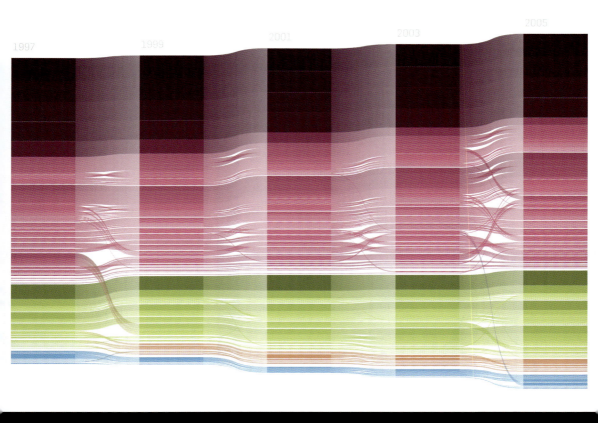
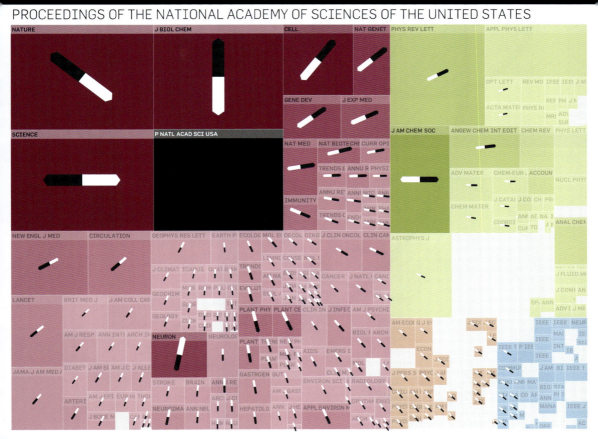

## PROCEEDINGS OF THE NATIONAL ACADEMY OF SCIENCES OF THE UNITED STATES

## S.34
# Cyberflowers

1960年代以降、Roman Verostko（ローマン・ヴェロスコ）は改造したペンプロッターを使用して、純粋に形式的で審美的な作品の創作を探求してきました。コードは指示を動きに変換し、用紙に直接描く描画装置に伝達されます。

この方法によって数えきれないほどの実験を何年も行ったことが、最終的に色鮮やかな形を生み出すCyberflowersのアルゴリズムにつながりました。それは、Pearl Park ScripturesやFlowers of Learningといった、この作家の最近の作品から進化してきたものです。Cyberflowersは、アートの純粋な形を創造しようとした20世紀初頭の先駆者たちの努力も参考にしています。Piet Mondrian（ピエト・モンドリアン）やKazimir Malevich（カジミール・マレーヴィチ）のようなアーティストたちからの影響も見られます。

この視覚化は、ユビキタス・デジタルテクノロジーに由来したアルゴリズムに基づいています。それぞれのドローイングが生成されたコードを明示することで、その繊細さの中から、一見厳格なロジックに見えるコードを超えていくのです。

### Roman Verostko

2009年
Cyberflowers
イメージの視覚化

→ W.140
Webサイト：Roman Verostko

関連するチャプター：
→ Ch.P.2.3
ドローイング
→ Ch.M.2
振動図形

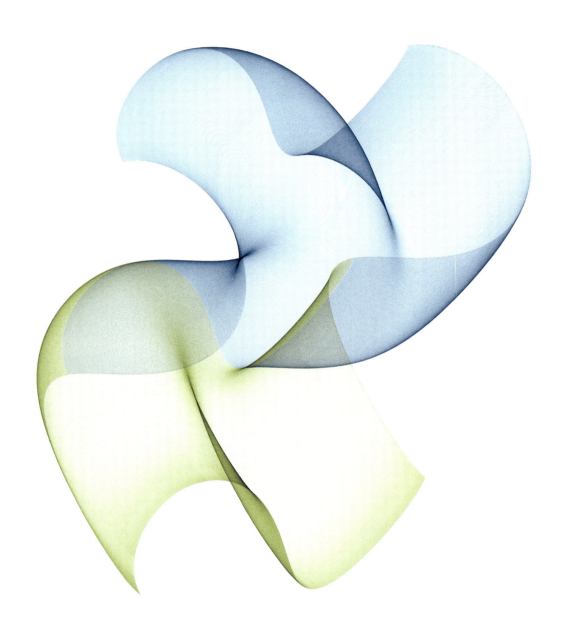

## S.35
# Stock Space

Stock Spaceは、金融の世界で電子取引システムの最も大きな提供会社の1つであるナイト・キャピタルグループに委嘱された作品です。証券取引は、リアルタイムの情報の流れが必要不可欠な、複雑でペースの速いビジネスです。時間はミリ秒で測定され、株取り引きの場はますます分散ネットワーク化しています。

このプロジェクトの目標は、ビジネスを仮想空間と見なすことで、そこから一連のデータのランドスケープを発展させていくことでした。可視化がデータ固有の特徴を際立たせ、そこから証券取引のトレーダーたちが毎日動かしている情報の流れの複雑さを分かりやすく示す形態を作り上げます。セマンティックな意味は、あえて無視されています。その代わりにこの作品は、普段は情報の流れに隠されている空間的構造に光を当てます。

この可視化は、OpenGLとProcessingで開発されました。タイル分割によるレンダリングが、高解像度の印刷用画像のために使われました。ナイト・キャピタルグループは、ナイト社内ネットワークによって、終日すべての証券取引を見ることができるようにしました。この情報は、オンラインサービスYahoo!ファイナンスにある過去の株価情報とも連動拡張されています。

**Marius Watz**

2008年
Stock Space
データビジュアライゼーション

→ W.141
Webサイト：Marius Watz
→ W.142
Blog: GeneratorX
→ W.143
Webサイト：evolutionzone

関連するチャプター：
→ Ch.M.3
数学的図形
→ Ch.M.6
動的なデータ構造

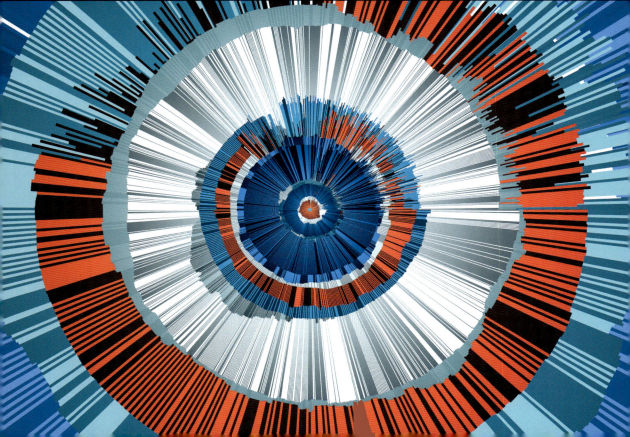

## S.36
# Strata #3

「Strata」とは、岩石による多くの層によって形成される地質学的構造のことです。それぞれの層の重なり合いは、美しくも独特の形から生まれる固有の特徴と歴史を有しています。

Strataプロジェクトは、今日のデジタル美学と伝統的な芸術や建築のアイコンのあいだのこれまでにない関係を探求する一連のフィルム、印刷物、そしてインスタレーションから構成されています。地質学的なプロセスのように、異なる年代の層が相互作用を起こすことで、新たな興味をそそる構造を生み出します。

この作品は、ボルドービエンナーレのために制作されました。

**Quayola**

2009年
Strata #3
オーディオビジュアル・インスタレーション

http://www.quayola.com/strata3/

Sound: Plaid
Photography: James Medcraft
3D Animation: Robin Lawrie
Custom Software: Mauritius Seeger
Assistants: Kieran Gee-Finch,
Colin Johnson

S.37
# Forms

Formsは、人間の動きと、その時空間における残響に関する一連の研究です。この作品は、エドワード・マイブリッジ、ハロルド・エジャートン、エティエンヌ＝ジュール・マレーの諸作品、そしてマルセル・デュシャンの「階段を降りる裸体 No.2」のような、モダニストやキュビストの作品にインスパイアされて制作されました。身体の軌跡の観察に着目することよりもむしろ、抽象的な彫刻的造形の拡張、そして、力、バランス、優美さ、衝突といった、身体と環境のあいだにある見えない関係の可視化を探求しています。

プロジェクトはスポーツ選手を対象としていて、彼らの驚くべき能力、勝利に向かって少しずつ向上していくそのパフォーマンスを掘り下げています。伝統的に、今日の社会におけるエンターテインメントは競争過多になりすぎていて、その修練はもっぱら機械的、美的な視点だけがとりあげられ、議論されています。

この研究の素材はイギリス連邦競技大会の記録映像です。記録映像から抽象的な形態への変形の過程は、インタラクティブなマルチスクリーン作品として表現され、スポーツ選手が置かれた特殊で緻密な世界がどのように進化してきたのかを改めて考えさせてくれます。

**Memo Akten + Quayola**

2012年
Forms
オーディオビジュアル・インスタレーション

http://www.quayola.com/forms/

Production Company: Nexus Interactive Arts
Producer: Beccy McCray
Production Manager: Jo Bierton
Sound Design: Matthias Kispert
Houdini Developer: Maxime Causeret
3D Animator: Raffael F J Ziegler (AKA Moco)
3D Tracker: Katie Parnell, Eoin Coughlan
3D Tracking Supervisor: Mark Davies

## S.38
# CLOUDS

James GeorgeとJonathan Minardによって2014年にアプリケーションとして制作公開されたCLOUDSは、これまでにない新たなインタラクティブドキュメンタリーです。空間を飛び交う粒子群による独特の質感の映像は、通常のRGBに加えて奥行（D）を記録できるオープンソースのRGBD Toolkitを使ってKinectで撮影されたものから生成され、作品はOculus Riftという安価で高性能なVRヘッドセットで鑑賞できます。ドキュメンタリーの内容は、コードと創造の本質に踏み込もうとしたもので、そのために彼らは約40人ものアーティスト、キュレーター、研究者に、ソフトウェア、技術、そしてクリエイティブ・コーディングの文化に関連するさまざまなテーマについてのインタビューを行いました（日本からは比嘉 了がとりあげられています）。通常のリニアな映像作品とは異なり、この作品は「Algorithm」「Beauty」「Chaos」といったさまざまなタグを辿りながらノンリニアに聴取することができると同時に、インタビューされた作家の作品も体験できる内容となっています。

CLOUDSの制作資金はKickstarterで集められました。2014年にSundance New Frontier Festivalでプレミア上映され、Tribeca Film FestivalではBest Interactive Filmを受賞しました。日本では、2015年2月に開催された第7回恵比寿映像祭「惑星で会いましょう」で公開上映されました。

**Jonathan Minard + James George**

2014年
CLOUDS
ドキュメンタリー

http://clouds-documentary.myshopify.com/

Executive Producer: Golan Levin
Producer: Winslow Porter
Design Director: Bradley G. Munkowitz
Music: R. Luke DuBois
Lead Interaction Developer: Elie Zananiri
Lead Visual Systems Developer: Lars Berg
Story Engine Developer: Surya Mattu

参照：Creative Applications.Net（Greg.J.Smith）

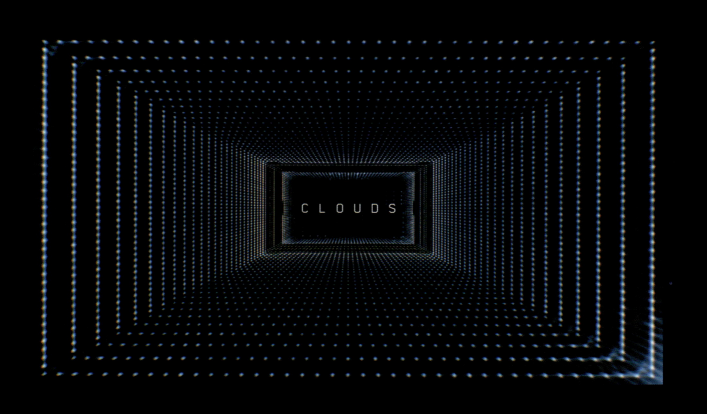

# S.39
# パラメトリック

コードによって生成された絵は、人が手で描く造形とはまた別の、静かな美しさをたたえています。しかし多くの人にとっては、それ単体だと、どう鑑賞し、どこを楽しめばよいか、なかなか分かりづらいものでもあるでしょう。robamotoは、少しでも多くの人にコードによって生成された絵の独特な美しさを味わってほしいと願い、生成的なビジュアルと手描きの少女のイラストレーションを組み合わせ、同人誌として1冊の本にまとめました。

この作品では、大きく分けて2つの作り方を使っています。

A　人物の絵を描き、それを下絵としてコードを使った造形を重ねてひとつの絵を仕上げる。

B　まずコードを使って数十パターンの造形を作る。その中から自分が良いと思えるかたちを選び出し、それに合わせて人物をイメージして描く。

特に方法Bによる描き方は、まったくゼロから絵を描き始めるときには生まれない思わぬアイデアが引き出され、描き手である作者自身にとっても新鮮な体験がもたらされました。

**robamoto（平均律）**

2014年
パラメトリック
ドローイング

http://heikinritsu.com/portfolio/parametric
http://heikinritsu.com/making_of_parametric/

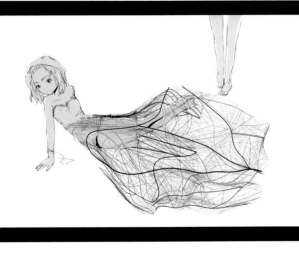

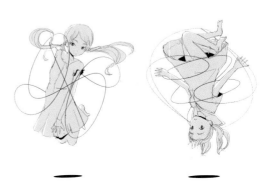

# Lilium

kynd（Kenichi Yoneda）が東京のビジュアルレーベルBRDGとのコラボレーションで制作した[BRDG020]Liliumは、kyndの水彩シミュレーションの探求と、Yaporigami/Yu Miyashitaによる音楽が結びついたオーディオビジュアルの実験です。

この作品は、Sawakoの音楽のために制作した映像（http://www.kynd.info/log/?p=595）をベースにしており、openFrameworks上のFFT（高速フーリエ変換）によって処理された音響データを受け取り、2つのFBO（Frame Buffer Object）に対して描画される多数のオブジェクトから構成されています。ひとつ目のFBOはキャンバス、または紙として描画に使われ、シェーダーによる滲みが施されます。もうひとつはフォースマップとして、描画された画像を変形し泡や波紋のように見える効果を加えるために使われます。

個々のオブジェクト、絵の具の飛沫がキャンバスとフォースマップに描画され、続いてシェーダーによってキャンバス上の絵の具に滲みが加えられます。そして、最後に描かれた絵に対してフォースマップによる変形が適用された結果が出力されます。kyndは、このビデオのためのコードを発展させて、ライブパフォーマンスも行っています。

## kynd

2015年
Lilium
オーディオビジュアル・インスタレーション

https://vimeo.com/brdg/lilium

Visual Coding: kynd
Music: Yaporigami
Produce: BRDG

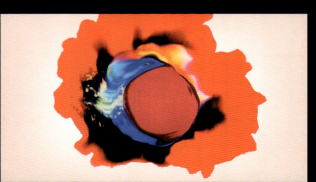

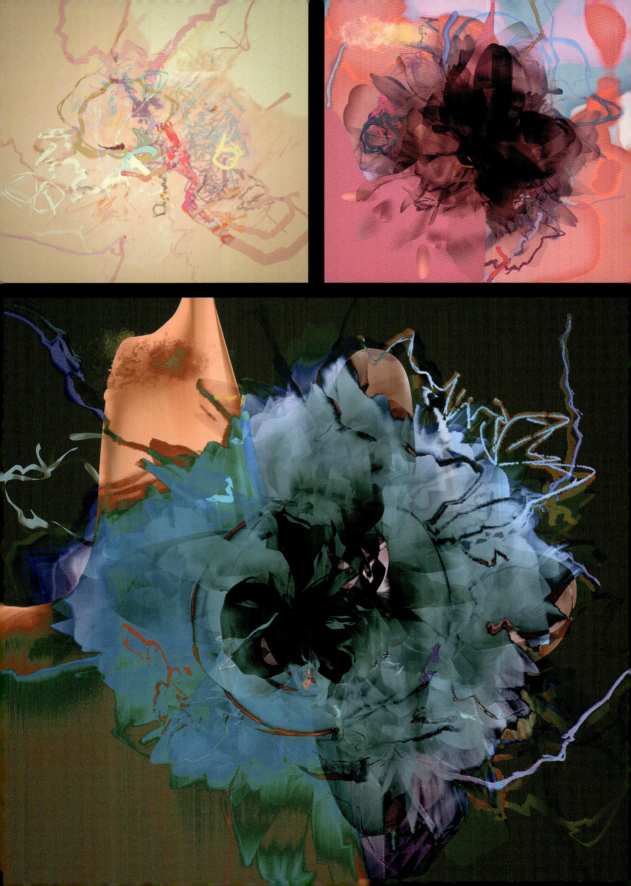

# S.41
# Possible, Plausible, Potential

コードによって生成された建築的構造の一連のドローイングです。フェルトペンのプロッターマシンで描かれています。Nóbregaはこのドローイングで、アルゴリズムの反復的側面と、現代建築のユートピア的側面の両者を探求しています。彼はこの2つの側面が、その活力を維持するための可能性と失敗のあいだの緊張関係、すなわち何かが実現する瞬間の可能性と、本質的に新しい何ものかとしての失敗の危険性のあいだの関係を作り出すと信じています。

個々のドローイングは、実現できない建築構造の組み合わせによる独特の構図を有しています。この作品は、Processingコードと、カッティングマシンあるいはCNC切削機械に取り付けられたマーカーによって出力されました。

**Miguel Nóbrega**

2015年
Possible, Plausible, Potential
ドローイング
http://superficie.ink/

# LANDFORMS

Landformsは、コンピュータが生成した「風景」を出力した1000枚の印刷物からなる作品です。平面のグリッドから非決定的なノイズ関数によって起伏が生成され、あるひとつのアルゴリズムによって、そこから岩石や渓谷、尾根が形作られます。

風景は、遠くから見ると陰影や奥行きのイリュージョンをもたらす黒のドットパターンで表現されています。

**Joanie Lemercier**

2015年
LANDFORMS
プリント
http://joanielemercier.com/landforms/

## S.43
# Virtual Depictions: San Francisco

Refik Anadolがキルロイ不動産とSOM Architectsとのコラボレーションで制作したVirtual Depictions: San Franciscoは、建物の外の通りからも見える12.2メートルのスクリーンに90分にわたってダイナミックな映像を投影する、映画的でサイトスペシフィック（ある特定の場所のために制作された作品）なデータ駆動型彫刻です。

このプロジェクトの第一の目的は、細密抽象かつ映画的でサイトスペシフィックなデータ駆動型の物語の体験を生み出すことです。このメディアウォールが、周到に計画調整されたイメージによって周囲の環境と走馬灯のような関係を作り出す、公共のイベント空間へと変化します。粒子の軌跡、流体シミュレーション、フラクタル地形から幾何学的構成、そしてポイントクラウド（粒子雲）のフライスルーといった12の異なるイメージが、建築と街の風景を変容させます。

### Refik Anadol

2015年
Virtual Depictions: San Francisco
インスタレーション
http://joanielemercier.com/landforms/

Commissioned by : Kilroy Realty Corporation / John Kilroy
Architects: Skidmore, Owings & Merrill LLP Architects

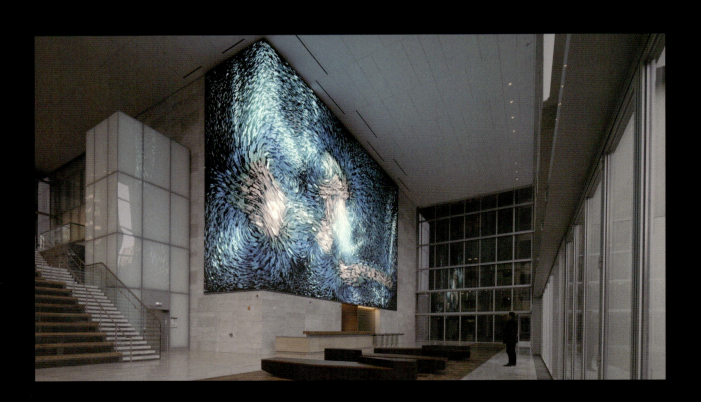

P. ///

# Basic
# Principles
## 基本原理

このパートでは、デザインの基本的な原理をジェネラティブな文脈で探究していきます。カラーパレットを生成し、形を用い、文字を構成し、画像の構造を変えることで、デザインプロセスの新たな可能性をつかめるようになります。デザインのさまざまな原理を紹介しながら、対応するプログラムを解説していきます。これらのプログラムはシンプルで理解しやすいため、コードを書き換えて別のバリエーションを作ったり、パラメータを変更して独自のイメージを作ったりすることができます。次の「Processing入門」では、技術的な基礎知識を解説します。

# P.0

P.0.0　Processing—概要
P.0.1　言語の要素
P.0.2　美しいプログラミング
　　　　作法

# Introduction to Processing

Processing入門

## P.0.0
# Processing — 概要

本書では、ジェネラティブデザインのコンセプトを解説する手段として、プログラミング言語「Processing」を使います。Processingの基本的な特徴や機能については以降のページで説明していきますが、このチャプターではその完全な解説を目指してはいません。それは本書の範囲をはるかに超えてしまうからです。Processingプログラミングについての詳細な解説は、Casey Reas（ケイシー・リース）とBen Fry（ベン・フライ）の『Processing: ビジュアルデザイナーとアーティストのためのプログラミング入門』を参照してください。

→ W.201
『Processing』

Processingプロジェクトは、ベン・フライとケイシー・リースによって2001年春にスタートしてから、数人の協力者とともに成長し、開発が進んできました。Processingの主な目的は、プログラミングへのシンプルな入り口をビジュアルの世界の人々に提供することです。

Processingのプログラムは、「スケッチ」と呼ばれます。つまりProcessingとは、デジタルなスケッチをすばやく作るための環境だと理解できます。作成したプログラムを保存するメインフォルダは、「スケッチブック」フォルダと呼ばれます。

Processingは無料でダウンロードでき、自分の作品制作に利用することができるオープンソースのプロジェクトです。Processingの記法の95パーセントはJavaの文法からできており（Javaはソフトウェア業界の標準の1つです）、コードやサンプルを他の主要な言語の開発環境に容易に移植することができます。Processingはクロスプラットフォームで、Javaのプラットフォームが存在するOS（Mac OS、Windows、Linux）であれば同じソースコードを使用でき、Webサイトに組み込むこともできます（ただし、モダンブラウザではJavaアプレットが動かないことが増えています）。

→ W.202
プログラミング言語Java

ProcessingのWebサイトには、活気と助け合いの精神にあふれていて、今なお成長を続けているオンラインコミュニティが存在しており、活発にアイデアがやり取りされています。Processing言語の全機能のリファレンスや、機能を補うライブラリの一覧も掲載されています。

→ W.203
ProcessingのWebサイト

こうした外部ライブラリのいくつかは、本書のプログラムでも利用しています。また、私たちは本書用のライブラリも開発しました。この「Generative Designライブラリ」は、タブレット対応、Adobe ASE形式のカラーパレットへの書き出し、直交座標から極座標への変換など、さまざまな機能をそなえています。本書のプログラムを実行するには、これらの外部ライブラリをインストールする必要があります。

→ www.generative-gestaltung.de
→ Generative Designライブラリ

パレット書き出し
→ Ch.P.1.2
カラーパレット

プログラムが必要とする画像、テキスト、SVG（Scalable Vector Graphics）などのファイルは、スケッチフォルダ内の「data」フォルダに保存する必要があります。dataフォルダ内に置くことで、たとえ他のOSやWebブラウザでスケッチを実行しても、Processingは必要なファイルを確実に見つけることができます。

Processingエディタ　　前述したように、Processingはプログラミング言語Javaをベースにしています。Processingの主要なコマンド（命令）、特にグラフィック出力系のコマンドはシンプルなため、Javaよりも習得が容易です。また、初心者が環境構築に手間取ることもありません。

Processingは、基本的な機能をまとめた開発環境も提供しています。Processingを開くと、右のようなウィンドウが表示されます。プログラムのコードは中央のエディタに入力します。その上にあるツールバーは、プログラムの実行（Run）や停止（Stop）などに使います。プログラムが出力する情報やエラーメッセージは、下にあるコンソールに表示されます。プログラムのコードを入力して実行すると、プログラムが開始します。エラーメッセージがなければ、プログラムを実行する「ディスプレイウィンドウ」が表示されます。

Processing開発環境

次ページから、最も重要な言語の要素と、プログラミングの概念を解説していきます。紹介したコマンドをエディタに入力して、Runを押せば、そのコマンドが何を生み出すのかをすぐに確認できます。ただし、掲載したサンプルコードのすべてがスタンドアローンのプログラムとして機能するとは限りませんので注意してください。

# P.0.1
# 言語の要素

**HELLO, ELLIPSE**　　最初のプログラムです。Processingのエディタに次の1行をタイプして、Runをクリックしてください。

```
ellipse(50, 50, 60, 60);
```

円が表示されます。

複数行のコードを入力することも可能です。この場合、各行は上から下へと順番に処理されます。Processingは次のコマンドを、上から下へと順に読み取ります。

```
ellipse(50, 50, 60, 60);
strokeWeight(4);
fill(128);
rect(50, 50, 40, 30);
```

座標(50, 50)に、幅と高さが60ピクセルの円を描きます。線の幅を4ピクセルに設定します。塗り色を中間のグレーに設定します。座標(50, 50)に、幅40、高さ30の長方形を描きます。

Processingのコマンドは大文字／小文字を区別します。strokeWeight()コマンドを、strokeweight()やStrokeWeight()と書いても認識されません。

ellipse、rect、lineといった、描画をするコマンドと、stroke、strokeWeight、noStroke、noFillといった、グラフィックの描画方法（モード）を指定するコマンドがあります。描画のモードを一度設定すると、再び設定するまでは、それ以降の描画コマンドすべてに適用され続けます。

ほとんどの描画コマンドは、1つまたは複数のパラメータが必要です。パラメータで、描画する位置やサイズを指示します。単位はピクセルです。座標系の原点は、ディスプレイウィンドウの左上角です。

```
point(60, 50);
```

つまり、point(60, 50)コマンドで生成されるピクセルは、左端から60ピクセル、上端から50ピクセル離れた位置に描かれます。

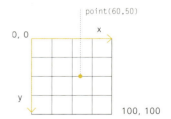

幅100ピクセル、高さ100ピクセルのディスプレイウィンドウ。

**setupとdraw**　これまでに紹介した短いプログラムは、最終行まで処理すると停止します。しかし通常のプログラムは、ユーザーが止めるまで実行し続けます。連続実行のモードにすることで初めて、アニメーションやインタラクションが可能になります。

このためには、draw()関数を実装する必要があります。この関数は描画ステップの度に呼び出され、毎回、中のコマンドをすべて処理します。

```
void draw() { }
```

このdraw()関数には何もコマンドが入っていませんが、この関数があることでプログラムの実行が続きます。

```
void draw() {
  println(frameCount);
}
```

コマンドが1つ入っているdraw()関数です。println()関数は、Processing開発環境のコンソールにテキストを表示します。ここでは、毎回加算されている現在のフレーム番号を表示しています。

draw()関数は、事前に設定された頻度で表示をします。頻度は1秒間に表示するイメージの枚数で指定します。標準的な数値は毎秒60枚ですが、frameRate()コマンドで変えることができます。

```
frameRate(30);
```

描画速度を毎秒30枚に設定します。

ただし、フレームごとの計算量が大きくなりすぎるとProcessingは指定した時間内にコードを実行できなくなり、フレームレートが自動的に減少します。

プログラムを開始するときに1回だけ実行して、フレームごとに繰り返し実行する必要のない処理もあります。その際はsetup()関数を使います。

```
void setup() {
  frameRate(30);
}
```

setup()関数内にあるコマンドは、プログラムを開始する際に1回だけ実行されます。

183

**ディスプレイとレンダラー**　ディスプレイウィンドウは、プログラムによってビジュアルが出力される舞台のようなもので、あらゆるサイズに設定できます。

```
size(640, 480);
```

このディスプレイウィンドウは、幅640ピクセル、高さ480ピクセルです。

size()コマンドでは、幅と高さのパラメータの他に、イメージを表示するために利用するレンダラーを指定することができます。レンダラーは、描画コマンドの結果をピクセルに落とし込む手法を決めています。以下のレンダリングの選択肢が利用できます。

```
size(640, 480, JAVA2D);
```

標準のレンダラーです。何も指定しないときにも利用されます。

```
size(640, 480, P2D);
```

Processing 2Dレンダラーです。高速ですが精度が低下します。

```
size(640, 480, P3D);
```

Processing 3Dレンダラーです。高速で、Webに適しています。

```
size(640, 480, OPENGL);
```

OpenGLレンダラーです。OpenGL互換のグラフィックハードウェアを使うため、対応するハードが必要です。グラフィックカードとCPUを使って計算するので、最も高速なレンダラーになります。

**座標変換**　Processingの強みの1つは、座標系を移動、回転、拡大縮小できることです。座標変換を行うと、すべての描画コマンドは変更された座標系に従います。

```
translate(40, 20);
rotate(0.5);
scale(1.5);
```

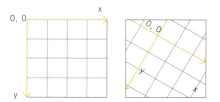

この例では、座標系を40ピクセル右に、20ピクセル下に移動し、次に0.5ラジアン（約30°）回転し、最後に1.5倍に拡大しています。

Processingでは一般的に、角度を「ラジアン」で表します。ラジアンでは、180°が円周率の数値（≒3.14）に相当し、時計回りの方向をもちます。

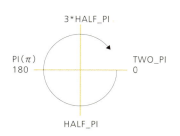

**変数とデータ型**　プログラムでは、情報を「変数」に収めて、プログラムの他の部分からも利用できるようにします。変数の名前には、Processingに割り当てられているキーワードを除けば、どのようなものでもつけられます。

```
int myVariable;
myVariable = 5;
```

変数myVariableを作成します。この変数に、5という値をもたせています。

変数を定義する際は、変数の「型」を指定する必要があります。型とは、どのような種類の情報を保存するかを意味します。変数名の前にキーワードintをつけて、Processingに「この変数では整数（integer）を保持する」ということを伝えています。Processingは、さまざまな種類の情報を表すための「データ型」を用意しています。最も重要な型は以下の通りです。

```
boolean myBoolean = true;
```

論理値（ブーリアン値）。trueまたはfalse。

```
int myInteger = 7;
```

整数。50、-532など。

```
float myFloat = -3.219;
```

浮動小数点値。0.02、-73.1、80.0など。

```
char myChar = 'A';
```

1つの文字。'a'、'A'、'9'、'&'など。

```
String myString = "This is text.";
```

文字列。"Hello, world"など。

**配列**　たくさんの値を扱う場合、それぞれの値ごとに変数を作成するのは面倒です。「配列」を使うと、複数の値をまとめて管理することができます。

```
String[] planets = {"Mercury", "Venus", "Earth", "Mars",
                    "Jupiter", "Saturn", "Uranus", "Neptune"};

println(planets[0]);
```

Stringの後ろに角かっこ( [ ] )をつけて、変数planetsを文字列の配列として作成し、初期化することを示しています。この配列には、8つの惑星の名前を入れています。

変数名の後ろに、インデックス番号を角かっこで囲んで入力することで、配列の値を取得できます。インデックス0は、配列の最初の項目（すなわち"Mercury"）を指します。

185

配列にすぐに値を代入しなくても、配列を作成した後で値を入れることができます。

```
int[] planetDiameter = new int[8];
planetDiameter[0] = 4879;
planetDiameter[1] = 12104;
planetDiameter[2] = 12756;
planetDiameter[3] = 6794;
...
```

角かっこ内に8という値を書いて、8つの値を入れられる配列を初期化しています。

初期化した後で、この配列に値を代入しています。プログラム実行中に後から代入することもできます。

**演算子と計算式**　　Processingでは、もちろん計算も実行されます。次のような簡単な数値を使った計算ができます。

```
float a = (4 + 2.3) / 7;
```

計算結果の値0.9がaに保存されます。

文字列と組み合わせることもできます。

```
String s = "circumference of Jupiter: " + (142984*PI) + " km";
```

変数sは文字列 "circumference of Jupiter: 449197.5 km"となります。

変数と組み合わせることもできます。

```
int i = myVariable * 50;
```

myVariableの値に50を掛けた結果がiに保存されます。

算術演算子として、+、-、*、/、%、!を利用できます。

数学関数も利用できます。ここで紹介するのは、その一部です。

```
float convertedValue = map(aValue, 10,20, 0,1);
```

aValueの値を、10から20までの範囲の数値から、0から1までの範囲の数値に変換します。

```
int roundedValue = round(2.67);
```

数字を四捨五入します。roundedValueは3になります。

```
float randomValue = random(-5, 5);
```

-5から5までのランダムな数字を作ります。

```
float cosineValue = cos(angle);
```

指定した角度のコサインを計算します。

**マウスとキーボード**　　入力デバイスであるマウスとキーボードの情報にアクセスする方法がいくつかあります。1つ目の方法は、Processingが用意している変数を参照することです。

```
void draw() {
  println("Mouse position: " + mouseX + ", " + mouseY);
  println("Is one of the mouse buttons pressed: " +
          mousePressed);
  println("Is a key pressed: " + keyPressed);
  println("Last key pressed: " + key);
}
```

Processing変数のmouseXとmouseYには、常に現在のマウスの位置（座標）が入っています。その時点でマウスボタンがどれか押されていると、mousePressedがtrueになります。キーボードのキーが押されていると、keyPressedがtrueになります。最後に押されたキーはkeyに入っています。

別の方法は、「イベントハンドラ」を実装することです。イベントハンドラは、マウスボタンやキーボードのキーが押されるなど、対応するイベントが発生したときに呼び出されます。

```
void mouseReleased() {
  println("The mouse button has been released.");
}
```

マウスの左ボタンが離されたときに、mouseReleased()関数が呼び出されます。

このほか、mousePressed()、mouseMoved()、keyPressed()、keyReleased()といったイベントハンドラがあります。

**条件文**　　コードの一部分だけを実行したい場合がよくあります。そのためにはif文を使います。

```
if (aNumber == 3) {
  fill(255, 0, 0);
  ellipse(50, 50, 80, 80);
}
```

条件を満たすとき、つまりaNumberが3であるときだけ、中かっこ（{ }）に囲まれている2行のコードを実行します。

```
if (aNumber == 3) {
  fill(255, 0, 0);
}
else {
  fill(0, 255, 0);
}
```

elseを使って、if文の条件を満たしていないときに実行するコードを加えます。

```
if (aNumber == 3) fill(255, 0, 0);
else fill(0, 255, 0);
```

1つ前の例のように、実行するコードが1行だけの場合は、中かっこを省略することができます。

187

複数の値をとり得る変数の値によって処理を分岐させるには、通常switchコ
マンドを使います。

```
switch (aNumber) {
  case 1:
    rect(20, 20, 80, 80);
    break;
  case 2:
    ellipse(50, 50, 80, 80);
    break;
  default:
    line(20, 20, 80, 80);
}
```

このswitchコマンドでは、変数aNumberの値が
caseの行に書かれた値のいずれかに一致して
いるかどうかを判定し、一致している場合、そ
の部分に移動してbreak文があるまでコードを
続けて実行します。

対応する値がない場合、default部分のプログ
ラムを実行します。

**ループ（繰り返し）**　ループ（繰り返し）は、プログラム内の特定のコマンド
を何回か実行させるときに使います。ここでは2つのやり方を紹介します。

for文は、指定した回数分、コードを繰り返すのに使います。

```
for (int i = 0; i <= 5; i++) {
  line(0, 0, i*20, 100);
  line(100, 0, i*20, 100);
}
```

中かっこに囲まれた2行のコードが、正確に6回
実行されます。変数iの値は、最初は0に設定
され、値が5以下であるあいだ、繰り返し後に1
追加されます（i++）。

while文は、ある条件を満たすまで繰り返し実行します。

```
float myValue = 0;
while (myValue < 100) {
  myValue = myValue + random(5);
  println("The value of the variable myValue is " + myValue);
}
```

このwhile文では、変数myValueの値が100未
満であるあいだ、繰り返されます。0から5まで
のランダムな値がループの度に追加されていま
す。

**関数**　　同じようなことを行っているプログラムの一部分が、別々の場所に現れることがよくあります。この場合、該当する部分を「関数」としてまとめると便利です。

```
void setup() {
  translate(40, 15);
  line(0, -10, 0, 10);
  line(-8, -5, 8, 5);
  line(-8, 5, 8, -5);
  translate(20, 50);
  line(0, -10, 0, 10);
  line(-8, -5, 8, 5);
  line(-8, 5, 8, -5);
}
```

座標系を動かし、その場所に3本の線で星を描いています。それから座標系を再び動かして、新しい場所に同じコマンドを使って星を描いています。

このプログラムの星の見た目を変えるには、2か所ある描画のコマンドを変更しなければいけません。そこで、星を描いている部分を関数にまとめると便利です。

```
void setup() {
  translate(40, 15);
  drawStar();
  translate(20, 50);
  drawStar();
}

void drawStar() {
  line(0, -10, 0, 10);
  line(-8, -5, 8, 5);
  line(-8, 5, 8, -5);
}
```

ここでは、描画のコマンドを入れた関数を定義しました。プログラムの中のどこからでもこの関数を呼び出して、関数の中のコードを実行することができます。

関数に値を渡したり、結果の値を返したりすることもできます。

```
void setup() {
  println("The factorial of 5 is 1*2*3*4*5 = " + factorial(5));
}

int factorial(int theValue) {
  int result = 1;
  for (int i = 1; i <= theValue; i++) {
    result = result * i;
  }
  return result;
}
```

ここでは、int型のtheValueの値を渡すfactorial()関数を定義しています。5というパラメータを変数theValueに渡し、この関数を呼び出しています。

関数の中では、渡された値を使ってさまざまな計算を実行し、その結果をreturnコマンドを使って返しています。関数名の前についている型（ここではint）は返す値の型を示しています。この部分がvoidの場合は、1つ前の例のdrawStar()関数のように、何も値を返さないことを示しています。

189

## P.0.2
# 美しいプログラミング作法

プログラミングでは通常、欲しい結果を得る方法はたくさんあります。きちんと動作しているプログラムは確かに問題を解決できていますが、たくさんある方法の1つにすぎません。つまり、別の方法も考えられるのです。

**コメント**　複雑で手の込んだプログラムは、他人にとっても、少し時間が経つと自分にとっても、理解しづらいものです。理解しづらいプログラムは、編集することも改良することもできません。そこでプログラム内に「コメント」を書いて、コードを明快にしておきましょう。

```
// 現在のマウスの位置と前回の位置の距離を計算することで、
// マウスの速さを求める
float mouseSpeed = dist(mouseX, mouseY, pmouseX, pmouseY);
```

2つのスラッシュに続くテキストはプログラムが無視するので、コメントを記述することができます。

Processingのコミュニティは世界中に広がっています。そのため、コメントや変数名は英語で書くことをおすすめします。英語で書いておくことで、あなたも他の人も、インターネットのフォーラムで提案や問題への助言や回答を探したり見つけたりしやすくなります。

**扱いやすい名前と分かりやすい構造**　コメントに加え、変数名や関数名をきちんと選ぶことで見通しが良くなり、プログラムが行っていることを理解できるようになります。

```
float mixer(float apples, float oranges) {
  float juice = (apples + oranges) / 2;
  return juice;
}
```

この例では、mixer関数が何を計算しているのかよく分かりません。2つの数字の平均を計算していることは、数式からしか推測できません。

この目的を達成するためには、関数やクラスを活用してプログラムを小さなロジックの部品で構築する必要があります。機能をカプセル化する（隠蔽する）ことで、プログラムをすばやく変更したり拡張したりできるようにもなります。

パフォーマンス　　　コンピュータはますます高速になっていますが、コマンドを実行する時間はゼロにはなりません。たとえ短い時間であっても、頻繁にコマンドを実行すると一気に積み上がってしまいます。不必要な作業でプログラムに負担をかけないようにしましょう。

```
for (int i = 0; i < 10000000; i++) {
  float mouseSpeed = dist(mouseX, mouseY, pmouseX, pmouseY);
  doSomethingWithMouseSpeed(mouseSpeed);
}


float mouseSpeed = dist(mouseX, mouseY, pmouseX, pmouseY);
for (int i = 0; i < 10000000; i++) {
  doSomethingWithMouseSpeed(mouseSpeed);
}
```

ここでは、1000万回のループの中で毎回mouseSpeedを計算しています。この間、マウスの位置を変えることができないにもかかわらずです。

ループの外側でマウスの速さを計算するようにすると、パフォーマンスが劇的に向上します。

本書のプログラムでは、これまで述べた原理を守るようにしています。ただし、分かりやすさとパフォーマンスは両立しないときもあります。パフォーマンスを最適化したプログラムコードは理解しづらくなってしまうのです。この場合、分かりやすい構造のほうを選んでいます。

紹介したプログラムの利用　　　このチャプターでは、Processingプログラミング言語の最も基本的な構成要素をかいつまんで紹介しました。プログラミングで一番大切なことは、こうした構成要素をつなぎ合わせて、プログラムでやりたいことを実行させることです。紹介した例が練習の際に役立つでしょう。

本書のプログラムから学び取ってください。プログラムを使って独自のイメージを作ってみましょう。プログラムを変更して何か新しいものを作ってみましょう。プログラムはApacheライセンスで公開しました。みなさんはこのプログラムを自由にどんな目的にでも利用し、改変し、配布することができます。みなさんの作品のクレジットで本書について触れてもらえることは、もちろん大歓迎です。

→ W.204
Apacheライセンス

# P.1

P.1.0　HELLO, COLOR
P.1.1　**色のスペクトル**
P.1.2　**カラーパレット**

# Color

色

この本のように、紙においては光が反射したり吸収されたりすることで私たちはいろいろな色を知覚しています。それに対してコンピュータでは、それ自体から光が飛び出ています。私たちがスクリーンを見ているとき、リアルタイムに制御されたさまざまな波長の光が、目に直接届いているのです。これから示す作例では、色を扱うための最も重要な特性と、色を使ってスクリーンをデザインする手法を解説します。

# P.1.0
# HELLO, COLOR

16,777,216色を直接操作することで、大きな自由を得ることができます。この作例では、さまざまな色同士を隣接させることで同時対比\*を起こしています。この同時対比がなければ、ここにある色を知覚することはできません。色の知覚は、隣り合っている色や、その色が背景に占める割合によって左右されます。

\*訳注……同時対比：色と色が空間的に隣接すると、2色が互いに影響し合って1色で見るときとは異なる見え方をする現象のこと。

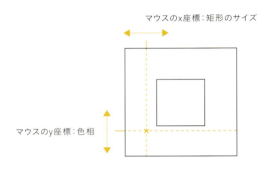

マウスのx座標：矩形のサイズ
マウスのy座標：色相

→ P_1_0_01.pde

マウスの水平方向の位置で、色の領域（カラーエリア）の大きさをコントロールします。カラーエリアは中央にあり、1ピクセルから720ピクセルまでの大きさで描画されます。マウスの垂直方向の位置で色相をコントロールします。背景は0から360へと色のスペクトルが変化し、カラーエリアは反対に360から0へと変化します。

マウス ── x座標：短形のサイズ・y座標：色相
キー ── S：PNGで保存・P：PDFで保存

→ P_1_0_01.pde

```
void setup() {
  size(720, 720);
  noCursor();
}

void draw() {
  ...
  colorMode(HSB, 360, 100, 100);
  rectMode(CENTER);
  noStroke();
  background(mouseY/2, 100, 100);

  fill(360-mouseY/2, 100, 100);
  rect(360, 360, mouseX+1, mouseX+1);
  ...
}
```

setup()関数でディスプレイウィンドウのサイズを設定し、noCursor()でカーソルを非表示にしています。

このプログラムでは、色相のスペクトルに沿って色を変化させる必要があります。このため、colorMode()で色の値の解釈方法を変更しています。カラーモデルをHSBに、その後の3つの値でそれぞれの値の範囲を指定しています。色相は0から360の間の値で指定できるようにしています。

マウスのy座標を2で割って、色相環上の0から360までの値を取得します。

半分にしたマウスのy座標を360から引き、360から0までの値を作っています。

カラーエリアのサイズは、マウスのx座標に応じて1ピクセルから720ピクセルまで変化します。

マウスのx座標で中央の色の領域（カラーエリア）のサイズを定め、y座標で色相を定めています。
→ P_1_0_01.pde

# P.1.1 – P.1.1.1
## グリッド状に配置した色のスペクトル

この色スペクトルは、色のついた矩形を組み合わせて作っています。それぞれのタイルの横軸には色相を、縦軸には彩度を割り当てています。矩形のサイズを大きくすると色の解像度が粗くなり、スペクトルの中の原色がはっきり見えます。

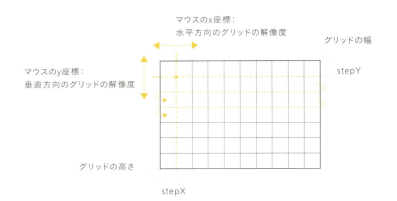

→ P_1_1_1_01.pde

このグリッドは、入れ子にしたfor文で作っています。外側のループでは、y座標を1ステップずつ増やしています。さらに内側のループで、画面いっぱいになるまで矩形のx座標を1ステップずつ増やしながら横1行を描いていきます。マウスの座標値で設定される移動量は、変数stepXとstepYに入っています。この変数で矩形の長さと幅も決めています。

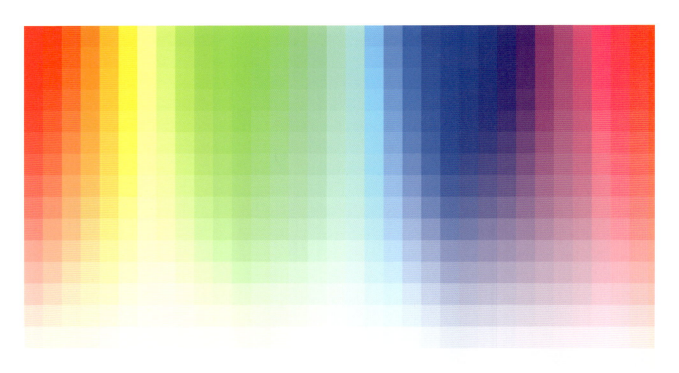

タイル間の色の値の間隔はどれも同じですが、場所によっては他よりも強いコントラストを感じることがあります。
→ P_1_1_1_01.pde

マウス ──── x/y座標：グリッドの解像度
キー ───── S：PNGで保存・P：PDFで保存

```
int stepX;
int stepY;

void setup(){
  size(800, 400);
  background(0);
}


void draw(){
  ...
  colorMode(HSB, width, height, 100);

  stepX = mouseX+2;
  stepY = mouseY+2;

  for (int gridY=0; gridY<height; gridY+=stepY){
    for (int gridX=0; gridX<width; gridX+=stepX){
      fill(gridX, height-gridY, 100);
      rect(gridX, gridY, stepX, stepY);
    }
  }
  ...
}
```

size()でディスプレイのサイズを設定します。ここで設定した値は、システム変数widthとheightを使っていつでも参照できます。

colorMode()コマンドで、色相と彩度の範囲をそれぞれ800と400に設定します。設定後は色相は0から360までではなく、0から800までの数値で定義されます。彩度も同様です。

2を足すことで、stepXとstepYが小さすぎて表示に時間がかかってしまうことを防いでいます。

入れ子にしたループで、グリッド内のすべての位置を処理していきます。矩形のy座標は、外側のループのgridYで定義されています。この値は、内側のループを実行し終わった後に増やしていきます。つまり、横1列分の矩形を描き終える度に増やしています。

変数gridXとgridYは、タイルの位置だけでなく塗り色も決めています。色相はgridXで決まります。彩度はgridYが増加するにつれて減っていきます。

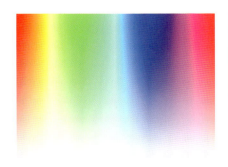

最大解像度にすると、なめらかな虹の効果が出ます。
→ P_1_1_1_01.pde

コンピュータのモニターの3原色、赤、緑、青をさまざまなグラデーションで。

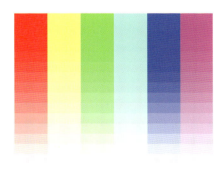

この解像度にすると、原色同士を混ぜた二次色（2つの原色を混ぜ合わせた色）を見ることもできます。

# P.1.1 – P.1.1.2
# 円形に配置した色のスペクトル

色を作り出すカラーモデルはたくさんあります。色のスペクトルを円形に配置した「色相環」は、調和やコントラスト、トーンの比較によく使われるモデルです。この作例では、明度や彩度だけでなく円の分割数をコントロールできるため、HSBモードにおける色の配置をよく理解することができます。

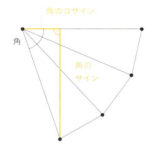
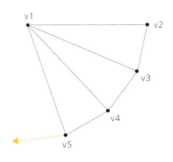

→ P_1_1_2_01.pde

この色相環は、扇形の図形を配置して作ります。それぞれの頂点は、対応する角度のコサインとサインから求めます。Processingには、このような分割した円形を簡単に作る方法があります。最初に中心点を、それから外側の点を順に指定していきます。

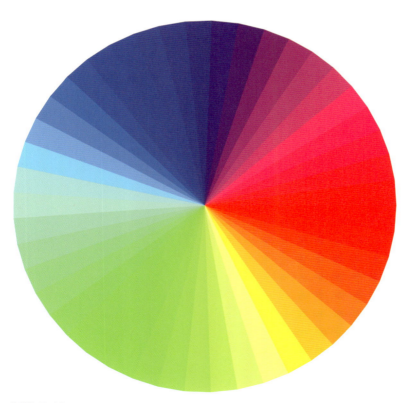

分割数45。2キー。
→ P_1_1_2_01.pde

分割数12。4キー。
→ P_1_1_2_01.pde

分割数6。5キー。
→ P_1_1_2_01.pde

**マウス** —— x座標：彩度・y座標：明度
**キー** ———— 1–5：分割数・S：PNGで保存・P：PDFで保存

→ P_1_1_2_01.pde

```
void draw(){
    ...
    colorMode(HSB, 360, width, height);
    background(360);

    float angleStep = 360/segmentCount;

    beginShape(TRIANGLE_FAN);
    vertex(width/2, height/2);
    for (float angle=0; angle<=360; angle+=angleStep){
        float vx = width/2 + cos(radians(angle))*radius;
        float vy = height/2 + sin(radians(angle))*radius;
        vertex(vx, vy);
        fill(angle, mouseX, mouseY);
    }
    endShape();
    ...
}
```

彩度と明度の範囲をこのように調整することで、マウスの座標から直接設定できるようになります。

角度の増加量は、描画する分割数（segment-Count）によって変化します。

最初の頂点は、ディスプレイの中心に位置しています。

円周上の頂点のために、angleを度（0–360）からラジアン（0–2π）に変換します。cos()とsin()にはラジアンを入力する必要があるからです。

angleの値を色相に、mouseXを彩度に、mouseYを明度にして、次の塗り色を定義します。

endShape()で色の領域の構築を完了します。

```
void keyReleased(){
    ...
    switch(key){
    case '1':
        segmentCount = 360;
        break;
    case '2':
        segmentCount = 45;
        break;
    case '3':
        segmentCount = 24;
        break;
    case '4':
        segmentCount = 12;
        break;
    case '5':
        segmentCount = 6;
        break;
    }
}
```

switch()コマンドで最後に押されたキーを確認し、それぞれの場合で処理を切り替えます。

例えば3キーが押されると、segmentCountの値を24に設定します。

199

# P.1.2 – P.1.2.1
# 補間で作るカラーパレット

どのカラーモデルにおいても、個々の色は明確に定義された位置をもっています。ある色から別の色へのまっすぐな経路は、必ず同じグラデーションとなります。このグラデーションは、カラーモデルによって大きく変化します。このような色の補間を使うと、グラデーション内の中間色を取り出せるだけでなく、グラデーションから色のグループを生成することもできます。

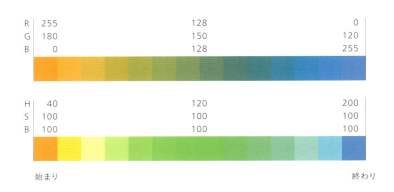

色は単独の数値ではなく複数の値で定義されているので、それぞれの値のあいだを補間する必要があります。選択したカラーモデルがRGBかHSBかによって、同じ色でも異なる値で定義されるため、ある色から他の色への経路は異なる色を経由します。例えばHSBカラーモデルでは、色相環に沿って色が変化しています。左図の上下の色の違いは、カラーモデルの特徴によるものです。どちらのカラーモデルも状況次第で便利に使えます。したがって、個々の問題に適したカラーモデルを選択することが大切です。

マウス —— 左クリック：ランダムな色のセットの更新・x座標：解像度・y座標：行の数
キー ——— 1-2：補間のスタイル・S：PNGで保存・P：PDFで保存・C：ASEパレットで保存

→ P_1_2_1_01.pde

```
void draw() {
  ...
  tileCountX = (int) map(mouseX,0,width,2,100);
  tileCountY = (int) map(mouseY,0,height,2,10);
  float tileWidth = width / (float)tileCountX;
  float tileHeight = height / (float)tileCountY;
  color interCol;
  ...
  for (int gridY=0; gridY< tileCountY; gridY++) {
    color col1 = colorsLeft[gridY];
    color col2 = colorsRight[gridY];
    for (int gridX=0; gridX< tileCountX; gridX++) {
      float amount = map(gridX,0,tileCountX-1,0,1);
      ...
      interCol = lerpColor(col1,col2, amount);
      ...
      fill(interCol);
      float posX = tileWidth*gridX;
      float posY = tileHeight*gridY;
      rect(posX, posY, tileWidth, tileHeight);
      ...
    }
  }
}
```

グラデーションの段階数tileCountXと行の数tileCountYは、マウスの座標で決まります。

1行ごとにグリッドを描いています。

左端の列の色が配列colorsLeftに、右端の列の色が配列colorsRightに入っています。

中間の色をlerpColor()で計算します。この関数は2色の値のあいだを補間します。0から1のあいだの値を取る変数amountで、最初と最後の色のあいだの位置を指定します。

このカラーパレットのチャプターで解説しているプログラムは、CキーでAdobeのアプリケーションで利用できるASE形式のカラーパレットを保存することができます。

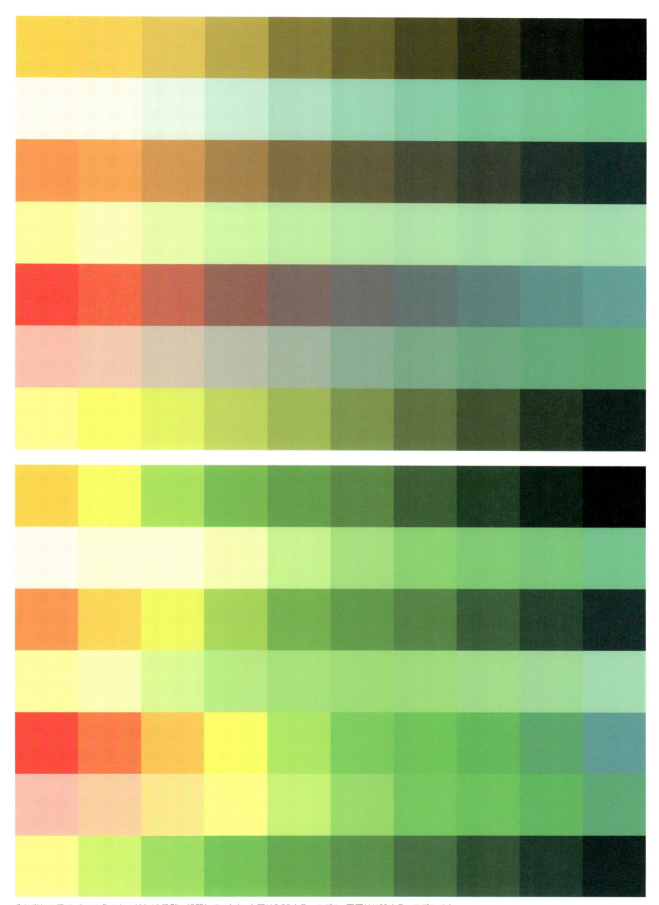

それぞれの行で、2つの色のあいだを10段階に補間しています。上図はRGBカラーモデル、下図はHSBカラーモデルです。
→ P_1_2_1_01.pde

201

# P.1.2 – P.1.2.2
# 画像で作るカラーパレット

私たちはいつもカラーパレットに囲まれています。こうしたカラーパレットは、周囲の色を記録して数値を読み取るだけで作ることができます。このプログラムでは、ある人物のクローゼットの写真などから色を選び取り、並び替えることで、非常に私的なカラーパレットを取得しています。この色の集合を出力して、印象的なカラーパレットとして利用することができます。

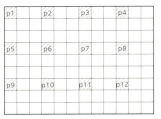
特定のグリッド間隔をおいて画像を読み取ります。

[p1, p2, p3, p4,…]
ピクセルの値を配列に保存して、並び替えます。

色の面をもったパレット。

→ P_1_2_2_01.pde

読み込んだ画像のピクセルを、マウスの位置によって決まるグリッド間隔を使って、1つずつ、1行ごとに読み取り、それぞれの色の値を定義します。配列に収めたこれらの値を、色相、彩度、明度やグレー値で並び替えることができます。

マウス ── x座標：解像度
キー ── 1–3：サンプル画像の切り替え・4〜8：並び替えモードの切り替え・
　　　　　S：PNGで保存・P：PDFで保存・C：ASEパレットで保存

→ P_1_2_2_01.pde

```
PImage img;
color[] colors;

String sortMode = null;

void setup(){
  ...
  img = loadImage("pic1.jpg");
}

void draw(){
  ...
  int tileCount = width / max(mouseX, 5);
  float rectSize = width / float(tileCount);
  →
```

画像用の変数imgを宣言します。

現在の並び替えモードを、変数sortModeに収めます。デフォルトのモードは並び替えなしなので、値にnull（未定義の値のこと）を設定しています。

指定された画像を読み込んで、imgに代入します。

グリッドの行と列の数tileCountは、マウスのx座標で変わります。max()関数は、2つの入力値のうち大きい値を選びます。

計算したグリッドの解像度を使って、タイルのサイズrectSizeを定義します。

```
int i = 0;
colors = new color[tileCount*tileCount];
for (int gridY=0; gridY<tileCount; gridY++) {
  for (int gridX=0; gridX<tileCount; gridX++) {
    int px = (int) (gridX*rectSize);
    int py = (int) (gridY*rectSize);
    colors[i] = img.get(px, py);
    i++;
  }
}
if (sortMode != null) colors = GenerativeDesign.sortColors(
                                  this, colors, sortMode);

i = 0;
for (int gridY=0; gridY<tileCount; gridY++) {
  for (int gridX=0; gridX<tileCount; gridX++) {
    fill(colors[i]);
    rect(gridX*rectSize, gridY*rectSize, rectSize, rectSize);
    i++;
  }
}
...
}


void keyReleased(){
  if (key == 'c' || key == 'C') GenerativeDesign.saveASE(this,
                                  colors, timestamp()+".ase");
  ...
  if (key == '4') sortMode = null;
  if (key == '5') sortMode = GenerativeDesign.HUE;
  if (key == '6') sortMode = GenerativeDesign.SATURATION;
  if (key == '7') sortMode = GenerativeDesign.BRIGHTNESS;
  if (key == '8') sortMode = GenerativeDesign.GRAYSCALE;
}
```

配列colorsを初期化します。例えばtile-Countが10の場合、配列の長さを100（10×10）に設定します。

事前に計算したグリッド間隔のrectSizeを使って、1行ずつ画像を読み取っています。pxとpyの位置にあるピクセルの色の値をimg.get()で取得し、色の配列に書き込みます。

並び替えモードが選択されている場合、つまりsortModeがnullでない場合は、sortColors()関数で色を並び替えます。この関数に渡すパラメータは、Processingプログラムへの参照であるthis、色の配列colors、並び替えモードsortModeです。

パレットを描くために、再びグリッドを処理します。タイルの塗り色を、配列colorsから1つずつ取り出します。

saveASE()関数で、色の配列をAdobe Swatch Exchange（ASE）ファイルとして保存することができます。このパレットは、Adobe Illustratorなどでカラースウォッチライブラリとして読み込むことができます。

4キーから8キーで、色の並び替えの機能をコントロールします。このsortModeに、null（並び替えなし）、またはGenerative Designライブラリが提供している定数HUE、SATURATION、BRIGHTNESS、GRAYSCALEのいずれかを設定します。

オリジナル画像：地下鉄のトンネル。
→ 写真：Stefan Eigner

色相で並び替えたピクセル。
→ P_1_2_2_01.pde

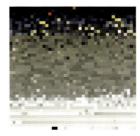

彩度で並び替えたピクセル。

明度で並び替えたピクセル。

オリジナル画像:クローゼット(pic4.jpg)。

色相で並び替えたクローゼット。
→ P_1_2_2_01.pde

 オリジナル画像：夜の明かり（pic2.jpg）。

色相で並び替えた夜の明かり。
→ P_1_2_2_01.pde

# P.1.2 - P.1.2.3
# ルールで作るカラーパレット

すべての色は、色相、彩度、明度という3つの成分からできています。この3つの成分の値を、ルールを使って定義することができます。コントロールされたランダム関数を使うことで、固有の色合いをもつさまざまなパレットをすばやく作ることができます。

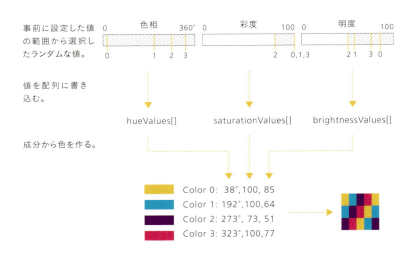

→ P_1_2_3_01.pde

色相、彩度、明度の値を、事前に設定した値の範囲からランダムに選びます。値の範囲を定義するルールとランダム関数を組み合わせることで、固有の色合いをもった新しいパレットを連続して作り出します。

色の知覚は周囲の状況に左右されるため、生成した色をインタラクティブなグリッドに並べて描きます。こうすることで、パレットの色合いがよりしっかりと現れます。

マウス ── x/y座標：グリッドの解像度
キー ── 0-9：カラーパレットの切り替え・S：PNGで保存・P：PDFで保存・
        C：ASEパレットで保存

```
int[] hueValues = new int[tileCountX];
int[] saturationValues = new int[tileCountX];
int[] brightnessValues = new int[tileCountX];




void draw() {
  ...
  int index = counter % currentTileCountX;

  fill(hueValues[index],
       saturationValues[index],
       brightnessValues[index]);
  rect(posX, posY, tileWidth, tileHeight);
  counter++;
  ...
}
```

→ P_1_2_3_01.pde

それぞれの配列に、色相、彩度、明度を保存します。0から9までのどの数字キーが押されたかによって、異なるルールに従って各配列に値が入ります。

グリッドを描くとき、配列から1つずつ色を取り出します。繰り返し1ずつ増やしている変数counterは、剰余演算子%によって同じ値のあいだを繰り返します。例えば、currentTileCountXが3の場合、indexは、0, 1, 2, 0, 1, 2 …の値を繰り返します。この場合は、配列中の最初のほうの色だけをグリッドに使用します。

```
if (key == '1') {
  for (int i=0; i<tileCountX; i++) {
    hueValues[i] = (int) random(0,360);
    saturationValues[i] = (int) random(0,100);
    brightnessValues[i] = (int) random(0,100);
  }
}
```

1キーを押すと、値の範囲全体の中から選ばれたランダムな値が、3つの配列に入ります。つまりこのパレットにはあらゆる色が現れます。

```
if (key == '2') {
  for (int i=0; i<tileCountX; i++) {
    hueValues[i] = (int) random(0,360);
    saturationValues[i] = (int) random(0,100);
    brightnessValues[i] = 100;
  }
}
```

ここでは、明度を常に100に設定します。その結果、パレットは明るい色で占められます。

```
if (key == '3') {
  for (int i=0; i<tileCountX; i++) {
    hueValues[i] = (int) random(0,360);
    saturationValues[i] = 100;
    brightnessValues[i] = (int) random(0,100);
  }
}
```

彩度を100に設定すると、パステルトーンがなくなります。

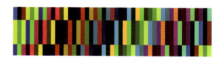

```
if (key == '7') {
  for (int i=0; i<tileCountX; i++) {
    hueValues[i] = (int) random(0,180);
    saturationValues[i] = 100;
    brightnessValues[i] = (int) random(50,90);
  }
}
```

ここでは、すべての色成分に制約をかけています。色相環の初めの半分からのみ色相を取り出しているので、暖色が出来上がります。

```
if (key == '9') {
  for (int i=0; i<tileCountX; i++) {
    if (i%2 == 0) {
      hueValues[i] = (int) random(0,360);
      saturationValues[i] = 100;
      brightnessValues[i] = (int) random(0,100);
    }
    else {
      hueValues[i] = 195;
      saturationValues[i] = (int) random(0,100);
      brightnessValues[i] = 100;
    }
  }
}
```

2つのカラーパレットを混ぜ合わせることもできます。i%2という式で、0と1を交互に作っています。式の結果が0の場合、暗く鮮やかな色を配列に保存します。

それ以外の場合は2つ目のルールを適用し、色相と明度を固定値にします。これらの値は、明るい青のトーンを作ります。

0キーで、2つのプリセットの色相（シアンとスミレ色）が交互に現れるカラーパレットを作ります。彩度と明度はランダムに変化します。
→ P_1_2_3_01.pde

P.1　色 - P.1.2　カラーパレット - P.1.2.3　ルールで作るカラーパレット

ここでは、ランダムが大きな役割を果たしています。各行を異なる幅のタイルに分割しています。どのタイルを再分割するかはランダムに決まります。
→ P_1_2_3_02.pde

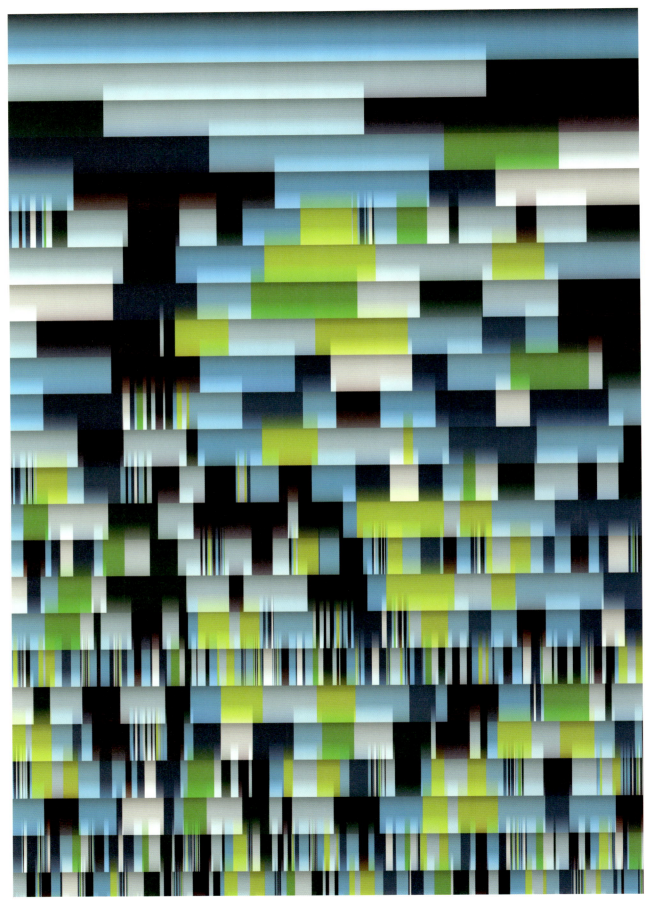

タイルを僅かに半透明にして重ね合わせると、カラーパレットの色とは異なる色が生まれます。
→ P_1_2_3_03.pde

この画像と1つ前の画像の主な違いは、ここでは約半分のタイルを単に描いていないことです。
→ P_1_2_3_04.pde

# P. 2

P. 2. 0 **HELLO, SHAPE**
P. 2. 1 **グリッド**
P. 2. 2 **エージェント**
P. 2. 3 **ドローイング**

# Shape
形

P.1では主に色を取り扱い、形は脇役でした。Processingはイメージのどんな要素もコントロール可能ですから、色に限らずさまざまな形にもアクセスし、モジュール化したり自動化したりすることができます。形との対話を始めましょう。

# P.2.0
# HELLO, SHAPE

点、線、面は、今日においてもあらゆる形の根源的な要素だと言えるでしょうか？ カンディンスキーが探求したこの3つの基本要素が、ジェネラティブデザインの文脈ではより重要な意味をもちます。このアプローチからとらえると、ピクセルは下図の小さな黒い円を作る源だと言えます。線はピクセルを並べて作られ、面は線をつないで作られます。

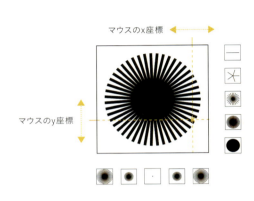

→ P_2_0_01.pde

カーソルがディスプレイウィンドウの中央上端にあるとき、この図形は1ピクセルまで小さくなります。

マウスのx座標で直線の長さが設定され、y座標で直線の本数が設定されます。

---

マウス ─── x座標：直線の長さ・y座標：直線の太さと本数
キー ─── S：PNGで保存・P：PDFで保存

```
void draw(){
  ...
  translate(width/2,height/2);

  int circleResolution = (int) map(mouseY, 0,height, 2,80);
  float radius = mouseX-width/2 + 0.5;
  float angle = TWO_PI/circleResolution;

  strokeWeight(mouseY/20);

  beginShape();
  for (int i=0; i<=circleResolution; i++){
    float x = cos(angle*i) * radius;
    float y = sin(angle*i) * radius;
    line(0, 0, x, y);
    // vertex(x, y);
  }
  endShape();
  ...
}
```

→ P_2_0_01.pde

座標系の原点をディスプレイの中央に移動します。

map()関数で、マウスのy座標を0からheightまでの値から、2から80までの値へと変換します。

マウスのx座標からディスプレイの幅の半分を引いて、マウスを中心に近づけるほど円の半径が小さくなるようにします。x座標に0.5を足しているのは、円の直径を最低でも1にするためです。

360°を表すTWO_PIを、分割する直線の本数circleResolutionで割って、角度の増加量を計算します。

この行のコメント文字//を削除すると、直線の端をつないで閉じた図形にすることができます。

バリエーション2では、直線の端を閉じた多角形としてつなぎ、星状の形を作っています。また、背景を上書きしていないので、マウスで描くと変化の軌跡が残ります。
→ P_2_0_02.pde

バリエーション3では、1キーから3キーで色を切り替えることができます。
→ P_2_0_03.pde

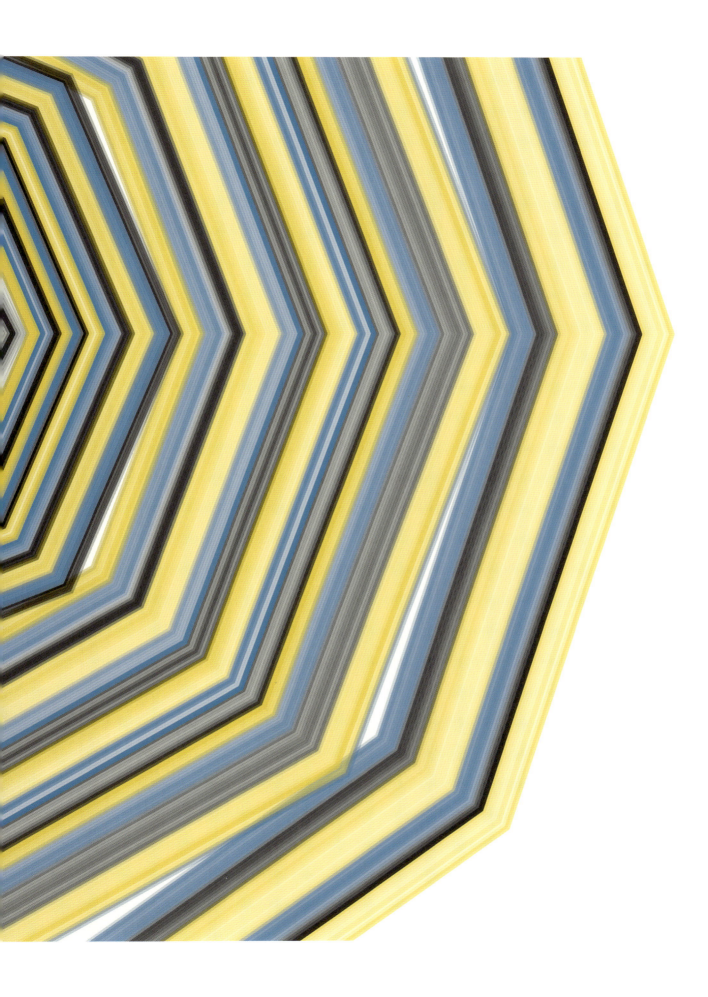

# P.2.1 - P.2.1.1
## グリッドと整列

向きが2つしかない斜線をグリッド上に並べるとき、どうすれば複雑な構造を作れるでしょうか？　ここでは、グリッドのそれぞれの斜線の向きをランダムに決めています。線の太さを変化させることで、新たな形やつながり、隙間が生まれます。

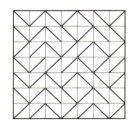

→ P_2_1_1_01.pde

グリッドの中には、左上隅から右下隅に描かれる直線Aか、左下隅から右上隅に描かれる直線Bのどちらか一方があります。斜線の向きをランダムに決めます。

マウス────x座標：右下がりの斜線の太さ・y座標：右上がりの斜線の太さ・
　　　　　左クリック：ランダム値の更新
キー──────1-3：線端の形状の切り替え・S：PNGで保存・P：PDFで保存

```
int tileCount = 20;

void draw() {
  ...
  strokeCap(actStrokeCap);
  ...
  for (int gridY=0; gridY<tileCount; gridY++) {
    for (int gridX=0; gridX<tileCount; gridX++) {
      int posX = width/tileCount*gridX;
      int posY = height/tileCount*gridY;
      int toggle = (int) random(0,2);
      if (toggle == 0) {
        strokeWeight(mouseX/20);
        line(posX, posY,
            posX+width/tileCount, posY+height/tileCount);
      }
      if (toggle == 1) {
        strokeWeight(mouseY/20);
        line(posX, posY+width/tileCount,
            posX+height/tileCount, posY);
      }
    ...
```

→ P_2_1_1_01.pde

変数tileCountの値でグリッドの解像度を指定します。

random(0,2)コマンドで、0.000から1.999までのランダムな数値を作ります。この数値を(int)を使って整数に変換すると、少数点以下が切り捨てられて0か1になります。

このif文では、変数toggleの値と0を比較しています。この式がtrueの場合、次の2行のコードを実行して直線Aを描きます。

マウスのx座標の値で、直線Aの太さを定義します。座標値を20で割って、直線が太くなりすぎないようにしています。

直線Bも同様です。

```
void keyReleased(){
   ...

   if (key == '1') {
     actStrokeCap = ROUND;
   }
   if (key == '2') {
     actStrokeCap = SQUARE;
   }
   if (key == '3') {
     actStrokeCap = PROJECT;
   }
}
```

1キーから3キーのいずれかを押して、変数act-StrokeCapをProcessingの定数であるROUND、SQUARE、PROJECTのいずれかに設定します。後でこのパラメータを使い、strokeCap()関数で線端の描き方を指定できます。

→ strokeCap(ROUND)

→ strokeCap(SQUARE)

→ strokeCap(PROJECT)

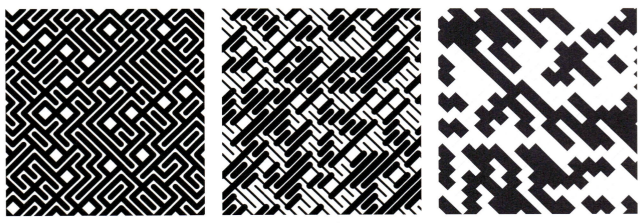

斜線の太さはマウスの位置と連動していて、線端の形状は1キーから3キーで切り替えられます。
→ P_2_1_1_01.pde

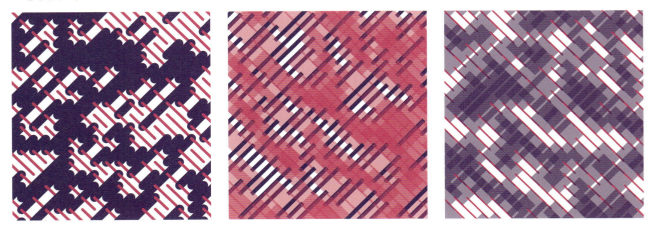

このバリエーションでは、両方の向きの斜線にそれぞれ色と透明度をつけています。
→ P_2_1_1_02.pde

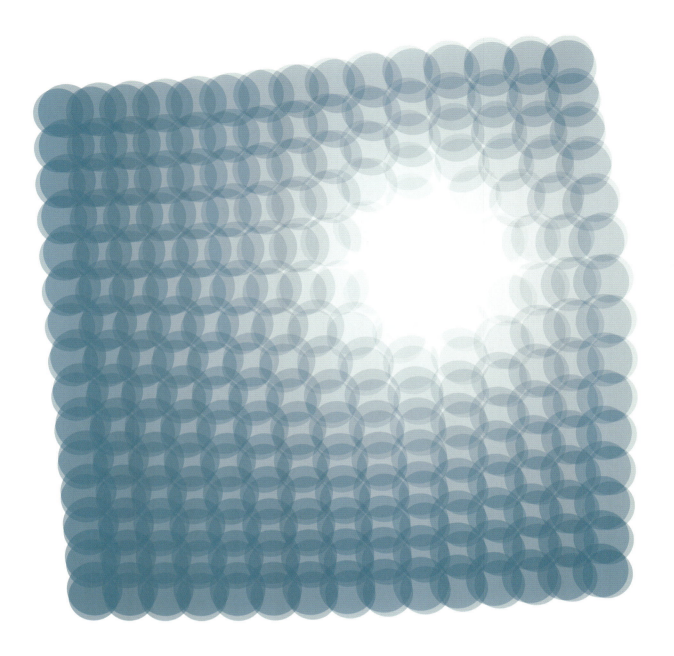

SVG画像のデータファイルから読み込んだグリッドの要素が、マウスの位置から離れようとしています。Cキーでカラーモードを切り替えられます。要素の透明度はマウスの位置との距離で変わります。
→ P_2_1_1_04.pde

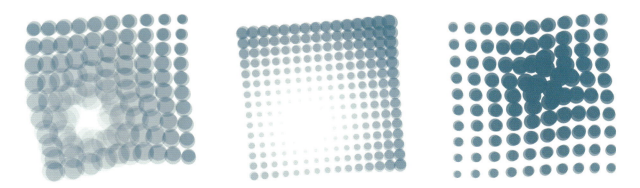

Dキーで、マウスに近づくほど要素が小さくなるか大きくなるかのいずれかを選べます。
→ P_2_1_1_04.pde

1キーから7キーで、異なるSVGのモジュールを選択できます。SVG画像の中心がずれていると、モジュールがグリッドにきちんと沿って描かれていても、グリッドがないように見えます。
→ P_2_1_1_04.pde

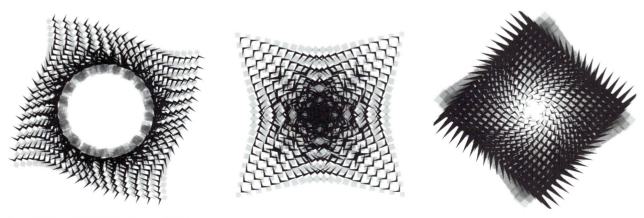

左右の矢印キーで要素を回転させることもできます。
→ P_2_1_1_04.pde

# P.2.1 - P.2.1.2
# グリッドと動き

緊張関係は、秩序がカオスの縁に触れたときに最大になります。形は動的なグリッドによる厳格な配置を放棄し、偶然の配置に身を任せます。グリッドに従う要素と、それに抗う要素が、視覚的覇権を賭けて争います。この移行の瞬間こそがポイントです。

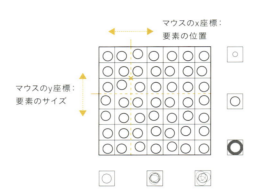

→ P_2_1_2_01.pde

ディスプレイに一定の数の円を1つずつ描きます。円のグリッド位置にランダムな値を加えて、x軸とy軸方向に動かします。マウスを右へ動かすほど、円の動きが激しくなります。

マウス ── x座標：円の位置・y座標：円のサイズ・左クリック：円の位置のランダム値の更新
キー ── S：PNGで保存・P：PDFで保存

```
void draw() {
  translate(width/tileCount/2, height/tileCount/2);
  ...
  strokeWeight(mouseY/60);

  for (int gridY=0; gridY<tileCount; gridY++) {
    for (int gridX=0; gridX<tileCount; gridX++) {

      int posX = width/tileCount * gridX;
      int posY = height/tileCount * gridY;

      float shiftX = random(-mouseX, mouseX)/20;
      float shiftY = random(-mouseX, mouseX)/20;

      ellipse(posX+shiftX, posY+shiftY, mouseY/15, mouseY/15);
    }
  }
  ...
}
```

→ P_2_1_2_01.pde

座標系の原点を、タイルの幅と高さの半分だけ右下方向にずらすことで、円をタイルの中央に置きます。

マウスのx座標mouseXが大きくなるほど、ランダムな数字の値の範囲を広げます。

グリッド座標のposXとposYにshiftXとshiftYを足して、円の位置をずらします。

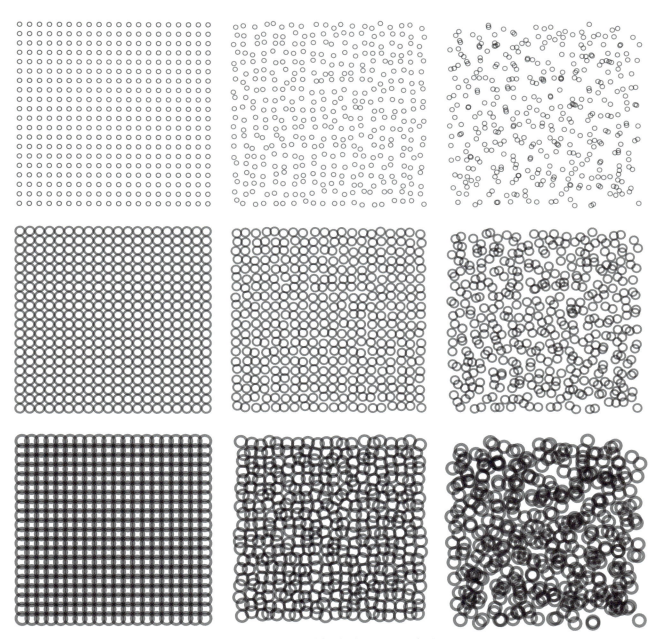

グリッド状の半透明の円が、マウスの水平方向の位置に応じて動きます。マウスの垂直方向の位置で円のサイズが決まります。
→ P_2_1_2_01.pde

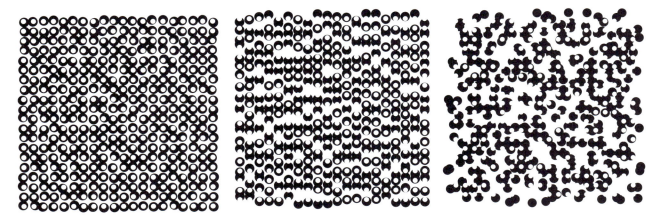

白い円の細かなグリッドの背後で、黒い円をずらしています。
→ P_2_1_2_02.pde

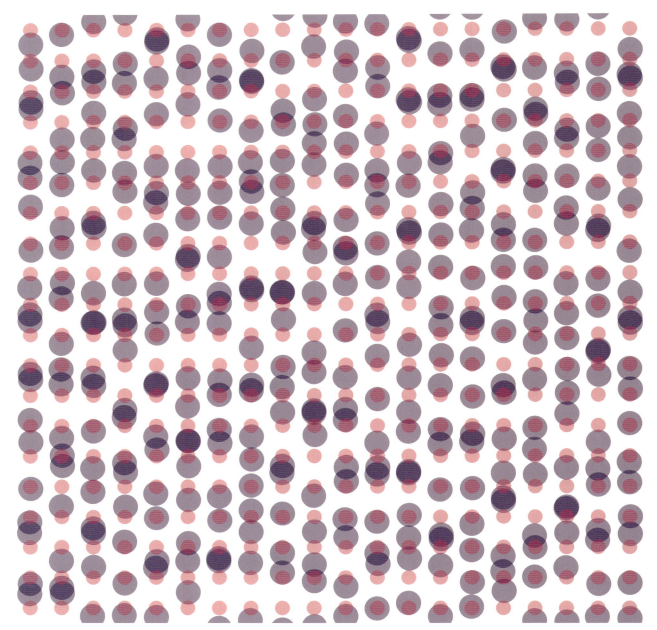

半透明の円のカラーバリエーション。
→ P_2_1_2_02.pde

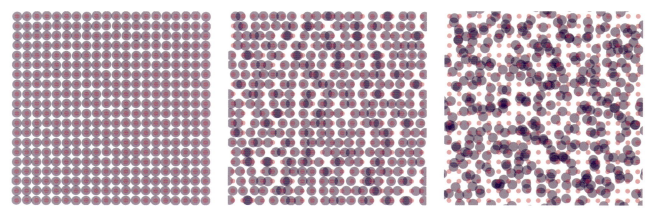

ピンク色の円をグリッドに固定したまま、スミレ色の円だけをずらしています。
→ P_2_1_2_02.pde

要素そのものではなく、四隅だけをずらしています。
→ P_2_1_1_04.pde

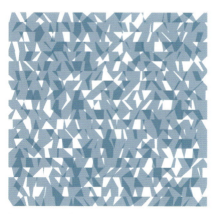
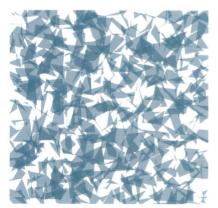

重なりや隙間によって垣間見えたグリッドが、徐々に認識できなくなっていきます。
→ P_2_1_1_04.pde

# P.2.1 - P.2.1.3
# グリッドと複合モジュール

複数の形を入れ子にして複合モジュールにすると、さらに興味深いものを作れます。この作例では、異なる方向にサイズが大きくなる4種類の円の集合を、グリッド状に交互に配置しています。円の直径や透明度に変化をつけると、奥行きがあるように感じさせることができます。

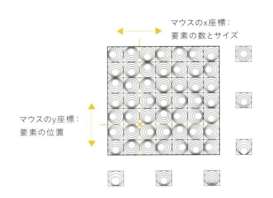

→ P_2_1_3_01.pde

グリッドを埋めているモジュールは、積み重なった円でできています。この円は、ランダムに決まる上下左右のいずれかの方向に向かって段々小さくなっていきます。円の数はマウスのx座標に、円の動きはマウスのy座標に対応しています。

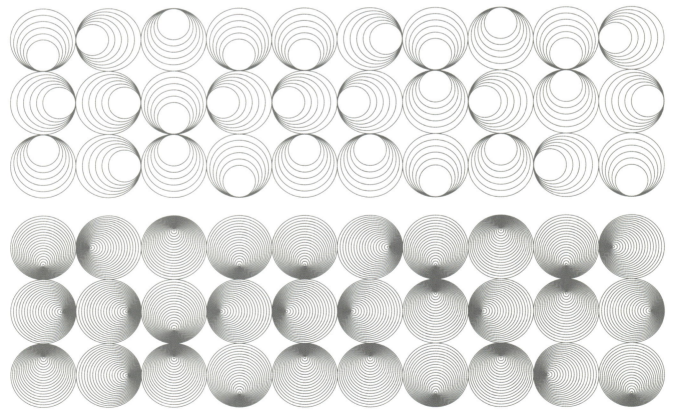

グリッドのモジュールは複数の円で構成されていて、マウスの座標によって円の数、サイズ、位置が変わります。
→ P_2_1_3_01.pde

マウス ── x座標：円の数とサイズ・y座標：円の位置・左クリック：位置のランダム値の更新　　　→ P_2_1_3_01.pde
キー ──── S：PNGで保存・P：PDFで保存

```
void draw() {
  ...
  circleCount = mouseX/30 + 1;
  endSize = map(mouseX, 0,width, tileWidth/2.0,0);
  endOffset = map(mouseY, 0,height, 0,(tileWidth-endSize)/2);

  for (int gridY=0; gridY<=tileCountY; gridY++) {
    for (int gridX=0; gridX<=tileCountX; gridX++) {
      pushMatrix();
      translate(tileWidth*gridX, tileHeight*gridY);
      scale(1, tileHeight/tileWidth);

      int toggle = (int) random(0,4);
      if (toggle == 0) rotate(-HALF_PI);
      if (toggle == 1) rotate(0);
      if (toggle == 2) rotate(HALF_PI);
      if (toggle == 3) rotate(PI);

      for(int i=0; i<circleCount; i++) {
        float diameter = map(i, 0,circleCount-1,
                             tileWidth,endSize);
        float offset = map(i, 0,circleCount-1, 0,endOffset);
        ellipse(offset, 0, diameter,diameter);
      }
      popMatrix();
    }
  }
  ...
}
```

マウスの位置で、モジュール内のcircleCount、内部の円のサイズ、最後の円をずらす量を定義しています。

モジュールを描く前に、座標系の原点をこれから描く位置へ一時的に動かしておくと、モジュールの向きを簡単に変えることができます。translate()が原点を動かす前に、pushMatrix()コマンドで座標系の現在の状態を保存しておきます。

ランダムな数値toggleで、4つの回転角度のいずれかに決めます。HALF_PIラジアンは、90°の回転を表しています。

このモジュールは、次々に円を描いて作っています。直径の値の範囲は、tileWidthから事前に計算したendSizeまでです。offsetの値は、中心からずらす量です。内側の円は、右へずれていくほど小さくなります。

最後に、popMatrix()を使って、前回保存した座標系の状態に復帰します。

直線で作った複合モジュール。直線同士が組み合わさり、新しい形が生まれています。
→ P_2_1_3_02.pde

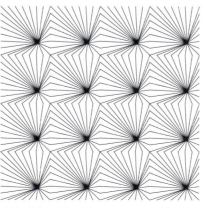

直線が集中するポイントが、マウスの動きとともに対角線方向にずれていきます。
→ P_2_1_3_03.pde

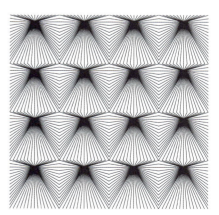

直線を集中させることで、簡単に3次元的な効果を作り出せます。
→ P_2_1_3_03.pde

徐々に小さくなりながら回転している正方形で構成されています。
→ P_2_1_3_04.pde

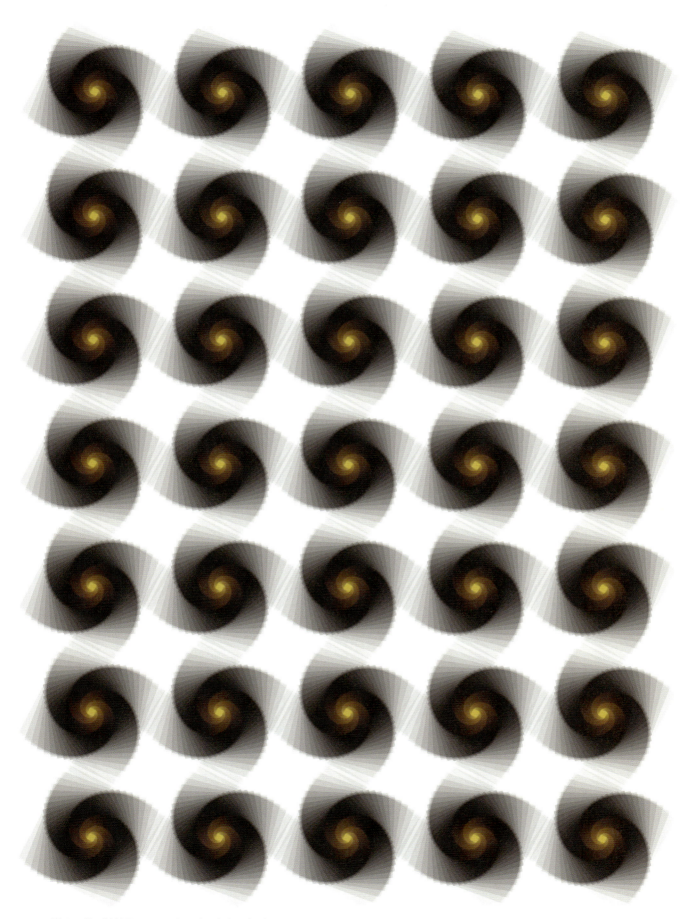

この形は1つ前の作例と同じ原理でできていますが、色と透明度をつけると、まったく正方形には見えなくなりました。
→ P_2_1_3_04.pde

# P.2.2 - P.2.2.1
# ダムエージェント（単純なエージェント）

ここからはピクセルを、グリッドに固く埋め込まれた存在ではなく、いろいろな振る舞いのパターンに応じて自由に動けるエージェントにします。このエージェントは、8つの方向のいずれかに跡を残しながら、1ステップずつ進んでいきます。そして、いつまでも自らの任務を遂行し続けます。

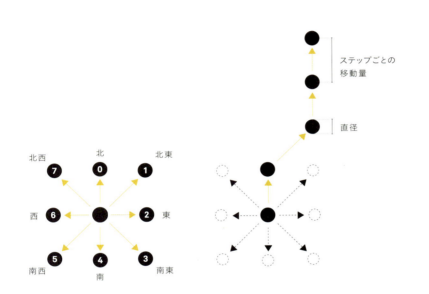

→ P_2_2_1_01.pde

描画処理を行う度に、次のステップ用に8方向のうち1つをランダムに選びます。現在の位置の座標値に、事前に指定した値（ステップごとの移動量）を足したり引いたりすることでステップを進めます。最後に円を新しい位置に描きます。

マウス ── x座標：イメージ生成の速さ
キー ── DEL：ディスプレイの消去・R/E：PDFの記録・S：PNGで保存

→ P_2_2_1_01.pde

```
int NORTH = 0;
int NORTHEAST = 1;
int EAST = 2;
int SOUTHEAST = 3;
int SOUTH = 4;
int SOUTHWEST = 5;
int WEST = 6;
int NORTHWEST= 7;

int stepSize = 1;
int diameter = 1;

void draw() {
  for (int i=0; i<=mouseX; i++) {
    direction = (int) random(0, 8);
    →
```

別々の数値をもった8つの定数を定義します。

ステップごとの移動量とエージェントの直径は、stepSizeとdiameterの値を変更することで指定できます。

random(0, 8)コマンドで、0.000から7.999までのランダムな数値を作ります。この小数点を切り捨てると、0から7までの値になります。この値をdirectionに入れて、次のステップを決めます。

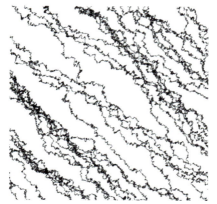
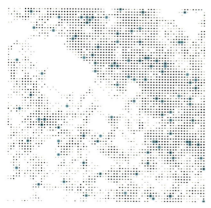

エージェントの道のりが長くなるほど、濃い雲のような構造が現れます。
→ P_2_2_1_01.pde

エージェントが進める方向を制限しています。
→ P_2_2_1_02.pde

このバージョンでは、円の直径を大きくして、時々青い色をつけています。
→ P_2_2_1_02.pde

```
if (direction == NORTH) {
  posY -= stepSize;
}
else if (direction == NORTHEAST) {
  posX += stepSize;
  posY -= stepSize;
}
else if (direction == EAST) {
  posX += stepSize;
}
else if (direction == SOUTHEAST) {
  posX += stepSize;
  posY += stepSize;
}
...

if (posX > width) posX = 0;
if (posX < 0) posX = width;
if (posY < 0) posY = height;
if (posY > height) posY = 0;

fill(0, 40);
ellipse(posX+stepSize/2, posY+stepSize/2, diameter, diameter);
  }
}
```

エージェントの現在の位置がディスプレイウィンドウの右端を超えると、posXを0に設定します。こうすることで、エージェントが反対側で進み続けます。

新しい位置に半透明の円を描きます。ステップごとの移動量の半分のstepSize/2を足すことで、ディスプレイウィンドウの端で円が切り取られないようにしています。

# P.2.2 – P.2.2.2
# インテリジェントエージェント

ここからは、振る舞いのパターンをより複雑にし、細かな条件に従わせます。このエージェントは自らの軌跡を横切ると、進む方向を変えます。ディスプレイウィンドウの端に辿り着いても、進む方向を変えます。2つの交点間に引かれる直線は、交点間の距離に応じて色や太さが変わります。

北の方角に動くエージェントのとり得る方向。

ディスプレイウィンドウの端に辿り着いたエージェント。

自らの軌跡を横切るエージェント。

→ P_2_2_2_01.pde

エージェントは、常に基本となる方角（東西南北）のうち、1つの方向に進みます。ただし水平垂直方向にはなれないので、直角方向を除いた、いくつかのとり得る方向から選ばれます。エージェントがディスプレイの端に辿り着くと、くるりと回り、ランダムに1つの方向が選ばれます。自らの軌跡を横切ると、基本となる方角を保ちながらも、新しい方向が選ばれます。

マウス ── x座標：イメージ生成の速さ
キー ──── DEL：ディスプレイの消去・R/E：PDFの記録・S：PNGで保存

→ P_2_2_2_01.pde

```
void draw(){
  for (int i=0; i<=mouseX; i++) {
    if (!recordPDF) {
      strokeWeight(1);
      stroke(180);
      point(posX, posY);
    }

    posX += cos(radians(angle)) * stepSize;
    posY += sin(radians(angle)) * stepSize;

    boolean reachedBorder = false;
    if (posY <= 5) {
      direction = SOUTH;
      reachedBorder = true;
    }
    else if (posX >= width-5) {
      direction = WEST;
      reachedBorder = true;
    }
    ...
    →
```

エージェントの現在の座標(posX, posY)に点を描きます。点の色が背景色と近い場合、ほとんど（あるいはまったく）見えなくなります。

エージェントを1ステップ進め、位置を更新します。angleは方向を、stepSizeはステップごとの移動量を定義しています。

ここで、エージェントがディスプレイウィンドウの端に辿り着いたかどうかをチェックしています。上端から5ピクセル以内に近づいていたら、メインの方向を変えて、reachedBorder変数をtrueに設定します。

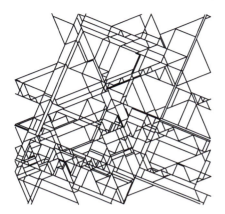
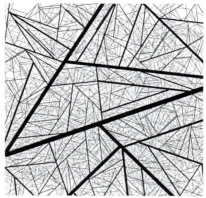
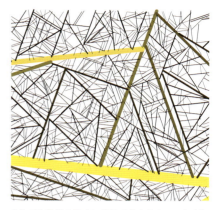

Rキーを押すと、キーが押された後に引かれる直線を
PDFに記録します。記録はEキーを押して完了します。
→ P_2_2_2_01.pde

直線の長さに応じて、太さが変わります。
→ P_2_2_2_02.pde

ここでは直線の長さに応じて色を変えています（2
キー）。
→ P_2_2_2_02.pde

```
      int px = (int) posX;
      int py = (int) posY;
      if (get(px, py) != color(360) || reachedBorder) {
        angle = getRandomAngle(direction);
        float distance = dist(posX, posY, posXcross, posYcross);
        if (distance >= minLength) {
          strokeWeight(3);
          stroke(0);
          line(posX, posY, posXcross, posYcross);
        }
        posXcross = posX;
        posYcross = posY;
      }
    }
  }

  float getRandomAngle(int theDirection) {
    float a = (floor(random(-angleCount, angleCount)) + 0.5)
            * 90.0/angleCount;
    if (theDirection == NORTH) return (a - 90);
    if (theDirection == EAST) return (a);
    if (theDirection == SOUTH) return (a + 90);
    if (theDirection == WEST) return (a + 180);
    return 0;
  }
```

get()関数で、エージェントが白色以外のピクセルに進むかどうかを毎回チェックします。これが当てはまっているか変数reachedBorderがtrueの場合、getRandomAngle()関数で次のステップ用のランダムな角度が新たに選ばれます。

向きを変える際は、最後に方向転換した位置(posXcross, posYcross)がminLengthで定義した距離より離れているときだけ直線を描きます。

最後に、現在の位置を変数posXcrossとposYcrossに保存します。

getRandomAngle()関数は、渡されたメインの方向theDirectionによって定まるとり得る角度のうち、1つの角度をランダムに選んで返します。例えば、angleCountが3（つまり90°に対して3方向）でtheDirectionがSOUTHの場合、次の角度のうち1つを返します。

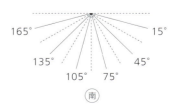

長い直線ほど不透明になり、短い直線ほど透明になります（3キー）。
→ P_2_2_2_02.pde

色相と彩度を固定して、明度を直線の長さに応じて変えています。
→ P_2_2_2_02.pde

# P.2.2 – P.2.2.3
## エージェントが作る形

ダムエージェント→P_2_2_1 は、協調させることでのみ強力なものになります。ここでの作例は、円からスタートします。円周上の点をそれぞれダムエージェントに置き換えます。それらの点の動きで円の形が徐々に変わっていきます。それによって驚くほど多様な形が生まれます。

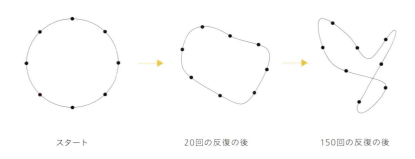

スタート　　　　　　20回の反復の後　　　　　　150回の反復の後

→ P_2_2_3_01.pde

円周上の点を計算して、エージェントのスタート位置を作ります。しなやかな1本の曲線で、隣同士のエージェントがしっかりつながれています。ダムエージェントが最初の位置から離れていくほど、円の形状が崩れていきます。

マウス ── 左クリック：新しい・x/y座標：動きの方向
キー ──── 1-2：塗りのモード・F：アニメーションの開始/停止・DEL：ディスプレイの消去・
　　　　　　R/E：PDFの記録・S：PNGで保存

→ P_2_2_3_01.pde

```
void setup() {
  ...
  centerX = width/2;
  centerY = height/2;
  float angle = radians(360/float(formResolution));
  for (int i=0; i<formResolution; i++){
    x[i] = cos(angle*i) * initRadius;
    y[i] = sin(angle*i) * initRadius;
  }
  ...
}
```

エージェントを、座標(centerX, centerY)を中心に描きます。最初のスタート位置は、ディスプレイの中心です。

それぞれのエージェントのスタート位置を、円周上のポイントとして計算し、配列xと配列yに保存します。
→ Ch.P.1.1.2　円形に配置した色のスペクトル

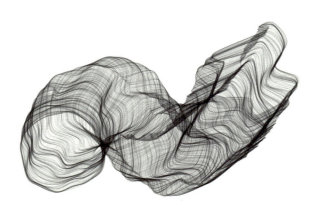

変形し続ける形がマウスに向かって常に動くので、マウスでその動きをコントロールすることができます。
→ P_2_2_3_01.pde

2キーで塗りのモードを設定すると、ランダムに変化するグレーで塗られます。
→ P_2_2_3_01.pde

```
void draw(){
  if (mouseX != 0 || mouseY != 0) {
    centerX += (mouseX-centerX) * 0.01;
    centerY += (mouseY-centerY) * 0.01;
  }

  for (int i=0; i<formResolution; i++){
    x[i] += random(-stepSize,stepSize);
    y[i] += random(-stepSize,stepSize);
    // ellipse(x[i],y[i],5,5);
  }
  ...
  beginShape();
  curveVertex(x[formResolution-1]+centerX,
              y[formResolution-1]+centerY);

  for (int i=0; i<formResolution; i++){
    curveVertex(x[i]+centerX, y[i]+centerY);
  }
  curveVertex(x[0]+centerX, y[0]+centerY);

  curveVertex(x[1]+centerX, y[1]+centerY);
  endShape();
}
```

→ P_2_2_3_02.pde

この座標(centerX, centerY)はマウスを追いかけます。1フレームごとにエージェントの座標とマウスの座標の差を計算し、この差に小さな値を掛けたものを、座標値に加えます。

エージェントの現在位置に-stepSizeからstepSizeまでのランダムな値を加えて、ゆらゆらとした動きを作ります。

ellipseコマンドを追加して、エージェントの位置を視覚化することもできます。

形を描くときにcurveVertex()で指定した最初と最後の点は制御点なので、表示されないことに注意してください。2つの制御点があるおかげで、折れ曲がることのない滑らかな円を作ることができます。

curveVertexをvertexに置き換えてみると、直線的な図形を作ることができます。塗りの色fillを指定する実験をしてみても、興味深いバリエーションを生み出すことができます。

このバージョンでは、円の代わりに線を選ぶことができます(4キー)。この線に塗りの色をつけて表示することもできます。
→ P_2_2_3_02.pde

このバージョンはペンタブレット用で、ペンを強く押しつけるほど形がより早く変化します。
→ P_2_2_3_02_TABLET.pde

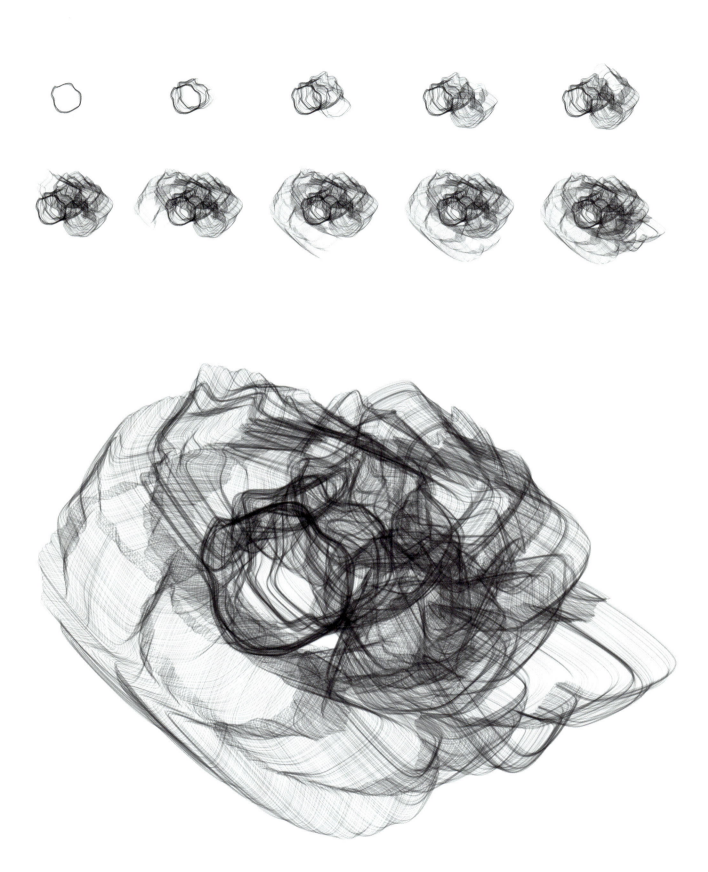

変形する形が重ね書きされていきます。ペンを円の上に置くと、円の形はほとんど変わりません。ペンを動かすと、円の形がペンの位置を追いかけてどんどん歪んでいきます。
→ P_2_2_3_02_TABLET.pde

# P.2.2 – P.2.2.4
# エージェントが作る成長構造

簡単なルールに従う多数のエージェントが集合することで、安定した構造が出来上がります。「新しい円を、その円から一番近い円にできるだけ近づけて描く」といったシンプルな増殖のパターンによって、複雑な形が生成されます。ここでは新しい円を、一番近くにある円にできるだけ近づけて描いています。この種のアルゴリズムは、植物や鉱物の成長過程にも表れます。　→ W.205 Wikipedia：Diffusion limited aggregation（拡散律速凝集体）

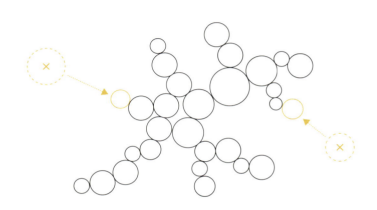

→ P_2_2_4_01.pde

フレームごとに、ランダムな位置とランダムな半径の新しい円（破線の円）を生成します。次に、新しい円から一番近くにある円を探します。最後に、新しい円を一番近い円に最短の経路でくっつけます。

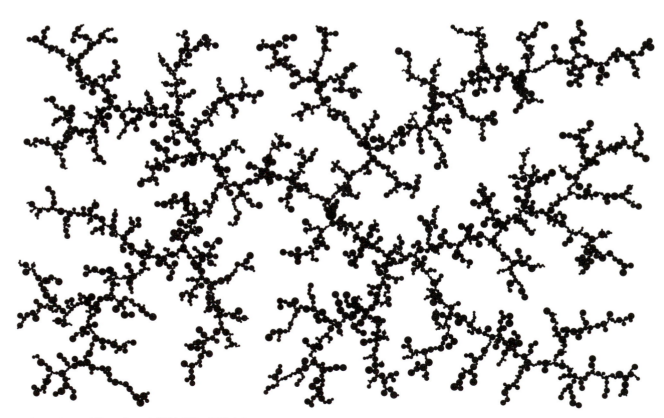

円がどんどんエリアを埋めつくして、有機的な構造に発展します。
→ P_2_2_4_01.pde

キー ──────── S：PNGで保存・P：PDFで保存

```
void draw() {
  background(255);
  float newR = random(1, 7);
  float newX = random(0+newR, width-newR);
  float newY = random(0+newR, height-newR);

  float closestDist = 100000000;
  int closestIndex = 0;
  for(int i=0; i < currentCount; i++) {
    float newDist = dist(newX,newY, x[i],y[i]);
    if (newDist < closestDist) {
      closestDist = newDist;
      closestIndex = i;
    }
  }


  // fill(230);
  // ellipse(newX,newY,newR*2,newR*2);
  // line(newX,newY,x[closestIndex],y[closestIndex]);

  float angle = atan2(newY-y[closestIndex],
                      newX-x[closestIndex]);

  x[currentCount] = x[closestIndex] + cos(angle) *
                    (r[closestIndex]+newR);
  y[currentCount] = y[closestIndex] + sin(angle) *
                    (r[closestIndex]+newR);
  r[currentCount] = newR;
  currentCount++;

  for (int i=0 ; i < currentCount; i++) {
    fill(50);
    ellipse(x[i],y[i], r[i]*2,r[i]*2);
  }
  if (currentCount >= maxCount) noLoop();
}
```

→ P_2_2_4_01.pde

円の半径newRと座標(newX, newY)をランダム
に定義します。

for文で一番近い円を探します。新しい円との
距離をすべての円に対して1つずつ計算します。
この距離がこれまでのどの距離よりも短い場
合、その円への参照を変数closestIndexに保
存しておきます。

この3行のコードで、新しい円のスタート位置と
一番近い円をつなぐ直線を描くと、ここで行っ
ているプロセスを視覚化することができます。

一番近い円との角度を計算することで、2つの円
が接するように新しい円を置くことができます。
→ Ch.P.1.1.2　円に配置した色のスペクトル

angle（角度）

円を描きます。

currentCountが定義した上限に達すると、no-
Loop()関数でプログラムを止めます。

241

構造が少しずつ、止まることなく成長していく様子を示しています。
→ P_2_2_4_01.pde

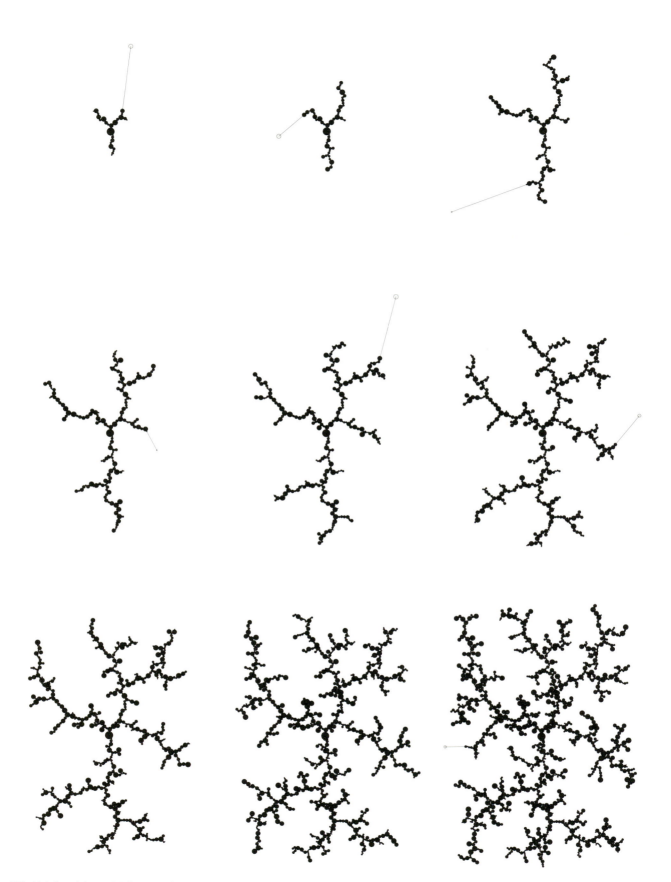

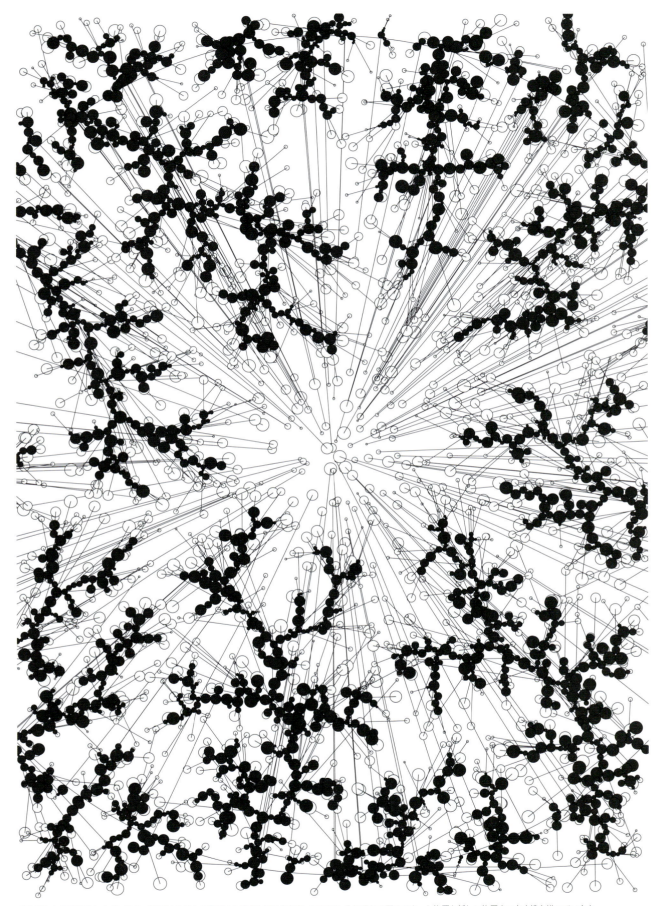

発生源となる円が特に大きい場合、構造は外側から内部へと成長していきます。ここでは、それぞれの円のスタート位置と新しい位置をつなぐ線を描いています。
→ P_2_2_4_02.pde

# P.2.2 – P.2.2.5
# エージェントが作る密集状態

この作例でも、反復するプロセスによって新しい円が生成されます。新しい円を、ディスプレイ上のどの円とも重ならないように、できるだけ大きくします。新しい円が他の円と重なった場合はやり直します。このアルゴリズムの目的は、最終的にどんな小さな隙間も埋まるように、円をぎっしり敷き詰めることです。

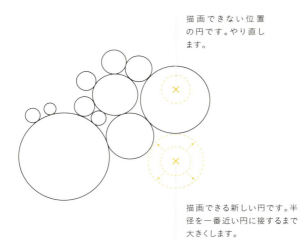

描画できない位置の円です。やり直します。

描画できる新しい円です。半径を一番近い円に接するまで大きくします。

→ P_2_2_5_01.pde

ここでも、フレームごとにランダムな位置とサイズで新しい円（黄色い破線で表示）を生成します。すでにある円と重なっている場合、このアルゴリズムをやり直します。

他の円と重なっていない場合、一番近くの円の位置を探します。一番近くの円までの距離とその円の半径によって、新しい円をどのくらいの大きさで描けるかを定めています。この結果、新しい円が隣の円とくっつき、円がぎっしりと敷き詰められるようになります。

このアルゴリズムでは、どんどん小さくなっていく円で領域が埋められていきます。黄色い線が、どの円が新しく増殖した円と接しているかを示しています。
→ P_2_2_5_01.pde

マウス ── ドラッグ：円を生成する対象範囲　　　　　　　　　　　　　　　　　　　　→ P_2_2_5_01.pde
キー ──── ⇅：描画対象範囲の変更・S：PNGで保存・P：PDFで保存

```
void draw() {
  ...
  float newX = random(0+maxRadius,width-maxRadius);
  float newY = random(0+maxRadius,height-maxRadius);
  float newR = minRadius;
  if (mousePressed == true) {
    newX = random(mouseX-mouseRect/2,mouseX+mouseRect/2);
    newY = random(mouseY-mouseRect/2,mouseY+mouseRect/2);
    newR = 1;
  }

  boolean intersection = false;
  for(int i=0; i < currentCount; i++) {
    float d = dist(newX,newY, x[i],y[i]);
    if (d < (newR + r[i])) {
      intersection = true;
      break;
    }
  }

  if (intersection == false) {
    float newRadius = width;
    for(int i=0; i < currentCount; i++) {
      float d = dist(newX,newY, x[i],y[i]);
      if (newRadius > d-r[i]) {
        newRadius = d-r[i];
        closestIndex[currentCount] = i;
      }
    }
    if (newRadius > maxRadius) newRadius = maxRadius;
    x[currentCount] = newX;
    y[currentCount] = newY;
    r[currentCount] = newRadius;
    currentCount++;
  }

  for (int i=0 ; i < currentCount; i++) {
    ...
    ellipse(x[i],y[i], r[i]*2,r[i]*2);
    ...
    int n = closestIndex[i];
    line(x[i],y[i], x[n],y[n]);
  }
  ...
}
```

新しい円の位置と半径を作ります。

マウスボタンを押すことで、ランダムな値の範囲を制限します。新しい円の位置を決められるので、インタラクティブなドローイングツールになります。

今あるすべての円と新しい円を比較します。他の円と重なっていた場合は（距離が双方の円の半径の合計より短かったら）、変数intersectionをtrueに設定します。

他の円と重なっていない場合、一番近い円を探し、その円のインデックスを保存しておきます。

新しい円の半径をできるだけ大きくします（ただしmaxRadiusで指定したサイズよりも大きくはしません）。

保存されているすべての円をディスプレイに描きます。

さらに、それぞれの円と一番近い円を直線でつないでいます。これを行うために、closestIndex配列から事前に保存しておいたインデックスを取り出しています。

SVGモジュールを読み込むと、まったく違うイメージが出来上がります。1キーから3キーで、SVG、接続線、それぞれの要素の表示を切り替えることができます。
→ P_2_2_5_02.pde

# P.2.3 - P.2.3.1
# 動きのあるブラシでドローイング

ここまでは、エージェントは事前に決められたルールに従い、自律的に動いていました。この作例では、ユーザーがエージェントと協調することで、独自のルールに沿った実験的なドローイングツールを作り上げています。動きのあるブラシのユニークさは、ドローイング中に自らの振る舞いによって新たな創造性を生み出す能力を備えていることです。このプロセスが表現の幅を大きく広げ、描く行為がパートナーとの社交ダンスのようになります。

マウス —— ドラッグ：描画
キー —— 1-4：色設定の切り替え・Space：ランダム色の更新・DEL：ディスプレイの消去・
　　　　D：回転方向と角度の反転・↑↓：直線の長さの調整・⇆：回転速度の調節・
　　　　S：PNGで保存・R/E：PDFを記録

→ P_2_3_1_01.pde

この最初のドローイングツールは、シンプルな原理に多くの視覚的な可能性があることをよく示しています。1本の直線がマウスの周りを回転します。マウスの動きのスピードや方向によって、直線がさまざまに組み合わさります。マウスをクリックする度に、直線の色や長さが変わります。回転のスピードは左右の矢印キーで設定することができます。

→ P_2_3_1_01.pde

```
void draw() {
  if (mousePressed) {
    pushMatrix();
    strokeWeight(1.0);
    noFill();
    stroke(col);
    translate(mouseX,mouseY);
    rotate(radians(angle));
    line(0, 0, lineLength, 0);
    popMatrix();

    angle += angleSpeed;
  }
}

void mousePressed() {
  lineLength = random(70, 200);
}
```

左マウスボタンを押している間だけ描画します。

直線がマウスの座標のまわりを回転するようにします。そのため、まずtranslate()関数で座標系の原点をマウスの座標に移動する必要があります。それからrotate()関数で座標系を回転させます。こうすることで、水平線が回転するブラシとして描かれます。

回転角度を回転速度の値ぶん増やします。

クリックする度に、直線の長さを変えます。

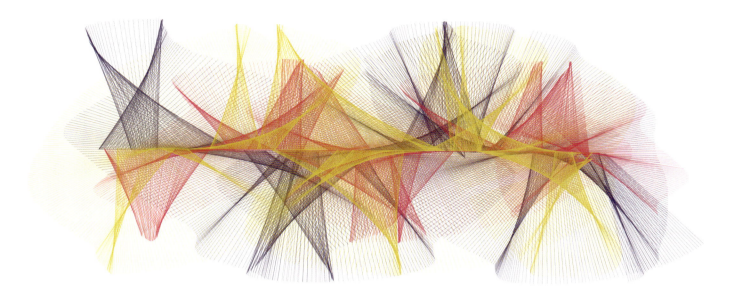

マウスを中央の水平線に沿って左右方向にだけ動かしています。こうすると、動きのあるブラシがいろいろなレベルの密度を生み出します。
→ P_2_3_1_01.pde

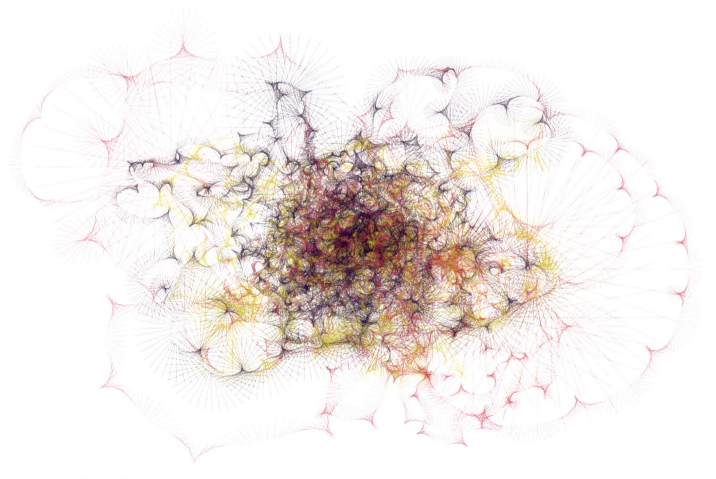

マウスの動きとさまざまな色に加えて、回転する直線の1ステップあたりの移動量も変えています。
→ P_2_3_1_02.pde

マウスボタンを押していると、ランダムな色の直線がマウスの周りを回転します。マウスを動かさなくても、線の長さ、色、線の形状、回転速度といったたくさんのパラメータをキーで変えられるので、さまざまなイメージを生成できます。
→ P_2_3_1_02.pde

# P.2.3 – P.2.3.2
# 回転と距離

イメージ全体にとって、要素間の関係性は極めて重要です。そのため、距離や角度といった個々のパラメータをコントロールできることが大切です。このプログラムでは、その基礎知識を解説します。

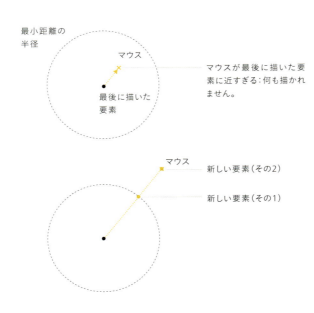

→ P_2_3_2_01.pde

前の作例では、マウスボタンを押しているあいだ、1フレームごとに新しい要素を描いていました。今回はこの機能を制限し、新しい要素を配置するのは、前に描いた要素から最小の距離以上離れているときに限定しています。これを行うためには次の方法があります。

その1：新しい要素をマウスの座標に直接配置せず、最後の要素から最小の距離を空けて指定した場所に配置します。

その2：新しい要素をマウスの座標に配置します。最小の距離はしきい値としてのみ用います。

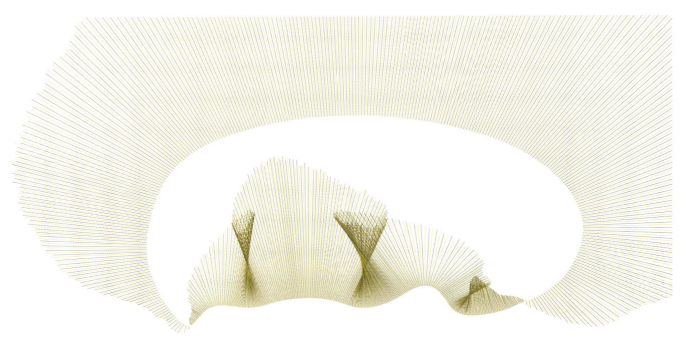

描画中にマウスをすばやく動かすほど、直線が長くなります。
→ P_2_3_2_01.pde

マウス ―― x/y座標：グリッドの解像度
キー ―― 1-2：描画モード・DEL：ディスプレイの消去・↑↓：直線の長さの調整・
　　　　R/E：PDFを記録・S：PNGで保存

→ P_2_3_2_01.pde

```
void draw() {
  if (mousePressed) {
    float d = dist(x,y, mouseX,mouseY);


    if (d > stepSize) {
      float angle = atan2(mouseY-y, mouseX-x);

      pushMatrix();
      translate(x,y);
      rotate(angle);
      stroke(col);
      if (frameCount % 2 == 0) stroke(150);
      line(0,0,0,lineLength*random(0.95,1.0)*d/10);
      popMatrix();

      if (drawMode == 1) {
        x = x + cos(angle) * stepSize;
        y = y + sin(angle) * stepSize;
      }
      else {
        x = mouseX;
        y = mouseY;
      }
    }
  }
}
```

マウスボタンが押されているとき（つまり描きたいとき）、最後に描いた位置(x,y)から現在のマウスの座標までの距離を計算します。

この距離がstepSizeよりも大きい場合、新しい直線を描きます。直線を描くためには、1つ前に描いた位置との角度を計算する必要があります。この角度はatan2()関数で簡単に得られます。この関数には2つのパラメータ、2点間の垂直方向の距離mouseY-yと、水平方向の距離mouseX-xが必要です。

直線は、ランダムに選択された色か中間のグレー色で交互に描かれます。

垂直方向の直線を描きます。前もって座標系をangleで回転させているので、直線は描画パスに直交します。直線の長さは、基本の長さlineLengthに、少し変化をつけるためのランダム値と、d/10を掛けます。つまり、マウスの速さを表す古い点と新しい点のあいだの距離が離れるほど、直線が長くなります。

バージョン1(mode == 1)では、新しい点を古い点からstepSizeだけ離して配置します。バージョン2では、マウスで新しい位置を決めています。

 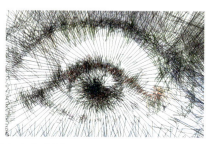

何本もの線を重ね合わせることで、きめ細かな陰影を作り出すことができます。
→ P_2_3_2_01.pde
→ イラストレーション：Victor Juarez Hernandez

# P.2.3 – P.2.3.3
# 文字でドローイング

絵を描いているときに、絵筆を持ち替えたくないという人はいませんか？　このアプリケーションでは、絵筆の位置と速さによって、文字の位置とサイズが絶え間なく変化していきます。ランダムな文字列だけでなく、小説を1冊まるごとペイントすることさえできます。

→ P_2_3_3_01.pde

マウスの描画する線に沿ってテキストを表示します。マウスの速さによって、テキストを大きくしたり小さくしたりしています。

マウス ── ドラッグ：テキストの描画
キー ── DEL：ディスプレイの消去・↑↓：文字の回転の調節・R/E：PDFを記録・
　　　　S：PNGで保存

→ P_2_3_3_01.pde

```
void draw() {
  if (mousePressed) {
    float d = dist(x,y, mouseX,mouseY);
    textFont(font, fontSizeMin+d/2);
    char newLetter = letters.charAt(counter);
    stepSize = textWidth(newLetter);

    if (d > stepSize) {
      float angle = atan2(mouseY-y, mouseX-x);

      pushMatrix();
      translate(x, y);
      rotate(angle + random(angleDistortion));
      text(newLetter, 0, 0);
      popMatrix();

      counter++;
      if (counter > letters.length()-1) counter = 0;

      x = x + cos(angle) * stepSize;
      y = y + sin(angle) * stepSize;
    }
  }
}
```

マウスと、現在描いている位置(x,y)のあいだの距離を計算します。この距離で、次の1文字のフォントサイズを決めています。fontSizeMinの値で、指定したサイズより小さな文字にならないようにしています。

新しい文字を描けるかどうかを確かめるために、文字列lettersから次の1文字を選択して、この文字の幅を変数stepSizeに設定します。

マウスと、現在描いている位置のあいだに十分なスペースがあった場合、新しい文字を描きます。

変数counterで、これまで描いた文字数をカウントしています。この値を使って、指定した文字列lettersから次々に文字を読み取っています。counterが元となるテキストの文字数を超えると、0にリセットされます。

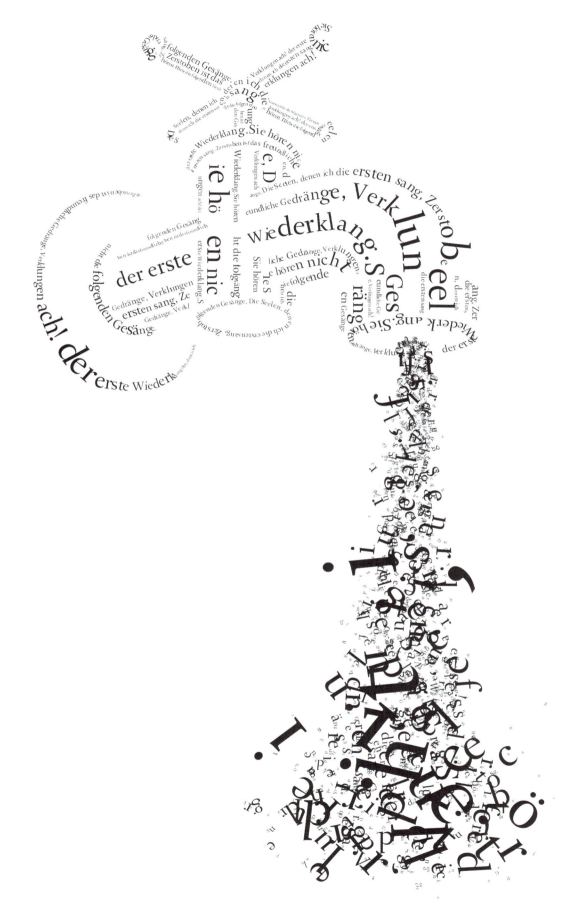

タブレットバージョンでは、ペンの筆圧でテキストのサイズを調整します。画像をテンプレートとして背景に配置して、描画中に表示したり隠したりできます。
→ P_2_3_3_01_TABLET.pde
→ イラストレーション：Pau Domingo

# P.2.3 – P.2.3.4
# 動的なブラシでドローイング

マウスの座標と動きの鈍いエージェントをつなぐ仮想の輪ゴムが、ネックレスの真珠のように連なった要素になることで、動的なブラシになります。両極のあいだに発生する張力によって、描画中の要素のサイズと位置が決まります。

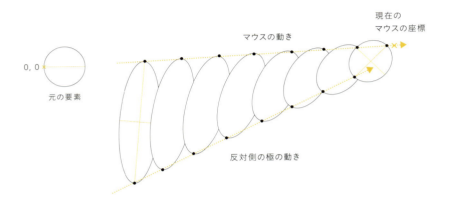

→ P_2_3_4_01.pde

マウスでグラフィック要素の一方の端をドラッグします。反対側の端はマウスに向かってのろのろと動きます。元の要素を限界まで引き伸ばして表現するか、ほぼ変わらずに表現するかは、ドローイングの速さと反応の鈍さの設定によって変わります。要素の幅は変わりません。

マウス ―― ドラッグ：描画
キー ―― 1–9：モジュールの切り替え・DEL：ディスプレイの消去・↕：モジュールのサイズ・
　　　　　↔ステップごとの移動量・R/E：PDFを記録・S：PNGで保存

→ P_2_3_4_01.pde

```
void draw() {
  if (mousePressed) {
    float d = dist(x,y, mouseX,mouseY);

    if (d > stepSize) {
      float angle = atan2(mouseY-y, mouseX-x);

      pushMatrix();
      translate(mouseX, mouseY);
      rotate(angle+PI);
      shape(lineModule, 0, 0, d, moduleSize);
      popMatrix();

      x = x + cos(angle) * stepSize;
      y = y + sin(angle) * stepSize;
    }
  }
}
```

このプログラムでは、変数xとyを反対側の極の位置として使っています。この2つの変数とマウスの座標とのあいだの距離で、要素をどれくらい引き伸ばすかを決めています。

translate()で座標系をマウスの位置に移動させ、反対側の極に向かうように回転させます。それから要素を描きます。ここではPIを加えていますが、加える角度はSVGモジュールによって変えます。要素の長さをマウスまでの距離dに、幅をmoduleSizeに設定します。

反対側の極の位置は、stepSizeの値によってステップごとに移動します。この動きがマウスよりもゆっくりなので、輪ゴムのような効果を生みます。

すばやい動きのマウスに対して、ほとんど動かない反対側。
→ P_2_3_4_01.pde →イラストレーション：Pau Domingo

マウスをすばやく規則的に動かすと、流れのある形状が生まれます。
→ P_2_3_4_01.pde → イラストレーション：Pau Domingo

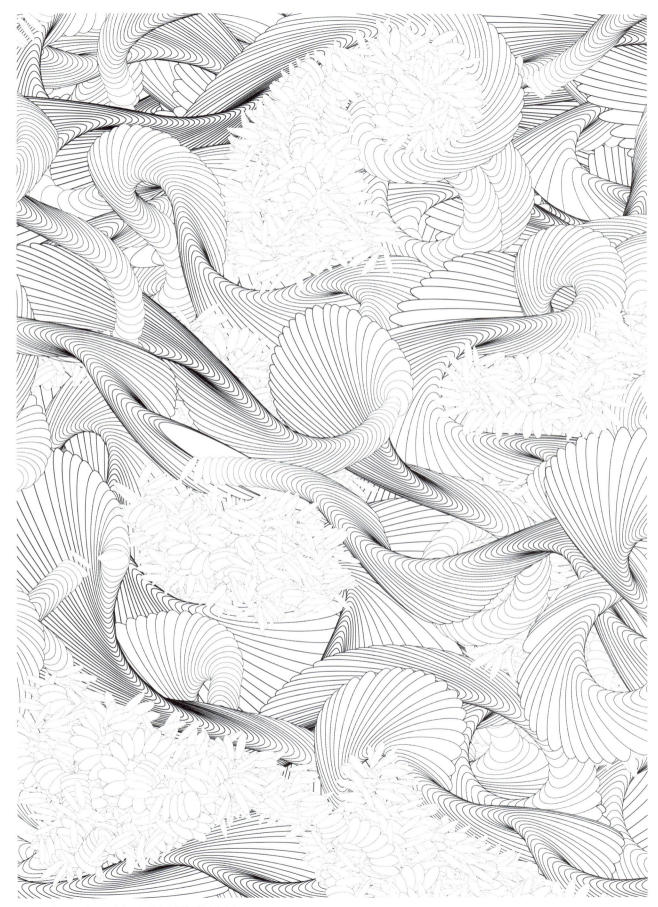

マウスを動かすスピードを変えると、異なる構造が生まれます。
→ P_2_3_4_01.pde → イラストレーション：Pau Domingo

# P.2.3 – P.2.3.5
# ペンタブレットでドローイング

マウスとペンタブレットを比較すると、後者には筆圧や向きなど、ユーザーが自由に使えるパラメータが多くあります。描画中のペンの動きをしっかり記録して解釈できるので、手の動きをより正確に再現することができます。ペンタブレットを使うと、ジェネラティブなプロセスにより近づくことができます。

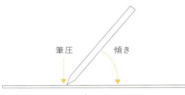

上から見たペンタブレット　　正面から見たペンタブレット

→ P_2_3_5_01_TABLET.pde

ペンタブレット特有のパラメータを、基本要素（この場合は画面上のペン）に送ります。ペンの向き、筆圧、傾きは、それぞれ要素の回転、彩度、長さを定義します。これらのパラメータは、Generative DesignライブラリのTabletクラスを使って読み取ります。

この形はSVGファイルから読み込んだのではなく、個々の曲線の点を簡単に操作できる曲線で描かれています。

新しい要素は古い要素の上に重なっていきます。そのため、背景から前面の順に描く必要があります。
→ P_2_3_5_01_TABLET.pde　→ イラストレーション：Jana-Lina Berkenbusch

**マウス** —— ドラッグ：描画
**タブレット** - ペンの向き：回転・筆圧：彩度・傾き：長さ
**キー** —— 1–3：描画モード・6〜0：色・DEL：ディスプレイの消去・R/E：PDFを記録・
　　　　S：PNGで保存

→ P_2_3_5_01_TABLET.pde

```
void draw() {
  float pressure = gamma(tablet.getPressure(), 2.5);
  float angle = (tablet.getAzimuth()*-1);
  float penLength = cos(tablet.getAltitude());

  if (pressure > 0.0 && penLength > 0.0) {
    pushMatrix();
    translate(mouseX,mouseY);
    rotate(angle);

    float elementLength = penLenght*250;
    float h1 = random(10)*(1.2+penLenght);
    float h2 = (-10+random(10))*(1.2+penLength);

    ...

    float[] pointsX = new float[5];
    float[] pointsY = new float[5];
    pointsX[0] = 0;
    pointsY[0] = 0;
    pointsX[1] = elementLength*0.77;
    pointsY[1] = h1;
    pointsX[2] = elementLength;
    pointsY[2] = 0;
    pointsX[3] = elementLength*0.77;
    pointsY[3] = h2;
    pointsX[4] = 0;
    pointsY[4] = -5;

    beginShape();
    curveVertex(pointsX[3],pointsY[3]);
    for (int i=0; i< pointsX.length; i++) {
      curveVertex(pointsX[i],pointsY[i]);
    }
    curveVertex(pointsX[1],pointsY[1]);
    endShape(CLOSE);
    popMatrix();
  }
}
```

この3つの関数で、筆圧や角度の情報を取得します。

ペンがタブレットに対して完全に直角ではなく、かつ筆圧がゼロより大きい場合のみ、要素を描きます。

図形を描くのに必要な変数を宣言します。random()関数を使って、計算時に図形の長さと幅を少し変えます。

図形の輪郭となる点のためにpointsXとpointsYの2つの配列を作って、値を入れます。

図形を描きます。

閉じた曲線図形を描くには下記を参照してください。
→ Ch.P.2.2.3 エージェントが作る図形

261

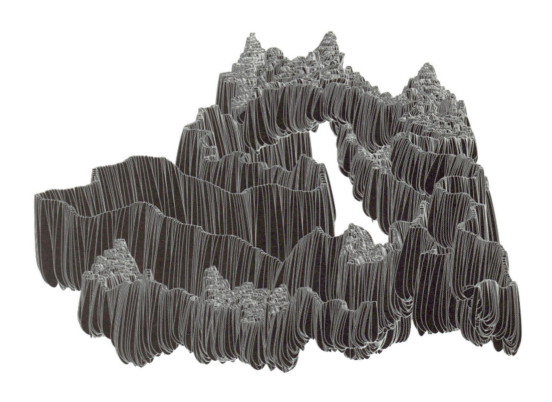

次々に互いの上に重なり合う基本図形が、複雑で有機的な形状を作り出します。
→ P_2_3_5_01_TABLET.pde  → イラストレーション：Pau Domingo

262　　P.2　形 - P.2.3　ドローイング - P.2.3.5　ペンタブレットでドローイング

ペンタブレットは、鳥や山から抽象的で有機的な形状まで、あらゆるユニークなイラストレーションの制作意欲をかき立てます。
→ P_2_3_5_01_TABLET.pde
→ イラストレーション：Pau Domingo, Franz Stammele, and Jana-Lina Berkenbusch

# P.2.3 - P.2.3.6
## 複合モジュールでドローイング

簡単なモジュールも、組み合わさることでより大きな特徴が生まれます。ペイントブラシとして組合せ論と複合モジュールを使うと、それぞれのモジュールが周囲4つのモジュールとの関係で定義され、強力な個性が生まれます。モジュールのレパートリーやセットによって、多様な特徴をもつかたまりが数多く生まれます。

→ P_2_3_6_01.pde

マウスでユーザーがグリッドを描くと、そのグリッドの領域にさまざまなSVGモジュールを配置します。それぞれの領域には、そこが空なのか、それとも値が入っているのかの情報しかありません。グリッドを表示するとき、周囲の領域に値が入っているか、それとも空なのかをもとに見た目を作ります。周囲の領域の状態に従って、特定のグラフィックモジュールが選択されます。

周囲4つの領域の状態は16パターンあり、4桁のバイナリコードとしてコンパクトにまとめることができます。バイナリコードから10進数に変換するだけで、込み入った組合せ論を使うことなく、対応するSVGモジュールを特定することができます。

→ W.206
Wikipedia：Binary code（二進法）

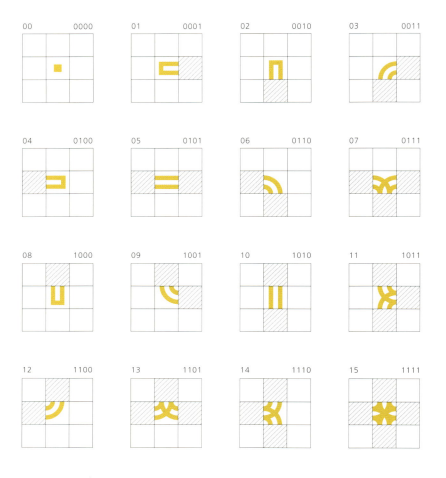

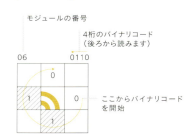

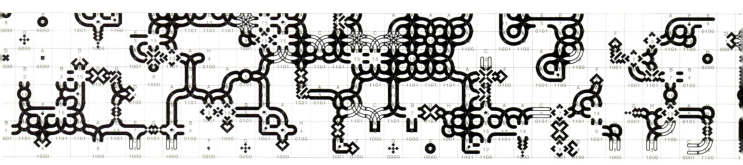

ランダムモード（Rキー）で描画している場合、8種のタイルセットからランダムなタイルが選択されます。Dキーでタイルの追加情報を表示します。変数tileSizeでグリッドの解像度を変更できます。Gキーでグリッドを表示したり隠したりします。
→ P_2_3_6_02.pde

**マウス**——— ドラッグ：モジュールの描画・右ドラッグ：モジュールの削除
**キー**——— DEL：ディスプレイの消去・G：グリッド表示の切り替え・
　　　　　 D：モジュール値表示の切り替え・S：PNGで保存・P：PDFで保存

→ P_2_3_6_01.pde

```
void draw() {
  ...
  if (mousePressed && (mouseButton == LEFT)) setTile();
  if (mousePressed && (mouseButton == RIGHT)) unsetTile();

  if (drawGrid) drawGrid();
  drawModules();
  ...
}
```

setTile()とunsetTile()関数を使って、領域の状態を1か0に設定します。

drawModules()関数ですべてのSVGモジュールを表示します。drawGrid()関数で背景にグリッドを描くことができます。

```
void setTile() {
  int gridX = floor((float)mouseX/tileSize) + 1;
  gridX = constrain(gridX, 1, gridResolutionX-2);
  int gridY = floor((float)mouseY/tileSize) + 1;
  gridY = constrain(gridY, 1, gridResolutionY-2);
  tiles[gridX][gridY] = '1';
}
```

マウスの座標から、グリッド内の対応する領域の位置(gridX, gridY)に移動します。

2次元配列のtilesに、グリッド内のすべての領域の状態を保存します。クリックした領域の値を1に設定します。

```
void drawModules() {
  shapeMode(CENTER);
  for (int gridY=1; gridY< gridResolutionY-1; gridY++) {
    for (int gridX=1; gridX< gridResolutionX-1; gridX++) {
      if (tiles[gridX][gridY] == '1') {
        String east = str(tiles[gridX+1][gridY]);
        String south = str(tiles[gridX][gridY+1]);
        String west = str(tiles[gridX-1][gridY]);
        String north = str(tiles[gridX][gridY-1]);
        String binaryResult = north + west + south + east;
        int decimalResult = unbinary(binaryResult);

        float posX = tileSize*gridX - tileSize/2;
        float posY = tileSize*gridY - tileSize/2;
        shape(modules[decimalResult],posX, posY,
              tileSize, tileSize);
        ...
      }
    }
  }
}
```

すべてのタイルを処理していますが、値が入っている領域、つまり状態が1の領域だけを扱います。

周囲4つの領域の状態を問い合わせて、文字列に変換して連結します。その結果、binaryResultには4つの0か1が並びます。

2進数表現に符号化した周囲の状態を、unbinary()関数を使って10進数に変換します。

decimalResultに対応するSVGモジュールを選択して、ディスプレイに描きます。

265

タイル上に数字を簡単に描くことができます。Illustratorなどのベクターソフトで新しいタイルセットを作成することで、無限の可能性が広がります。
→ P_2_3_6_02.pde

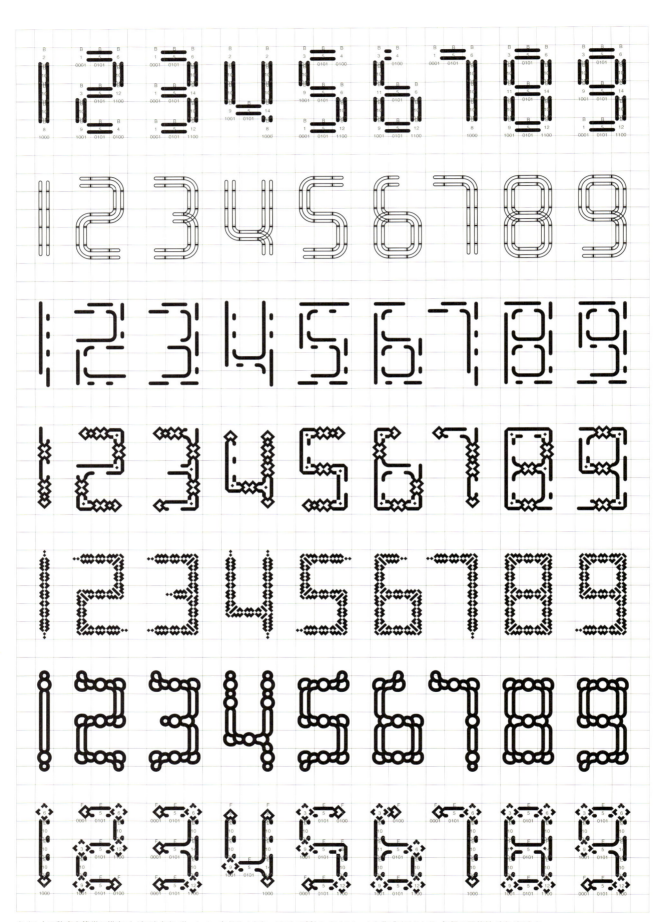

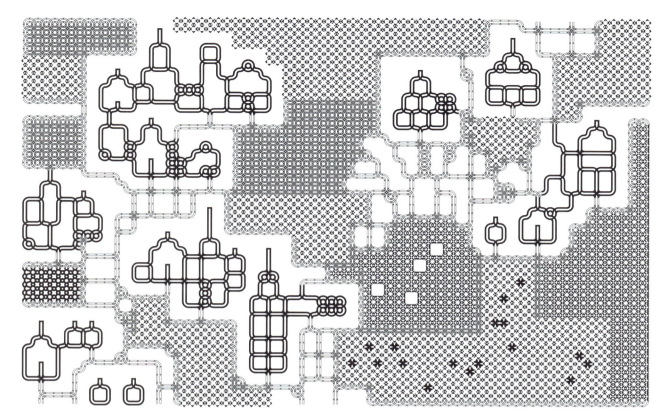

隣接するグリッドを塗りつぶすとパターンができます。
→ P_2_3_6_02.pde　→ イラストレーション：Pau Domingo

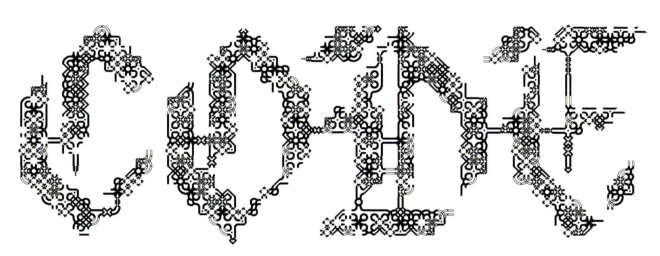

ここでは装飾的な構造としてタイルを使っています。
→ P_2_3_6_02.pde　→ イラストレーション：Cedric Kiefer

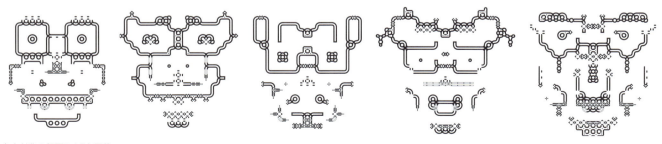

左右対称の仮面のような形状。
→ P_2_3_6_02.pde　→ イラストレーション：Cedric Kiefer

# P. 3

P. 3. 0 **HELLO, TYPE**
P. 3. 1 **テキスト**
P. 3. 2 **フォントアウトライン**

# Type

## 文字

P.2では、繰り返し（グリッド）、反復（エージェント）、相互作用（ドローイング）の原理を使って形状を生成する方法を解説しました。この章では、デザインにおいて極めて重要な要素であるタイポグラフィを扱います。これから示す作例で、ジェネラティブデザインの文脈におけるタイポグラフィを紹介します。テキストの視覚的解析から文字のアウトラインまで、さまざまな手法を使っていきます。

# P.3.0
# HELLO, TYPE

文字そのものが空間を作り出します。ベクターベースのフォントを生成すると、さまざまなパラメータを直接操作できるようになり、時間と空間のなかで文字によるデザインが可能になります。変化の痕跡を残すことで、文字が現れる様子や、文字のサイズや位置をインタラクティブに操作するプロセスが可視化されます。

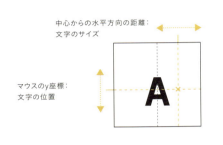

中心からの水平方向の距離：
文字のサイズ

マウスのy座標：
文字の位置

→ P_3_0_01.pde

マウスの水平方向の動きで文字のサイズをコントロールし、垂直方向の動きで文字を上下に動かします。マウスボタンを押していると、文字の痕跡が残ります。

**マウス** ── x座標：サイズ・y座標：位置・ドラッグ：描画
**キー** ── A–Z：文字の切り替え・CTRL：PNGで保存

→ P_3_0_01.pde

```
PFont font;
String letter = "A";

void setup(){
  size(800, 800);
  background(255);
  fill(0);
  font = createFont("Arial", 12);
  textFont(font);
  textAlign(CENTER, CENTER);
}

void draw(){
}

void mouseMoved(){
  background(255);
  textSize((mouseX-width/2)*5+1);
  text(letter, width/2, mouseY);
}

void mouseDragged(){
  textSize((mouseX-width/2)*5+1);
  text(letter, width/2, mouseY);
}
```

ProcessingはPFontという変数の型を提供しているので、プログラム内でフォントを使い表示することができます。

createFont()でフォントを埋め込み、変数fontに入れます。

textFont()関数で現在のフォント(font)を指定します。textAlign()で水平方向、垂直方向の文字揃えを指定することができます。

空のdraw()関数によって、プログラムを実行させ続けます。

マウスを動かすと、マウスの水平方向の位置に応じて文字のサイズが変わります。text()コマンドで、水平位置をディスプレイウィンドウの中央width/2に、垂直位置をmouseYにして、文字を表示します。

マウスをドラッグしても文字が表示されます。ただしドラッグする場合、背景の色を再設定しないので文字の痕跡を残します。

270　　P.3　文字 - P.3.0　HELLO, TYPE

文字がその変化の軌跡を残します。やがて何の文字か判別できなくなり、新たな形を生成します。
→ P_3_0_01.pde

271

# P.3.1 - P.3.1.1
## 時間ベースのテキストを描く

自動改行でテキストを構成することは特に珍しいことではありません。ところが、垂直方向のマウス位置が行間に作用し、文字を入力する前に経過した時間が文字サイズを決めるようになると、書くリズムはテキストと同調し始めます。

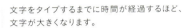
文字をタイプするまでに時間が経過するほど、文字が大きくなります。

マウスのy座標：行間

→ P_3_1_1_01.pde

タイピングするとき、仮想の「ペン先」が左から右へとディスプレイを横切ります。右端に辿り着くと、ペン先は次の行の最初から再スタートします。行間は、垂直方向のマウス位置で設定します。時間は、それぞれのキーストローク間の時間を計測します。この間隔が長くなるほど、入力した文字が大きくなります。

マウス ── y座標：行間
キー ── キーボード：テキストの入力・DEL：文字の削除・CTRL：PNGとPDFで保存

→ P_3_1_1_01.pde

```
void draw() {
  ...
  spacing = map(mouseY, 0,height, 0,120);
  translate(0, 200+spacing);

  float x = 0, y = 0, fontSize = 20;

  for (int i = 0; i < textTyped.length(); i++) {
    fontSize = fontSizes[i];
    textFont(font, fontSize);
    char letter = textTyped.charAt(i);
    float letterWidth = textWidth(letter) + tracking;

    if (x+letterWidth > width) {
      x = 0;
      y += spacing;
    }

    text(letter, x, y);
    x += letterWidth;
  }
  →
```

行間spacingを指定するために、マウスのy座標を0から120までの値に変換します。

変数textTypedには入力した文字が入っています。これを1文字ずつ処理していきます。

配列fontSizesからfontSizeを取り出して、フォントをこのサイズに設定します。

ここでインデックスiの文字を取り出し、letterに保存します。また、文字幅textWidth(letter)にtrackingの値を加えます。

現在の位置と文字幅の合計がディスプレイの幅を超えていたら改行します。改行するには、xを0にリセットして、垂直方向の位置yに行間を足します。

文字をx，yの位置に描きます。

垂直方向のマウス位置で、行間を定義します。さまざまなレベルの読みやすさが生まれます。
→ P_3_1_1_01.pde

```
    float timeDelta = millis() - pMillis;
    newFontSize = map(timeDelta, 0,maxTimeDelta,
                      minFontSize,maxFontSize);
    newFontSize = min(newFontSize, maxFontSize);

    fill(200, 30, 40);
    if (frameCount/10 % 2 == 0) fill(255);
    rect(x, y, newFontSize/2, newFontSize/20);
  }


void keyPressed() {
  if (key != CODED) {
    switch(key) {
    ...
    default:
      textTyped += key;
      fontSizes = append(fontSizes, newFontSize);
    }
    pMillis = millis();
  }
}
```

すべての文字を描いたら、点滅するカーソルを表示します。時間が経つと、カーソルは大きくなろうとします。そこで、最後のタイプ操作からの経過時間timeDeltaを計測する必要があります。millis()関数で、ミリ秒単位の現在時刻を取得します。この現在時刻から、最後のキーストローク時に保存したpMillisの値を引きます。この時間差をminFontSizeからmaxFontSizeまでの範囲に変換します。

この値を使って、現在の描画位置に矩形を描きます。

キーを押すと、文字列textTypedにタイプした文字を付け加え、配列fontSizes[]に新しい文字サイズnewFontSizeを追加します。

最後のキーストロークの時刻をいつでも利用できるように、pMillisに現在時刻を保存しておきます。

# P.3.1 - P.3.1.2
# 設計図としてのテキスト

次の作例では、時間をベースにして文字のサイズを決めることをやめました。その代わり、特定の文字によってテキストの向きなどを変えています。このプログラムでは、一定の視覚的なルールによってすべての文字を変換します。したがって、元となるテキストが構成を作り上げる設計図の役割を果たすことになります。

| キー | 変換 |
|---|---|
| A | → Aを入力<br>→ 文字入力位置をずらす |
| B | → Bを入力<br>→ 文字入力位置をずらす |
| スペース | → 画像を描く<br>→ -45°回転<br>→ 文字入力位置をずらす |
| C | → Cを入力<br>→ 文字入力位置をずらす |
| カンマ | → 画像を描く<br>→ 45°回転<br>→ 文字入力位置をずらす |

→ P_3_1_2_01.pde

キーボードで自由にテキストを入力できます。一定のルールでそれぞれの文字を変換します。このルールでは、描く内容と位置やサイズをどのように変更するかを指定しています。

バックスペースキーやデリートキーで、入力した文字を取り消すことができます。

この作例では、読み込んだSVGモジュールに置き換えられる文字がいくつかあります。

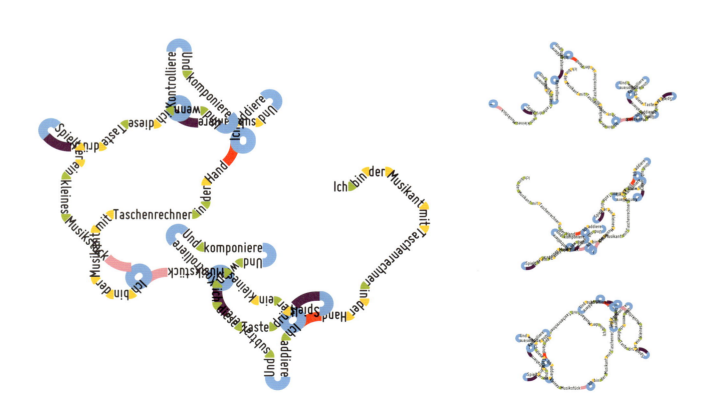

このプログラムはテキスト（ここではKraftwerkの楽曲の歌詞）を間取り図として解釈しています。ALTキーを押してRandomSeedを更新すると、異なる疑似乱数が生成され、同じテキストから違った図が生成されます。なぜなら、スペース（空白文字）でとり得るランダムな方向が2つあるからです。
→ P_3_1_2_01.pde

**マウス**—— ドラッグ：入力エリアのスクロール
**キー**—————A–Z：文字入力・カンマ/ピリオド：カーブ・スペース：ランダムな向きのカーブ・
　　　　　　DEL：文字の削除・⇅：入力エリアのズーム・ALT: ランダムレイアウトの更新・
　　　　　　CTRL: PNGとPDFで保存

→ P_3_1_2_01.pde

```processing
void draw() {
  ...
  translate(centerX,centerY);
  scale(zoom);

  for (int i = 0; i < textTyped.length(); i++) {
    float fontSize = 25;
    textFont(font,fontSize);
    char letter = textTyped.charAt(i);
    float letterWidth = textWidth(letter);

    switch(letter) {
    case ' ':
      int dir = floor(random(0, 2));
      if(dir == 0){
        shape(shapeSpace, 0, 0);
        translate(1.9, 0);
        rotate(PI/4);
      }
      if(dir == 1){
        shape(shapeSpace2, 0, 0);
        translate(13, -5);
        rotate(-PI/4);
      }
      break;
    case ',':
      shape(shapeComma, 0, 0);
      translate(34, 15);
      rotate(PI/4);
      break;
    ...
    default:
      fill(0);
      text(letter, 0, 0);
      translate(letterWidth, 0);
    }
  }

  fill(0);
  if (frameCount/6 % 2 == 0) rect(0, 0, 15, 2);
  ...
}
```

テキストを表示する前に、座標系の原点を
(centerX,centerY)のポイントに移動します。
このように書くことで、マウス操作で描画ポイン
トを移動できるようにしています。

タイプした文字を1文字ずつ順番に処理しま
す。

描いている位置を適切にずらせるように、それ
ぞれの文字の幅を計算します。

このプログラムの核心は、各文字がイメージ
や描く振る舞いにどんな影響を与えるかを
指定した一連のルールにあります。そのため、
switch()コマンドを使って現在の文字を判別
しています。

空白文字は、次のように変換されます。ランダ
ムな値dirによって、読み込んだ2つのSVGモ
ジュールshapeSpaceかshapeSpace2のどちら
かを描きます。translate()で描いている位置
を調整します。rotete()で描く方向を左か右に
45°回転します。

他の特別な文字（ここではカンマ）用のSVGも
読み込んで変数に入れておきます。このような
特別な文字のどれかを入力すると、対応するモ
ジュールを描いて、描いている位置と方向を調
整します。

その他の文字の場合、その文字を描き、描いて
いる位置をletterWidthピクセルずらします。

点滅するカーソルを表示します。カーソルを作
るために、フレームごとに自動的に数が増えて
いくframeCount変数と剰余演算子%を使って、
0と1の値を交互に作り出しています。こうして、
カーソルをつけたり消したりしています。

275

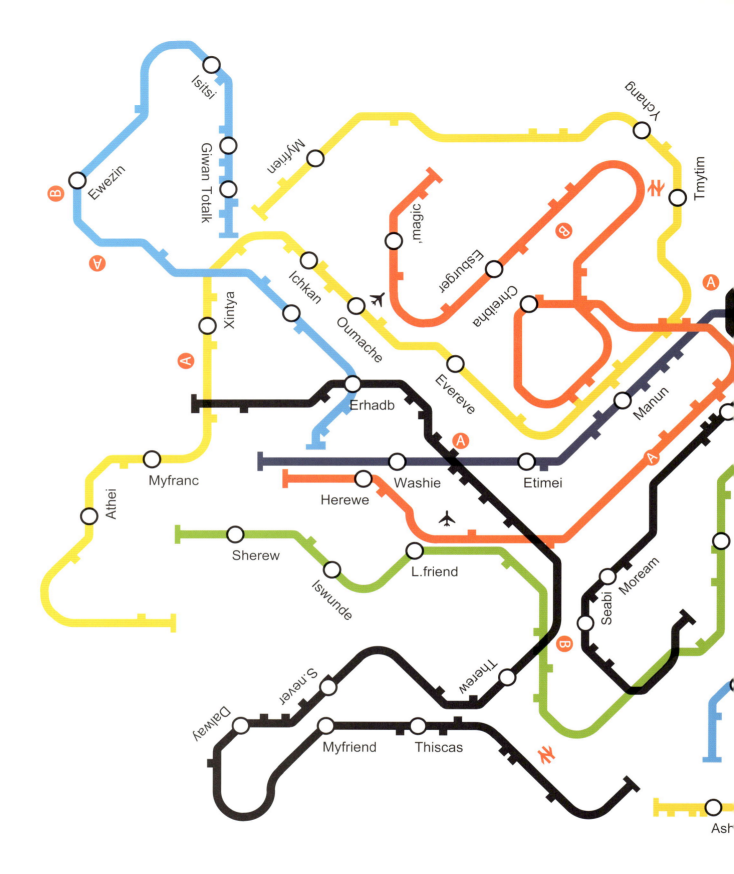

タイプした文字をいろいろな要素に置き換えています。例えば、ENTERは「新規路線の開始」です。テキストはすべてイメージに変換されています。
→ P_3_1_2_02.pde   → イラストレーション：Cedric Kiefer

# P.3.1 - P.3.1.3
# テキストイメージ

どの文字がどれくらいの頻度で出現しているでしょう？　解析したテキストの情報から、イメージを生成することができます。テキスト中のすべての文字の出現回数を計算して、その文字の表示方法を決めます。ここでは、文字の色をその文字の出現頻度に対応づけています。究極的には、文字すら使う必要がなくなります。

テキストを1文字ずつ処理して、それぞれの文字に対応したカウンターの値を増やします。左のカウンターの配列の計算結果が、各文字の頻度を表しています。これらの値をテキスト表示のパラメータとして使うことができます。

マウス ──── x座標：テキストの位置をそのままにするか並び替えるか
キー ───── 1：透明度モードの切り替え・P：PDFで保存・S：PNGで保存

→ P_3_1_3_01.pde

```
...
String alphabet = "ABCDEFGHIJKLMNOPQRSTUVWXYZÄÖÜß..;:!? ";
int[] counters = new int[alphabet.length()];
...

void setup() {
  size(670, 800);
  String[] lines = loadStrings("faust_kurz.txt");
  joinedText = join(lines, " ");
  font = createFont("Courier", 10);

  countCharacters();
}

void countCharacters(){
  for (int i = 0; i < joinedText.length(); i++) {
    char c = joinedText.charAt(i);
    String s = str(c);
    s = s.toUpperCase();
    char uppercaseChar = s.charAt(0);
    int index = alphabet.indexOf(uppercaseChar);
    if (index >= 0) counters[index]++;
  }
}
```

文字列alphabetで、カウント対象の文字を指定します。配列countersをこの文字列の長さで初期化することで、各文字のカウンターを作ります。

loadStrings()関数で解析するテキストを読み込みます。ここでは、文字列の配列にテキストの各行が入っています。ひとつながりのテキストのほうが適しているため、join()関数ですべての行を1つにまとめます。

countCharacters()関数を呼び出して頻度を測定します。

テキストを次のように処理します。charAt()でテキストから1文字を取り出し、str()で文字列に変換し、toUpperCase()関数で大文字に変換し、それをcharAt()で再び1文字に変換します。

indexOf()関数で、その文字が文字列alphabetの中にあるかどうかを確認できます。文字が見つかった場合、indexを使って対応するカウンターの値を増やします。

```
void draw() {
  ...
  posX = 20;
  posY = 200;

  for (int i = 0; i < joinedText.length(); i++) {
    String s = str(joinedText.charAt(i)).toUpperCase();
    char uppercaseChar = s.charAt(0);
    int index = alphabet.indexOf(uppercaseChar);
    if (index < 0) continue;

    if (drawAlpha) fill(87, 35, 129, counters[index]*3);
    else fill(87, 35, 129);
    textSize(18);

    float sortY = index*20+40;
    float m = map(mouseX, 50,width-50, 0,1);
    m = constrain(m, 0, 1);
    float interY = lerp(posY, sortY, m);

    text(joinedText.charAt(i), posX, interY);

    posX += textWidth(joinedText.charAt(i));
    if (posX >= width-200 && uppercaseChar == ' ') {
      posY += 40;
      posX = 20;
    }
  }
  ...
}
```

変数posXとposYには、現在描いている位置が入っています。

描画時に、毎回テキストを最初の文字から処理します。countCharacters()関数で行ったように、カウンター配列のために現在の文字のインデックスを探します。文字が見つからない場合(index < 0)、continueコマンドでこの文字の描画処理を中止します。

drawAlpha描画モードが設定されていた場合、文字の出現頻度によって色の透明度を変えます。透明度はcounters[index]によって指定します。

文字を並び替えるために変数sortYを作ります。この変数が示しているのは、文字の移動先となる行のy座標です。Aなら40、Bなら60になります。

マウスの位置を0から1までの数値mに変換し、補間用の変数として利用します。lerp()関数でposYとsortYの間を補間し、計算結果のinterYの値を使って文字を配置します。

あとは描画位置を更新するだけです。posXの値を文字の幅分増やします。この値がディスプレイの右端に近く、現在の文字が空白文字の場合、改行します。posYの値を行間分増やし、posXを左に戻します。

水平方向のマウス位置で、テキストを通常のままで表示するか並び替えて表示するかをコントロールします。
→ P_3_1_3_01.pde

テキスト中の文字の出現頻度を、組み合わせを変えながら何度か符号化しています。ここでは、黄色い円のサイズと透明度、紫色の直線の長さ、文字自体の不透明度を組み合わせています。
→ P_3_1_3_03.pde

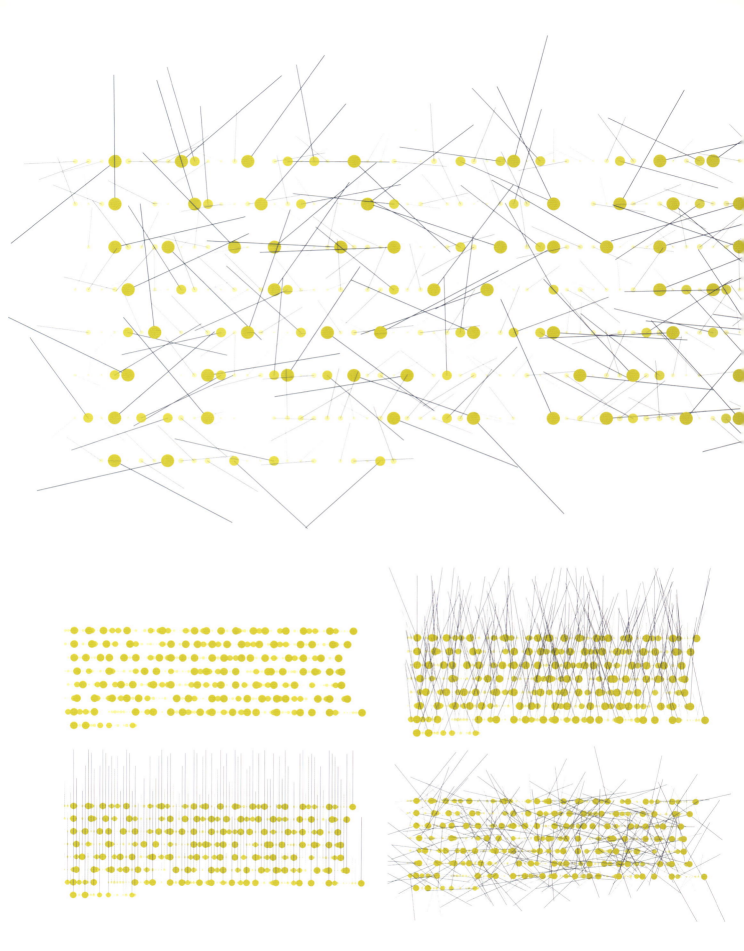

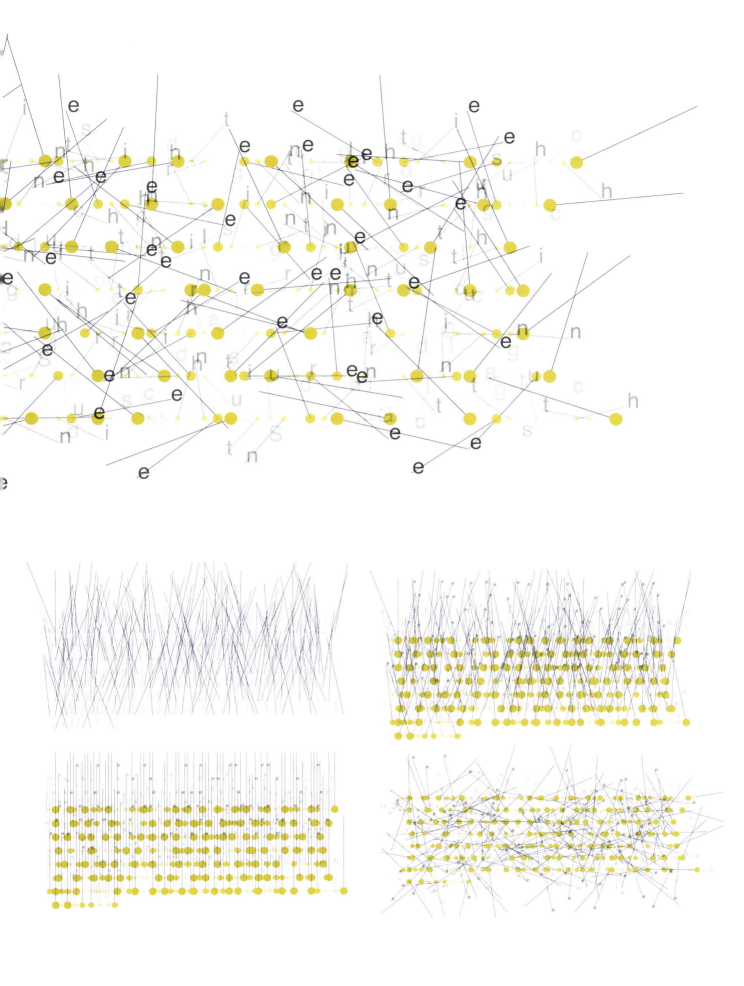

Ihr naht euch wieder, schwankende Gestalten, Die früh sich einst dem trüben Blick gezeigt. Versuch ich wohl, euch diesmal festzuhalten? Fühl ich mein Herz noch jenem Wahn geneigt? Ihr drängt euch zu! nun gut, so mögt ihr walten, Wie Ihr aus Dunst und Nebel um mich steigt; Mein Busen fühlt sich jugendlich erschüttert Vom Zauberhauch, der euren Zug umwittert. Ihr bringt mit euch die Bilder froher Tage, Und manche liebe Schatten steigen auf; Gleich einer alten, halbverklungnen Sage Kommt erste Lieb und Freundschaft mit herauf; Der Schmerz wird neu, es wiederholt die Klage Des Lebens labyrinthisch irren Lauf, Und nennt die Guten, die, um schöne Stunden Vom Glück getäuscht, vor mir hinweggeschwunden.

→ P_3_1_3_04.pde

同じ文字同士を色のついた直線でつないでいます。直線の色は、色相環からアルファベット順に1つずつ取り出しています。マウスを右に動かすと、文字を出現頻度順に並び替えます。

文字ごとにオン／オフを切り替えられるので、例えば母音字の出現頻度を個別に観察することができます。

グレーの直線（次ページの図参照）は、1キーで切り替えることができ、各文字とその次の文字をつないでいます。元のテキストの位置ではほとんど見えませんが、文字を並び替えると、グレーの直線による印象的なネットワーク構造が現れます。

```
22 A  aaaaaaaaaaaaaaaaaaaaaa
12 B  bBbBbbBbbbbb
26 C  cccccccccccccccccccccccccc
25 D  ddDdddDdddddddDdddDdddddd
85 E  eeeeeeeeeeeeeeeeeeeeeeeeeeeeeeeeeeeeeeeeeeeeeeeeeeeeeeeeeeeeeeeeeeeeeeeeeeeeeeeeeeeee
10 F  ffFfffFfff
23 G  GggggggggggggggGgggGGggg
44 H  hhhhhhhhhhhhhhHhhhhhhhhhhhhhhhhhhhhhhhhhhhhh
43 I  IiiiiiiiiiiiIiiiiiiiiiIiiiiiiiiiiiiiiiiiiii
 2 J  jj
 6 K  kkkKKk
23 L  llllllllllllllllLllLlLl
19 M  mmmmmmmMmmmmmmmmmmm
50 N  nnnnnnnnnnnnnnnnnnnnnnnnNnnnnnnnnnnnnnnnnnnnnnnnnn
 9 O  ooooooooo
 0 P
 0 Q
35 R  rrrrrrrrrrrrrrrrrrrrrrrrrrrrrrrrrrr
28 S  ssssssssssssssSsSssSssssssSss
41 T  ttttttttttttttttttttttTttttttttttttttttt
34 U  uuuuuuuuuuuuuuuuuuuuuuUuuuuuuuuuUuuuuu
 5 V  VVvVv
11 W  wWwWwWwwwww
 0 X
 1 Y  y
 7 Z  zzzzZZz
 2 Ä  ää
 2 Ö  öö
 6 Ü  üüüüüü
 0 ß
13 ,  ,,,,,,,,,,,,,
 3 .  ...
 3 ;  ;;;
 0 :
 1 !  !
 2 ?  ??
```

112

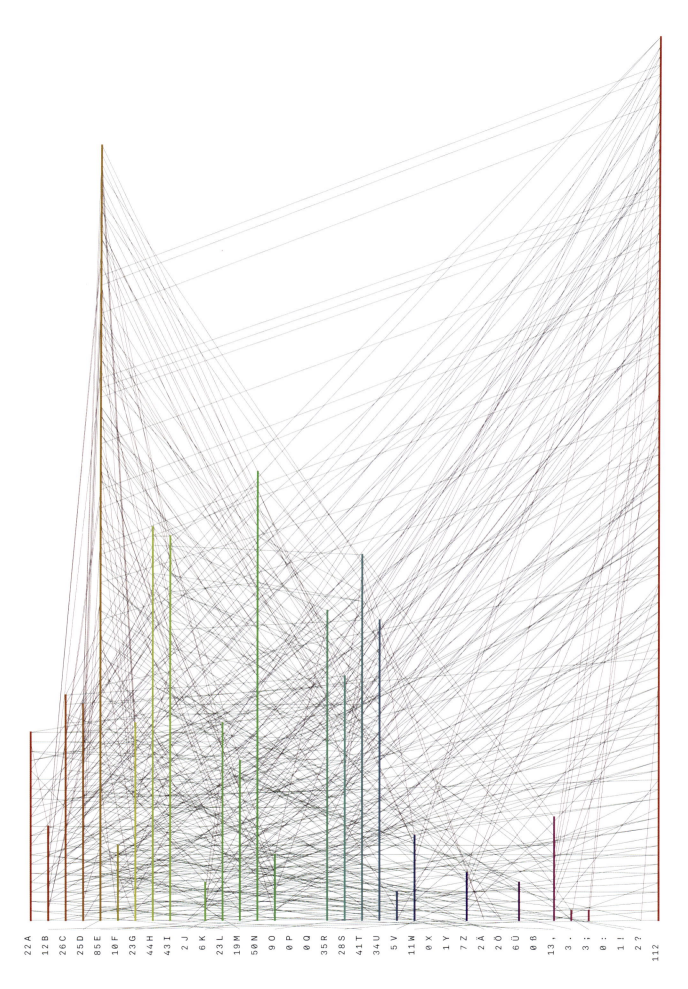

# P.3.1 - P.3.1.4
# テキストダイアグラム

メルヴィル、ゲーテ、ディケンズが好んで使った単語は何でしょうか？　自動読み取りと大量のテキスト処理が、実験の余地を大きく広げました。ゲーテの『ファウスト』にあるすべての単語を数え上げ、各単語の出現頻度をさまざまなサイズの要素（ここでは矩形）で表すと、スタティックな文芸批評として機能するダイアグラムを作成することができます。

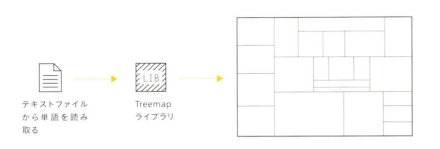

→ P_3_1_4_01.pde

Ben Fry（ベン・フライ）のTreemapライブラリでツリーマップを簡単に作ることができます。テキストに使われている各単語の出現頻度でディスプレイウィンドウを分割することが目的です。ゲーテの『ファウスト』全文をテキストファイルから読み込み、可視化するためにTreemapライブラリに渡します。ツリーマップの基本の配置アルゴリズムは切り替えることができます。

→ W.207
Ben FryのTreemapライブラリ

→ W.208
Wikipedia：Treemapping（ツリーマップ）

→ W.209
『ファウスト』のテキスト

キー ─── 1-5：ツリーマップの配置・P：PDFで保存・S：PNGで保存

```
void setup() {
  ...
  WordMap mapData = new WordMap();

  String[] lines = loadStrings("Faust.txt");
  String joinedText = join(lines, " ");
  joinedText = joinedText.replaceAll("_", "");
  String[] words = splitTokens(joinedText,
                    " ¬º¬´,Äî_--().,;:?!\u2014\"");

  for (int i = 0; i < words.length; i++) {
    String word = words[i].toLowerCase();
    mapData.addWord(word);
  }

  mapData.finishAdd();

  map = new Treemap(mapData, 0, 0, width, height);
  ...
}
```

データコンテナmapDataに『ファウスト』の単語を入れ、Treemapライブラリに渡します。WordMapはこのプログラムで独自に定義したクラスです。

loadStrings()で全文を読み込みます。文字列操作関数のjoin()、replaceAll()、splitTokens()を使って、長文のテキストを単語ごとに分割することができます。

単語が入っている配列を処理します。段落の最初で大文字から始まっている単語も同じ単語として識別できるように、始めにすべての単語を小文字に変換します。それから、addWord()で単語をmapDataに渡します。

データをすべて読み込んだら、finishAdd()でデータを確定し、新たに構築するツリーマップに渡します。

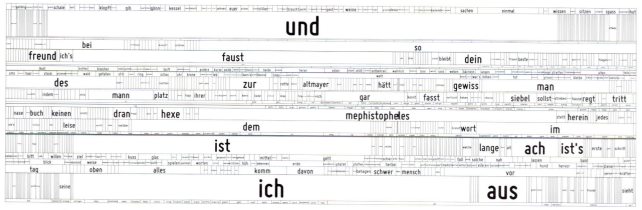

このツリーマップでは、各区域の長方形をランダムな高さの帯で配置します（5キー）。
→ P_3_1_4_01.pde

```
void draw() {
  ...
  background(255);
  map.setLayout(layoutAlgorithm);
  map.updateLayout();
  map.draw();
  ...
}

void keyPressed() {
  ...
  if (key == '3') layoutAlgorithm = new SliceLayout();
  ...
}

class WordItem extends SimpleMapItem {
  ...
  void draw() {
    strokeWeight(0.25);
    fill(255);
    rect(x, y, w, h);

    for (int i = minFontSize; i <= maxFontSize; i++) {
      textFont(font,i);
      if (w < textWidth(word) + margin ||
          h < (textAscent()+textDescent()) + margin) {
        break;
      }
    }
    fill(0);
    textAlign(CENTER, CENTER);
    text(word, x + w/2, y + h/2);
  }
}
```

ツリーマップのクラスには、いくつかメソッドが用意されています。setLayout()やupdateLayout()メソッドで、配置の方法を設定したり更新したりします。draw()メソッドでディスプレイにツリーマップを描きます。

Treemapライブラリは、5種類の配置アルゴリズムを用意しています。1キーから5キーで配置を切り替えられます。

→ P_3_1_4_01/WordItem.pde

WordItemクラスはツリーの構成部品です。

要素の位置、幅、高さはx、y、w、hの各変数として自動的に入っていて、要素の枠を描画するのに使うことができます。

要素を描いた後に、この要素の幅や高さを超えない範囲で、単語のフォントサイズを大きくします。

要素の中央に単語を描きます。

ツリーマップで表したゲーテの『ファウスト』の全単語の出現頻度。この配置のアルゴリズムは、枠の形をできるだけ正方形にしようとします。

→ P_3_1_4_01.pde

別の描画モードでのツリーマップの配置（2キー）。
→ P_3_1_4_01.pde

# P.3.2 - P.3.2.1
## フォントアウトラインの分解

テキストは文字の連なりでできています。文字はそれぞれのアウトラインによって形作られています。ここからは、アウトラインを大量の点に分解し、ジェネラティブなフォント操作の基礎を築きます。それぞれの点を他の要素に置き換えることで、オリジナルのフォントに姿を変えることができます。

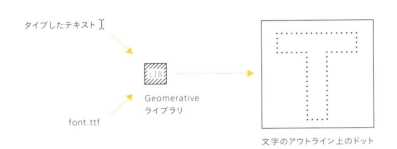

文字のアウトライン上のドット

→ P_3_2_1_01.pde

まずは、テキストとフォントファイルを用意します。Ricard Marxer（リカルド・マルクサー）によるGeomerativeライブラリは、フォントのアウトライン上に大量の点を生成します。この情報を使うと、文字に新たな視覚的個性を与えることができます。

→ W.210
Geomerativeライブラリ

SVGを読み込んで、文字のアウトライン上に配置しています。マウスで回転角度と拡大縮小率をコントロールすることができます。
→ P_3_2_1_02.pde

キー ─── キーボード：テキスト入力・DEL：文字の消去・CTRL：PNGとPDFで保存　　　　　→ P_3_2_1_02.pde

```
void setup() {
  ...
  RG.init(this);
  font = new RFont("FreeSans.ttf", 200, RFont.LEFT);

  RCommand.setSegmentLength(11);
  RCommand.setSegmentator(RCommand.UNIFORMLENGTH);
}

void draw() {
  ...
  RGroup grp;
  grp = font.toGroup(textTyped);
  grp = grp.toPolygonGroup();
  RPoint[] pnts = grp.getPoints();

  stroke(181, 157, 0);
  strokeWeight(1.0);
  for (int i=0; i < pnts.length; i++ ) {
    float l = 5;
    line(pnts[i].x-1, pnts[i].y-1,
         pnts[i].x+1, pnts[i].y+1);
  }

  fill(0);
  noStroke();
  for (int i=0; i < pnts.length; i++ ) {
    float diameter = 7;
    if (i%2 == 0) ellipse(pnts[i].x,pnts[i].y,
                          diameter,diameter);
  }
  ...
}
```

最初に、Geomerativeライブラリを初期化する必要があります。次に、フォントファイル（True-Typeフォント）を読み込んでいます。

RCommandで、ライブラリ機能の追加設定を調整できます。ここでは、ドット間の距離と分割の種類を設定しています。

ドットを抽出するのに、入力した文字を1文字ずつ処理する必要はありません。textTypedのテキスト全体をグループ化できるからです。getPoints()関数が、テキスト全体のアウトラインを含んだドットのリストを返します。

ドットを順に処理します。最初に、短い斜め線をドットの位置に描きます。

次に、黒い円を描きます。ここでは、1つおきのドット位置のみ使っています。

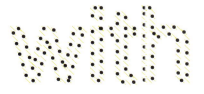

グラフィック要素を文字のアウトライン上に配置しています。
→ P_3_2_1_01.pde

文字のアウトライン上の要素を拡大縮小したり回転したりすると、生成する文字形状の見え方を調節できます。
→ P_3_2_1_02.pde

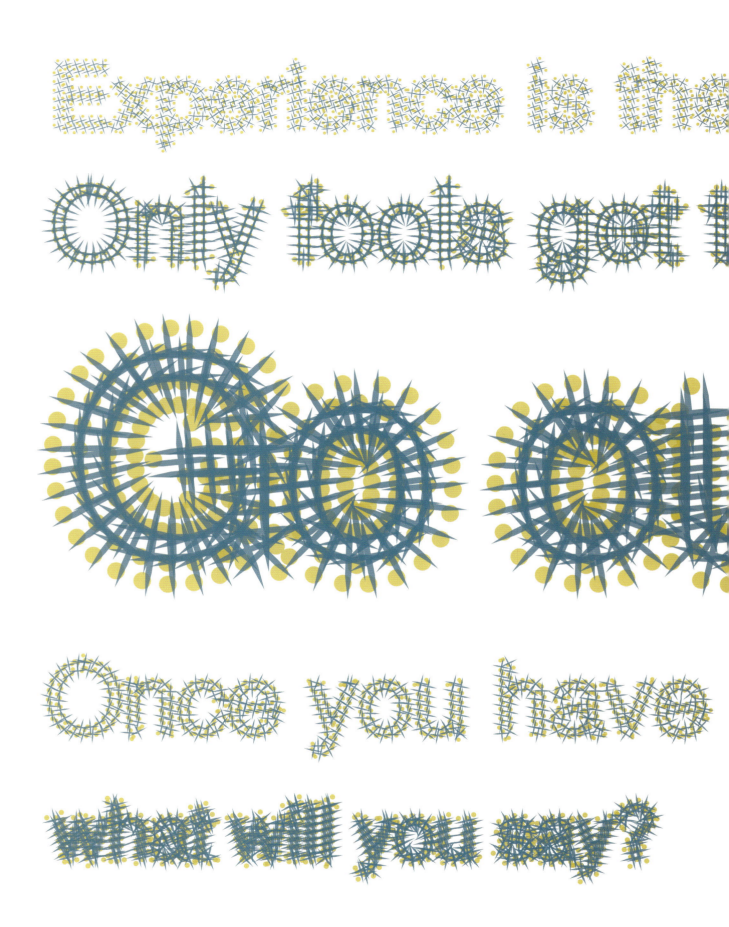

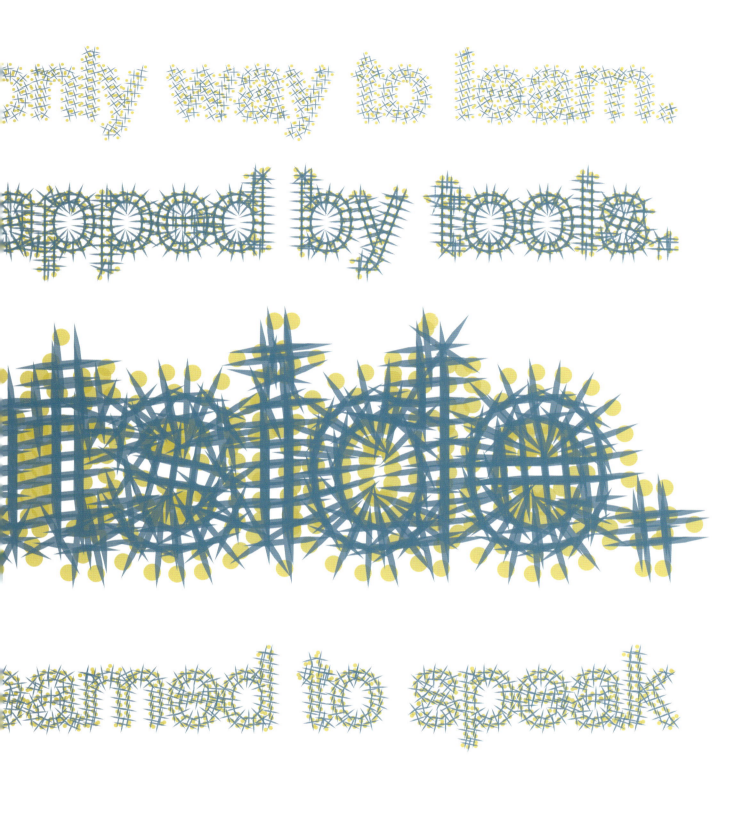

Jonathan Harris

# P.3.2 – P.3.2.2
## フォントアウトラインの変形

フォントアウトラインが、直線や曲線ではなくコントロール可能な要素で構成されていると、フォントの基本的な枠組みからさらに自由になることができます。下地となる点同士をつなぎ、ベジェ曲線を作ります。多くの新しいフォントをすばやく作る手法は無数にあり、これはその1つにすぎません。

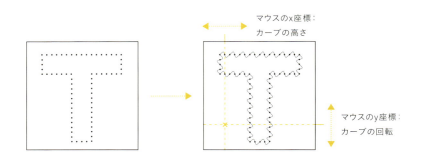

→ P_3_2_2_01.pde

テキストアウトライン上のドットをベジェ曲線でつなぎます。マウスでカーブの形状をインタラクティブにコントロールできます。

ベジェ曲線の高さと回転のさまざまな設定。
→ P_3_2_2_01.pde

| マウス | x座標：カーブの回転・y座標：カーブの高さ |
| キー | キーボード：テキスト入力・DEL：文字の削除・ALT：塗りのモードの切り替え・CTRL：PNGとPDFで保存 |

→ P_3_2_2_01.pde

```
float addToAngle = map(mouseX, 0,width, -PI,+PI);
float curveHeight = map(mouseY, 0,height, 0.1,2);

for (int i = 0; i < pnts.length-1; i++ ) {
  float d = dist(pnts[i].x, pnts[i].y,
                 pnts[i+1].x, pnts[i+1].y);
  if (d > 50) continue;

  float stepper = map(i%2, 0,1, -1,1);
  float angle = atan2(pnts[i+1].y-pnts[i].y,
                      pnts[i+1].x-pnts[i].x);
  angle = angle + addToAngle;

  float cx=pnts[i].x+cos(angle*stepper)*d*4*curveHeight;
  float cy=pnts[i].y+sin(angle*stepper)*d*3*curveHeight;

  bezier(pnts[i].x,pnts[i].y,  cx,cy, cx,cy,
         pnts[i+1].x,pnts[i+1].y);
}
```

マウスのx座標とy座標をもとにした変数addToAngleとcurveHeightで、ベジェ曲線の回転と高さをコントロールします。

最初から最後の1つ前までのドットを処理します。現在のドットから次のドットまでの距離を毎回計算します。

距離が20より大きい場合は、ループを中断して何も描きません。Geomerativeライブラリがテキスト全体のドットを一連のドットとして提供しているため、この行のコードで文字間をつながないようにしています。

変数stepper用に、-1と1の値を交互に作ります。この値を使ってベジェ曲線の制御点cx、cyを計算し、カーブをくねらせています。

ベジェ曲線を描くには、4つの点を指定する必要があります。最初の点と最後の点、そして2つの制御点です。計算した制御点をここでは2度使っています。

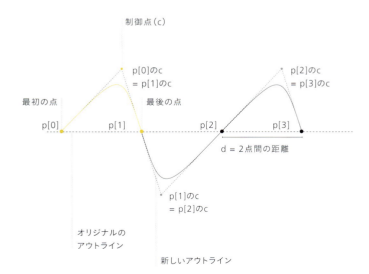

新しいアウトラインができ、オリジナルのアウトラインの周辺でくねくねしています。新しいアウトラインは、最初の点と最後の点、2つの制御点で定義した個別のベジェ曲線からできています。ここでは、2つの制御点を同じ値にしています。例えば、p[0]のcとp[1]のcは同一です。

マウスの位置で、ベジェ曲線の形状が決まります。ALTキーで塗りのある曲線に切り替えることができます。
→ P_3_2_2_01.pde

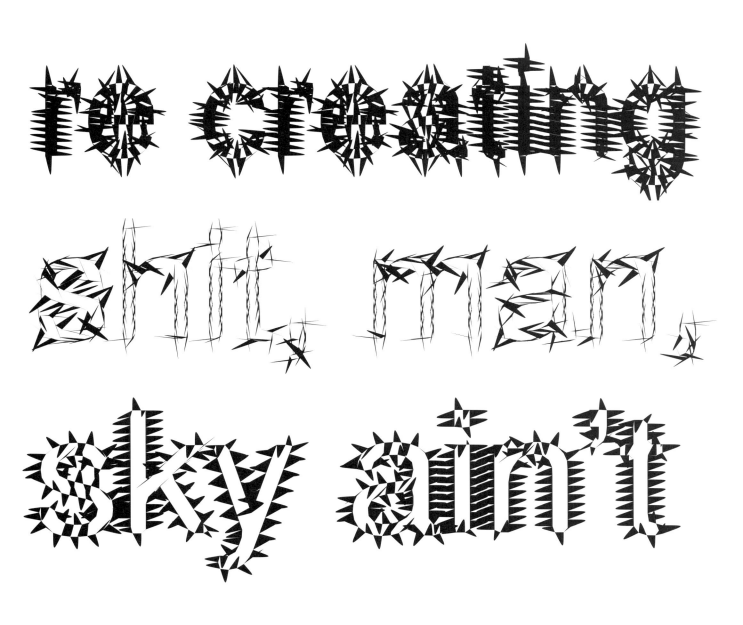

## P.3.2 - P.3.2.3
# エージェントが作るフォントアウトライン

文字を、文字そのものとしていつまで認識できるでしょう？ この作例では、元となる形として文字のアウトラインを用います。それぞれの点がダムエージェントのように動きます。時間が経つと文字が判読できなくなり、別の新しいものへと変容していきます。

0 steps　　　10 steps　　　100 steps

→ P_3_2_3_01.pde

点をフォントのアウトラインから生成します。それぞれの点が独立したダムエージェントになりますが、隣の点とはつながったままです。

マウス ── 左クリック+x座標：変形スピード
キー ── キーボード：テキスト入力・SHIFT：動きの一時停止・
　　　　DEL：ディスプレイの消去・CTRL：PDFの記録開始・ALT：PDFの記録終了・
　　　　TAB：PNGで保存

→ P_3_2_3_01.pde

```
void draw() {
  ...
  translate(letterX,letterY);

  if (mousePressed) danceFactor = map(mouseX, 0,width, 1,3);
  else danceFactor = 1;

  if (grp.getWidth() > 0) {
    for (int i = 0; i < pnts.length; i++ ) {
      pnts[i].x += random(-stepSize,stepSize)*danceFactor;
      pnts[i].y += random(-stepSize,stepSize)*danceFactor;
    }
    ...
    strokeWeight(0.1);
    stroke(0);
    beginShape();
    for (int i=0; i<pnts.length; i++) {
      vertex(pnts[i].x,pnts[i].y);
      ellipse(pnts[i].x,pnts[i].y,7,7);
    }
    vertex(pnts[0].x,pnts[0].y);
    endShape();
  }
  ...
}
```

文字を描く前に、座標系の原点を現在描いている位置に移動します。

マウスボタンが押されていると、変数danceFactorが更新され、マウスのx座標に応じて大きくなる値に設定されます。

反復する度に、点の位置にランダムな値を加えます。変数danceFactorで動きのスピードを速めています。

ドットをつなぐ線。

最後に、1つ目の点まで線を引いて、アウトラインを閉じます。

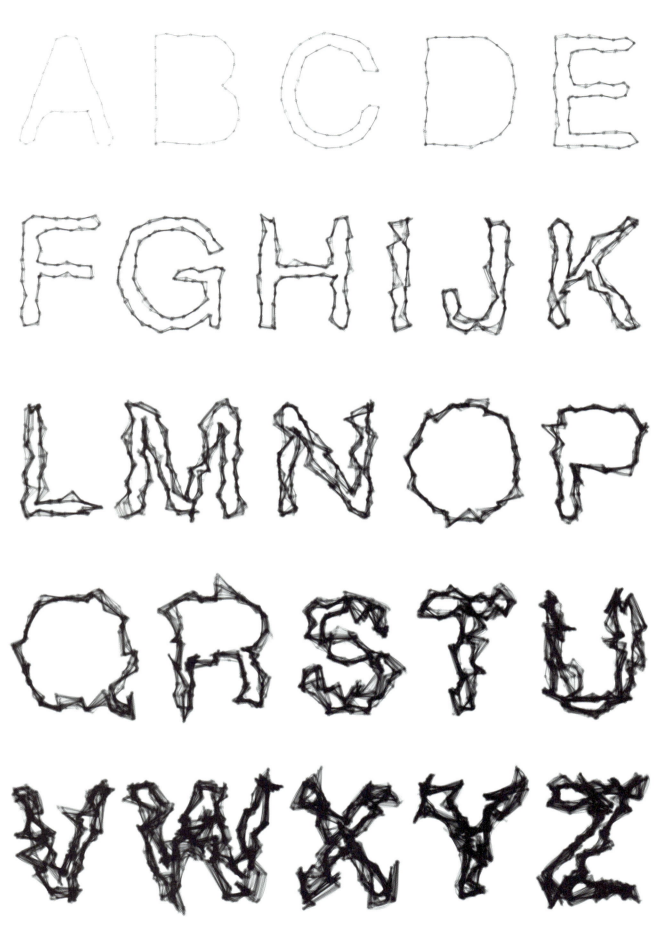

キーを押さずにいる時間が経つほど、文字の変形が進みます。
→ P_3_2_3_01.pde

# P.4

P.4.0　HELLO, IMAGE
P.4.1　切り抜き
P.4.2　画像の集合
P.4.3　ピクセル値

# Image
画像

P.3では、テキストを分解する方法と、分解して得られた単語や文字、さらにはアウトライン上のドットといった要素を使って実験する方法を見てきました。画像も同じように操作可能です。画像の一部分をコピーしたり、コラージュを制作したり、デジタルイメージの情報の最小単位であるピクセルを新たな視覚世界の基礎にしたりすることができます。

## P.4.0
# HELLO, IMAGE

デジタル画像は、いわば小さなカラータイルの集合です。この小さな要素に動的にアクセスすると、新しい構造を生成することができます。次のプログラムを用いることで、画像の集合を作る独自のツールが作成できます。

オリジナル画像

グリッドに合わせて伸縮された画像

→ P_4_0_01.pde

画像を読み込んで、マウスで変化するグリッドに表示します。グリッドの各タイルに、元の画像を伸縮させたコピーを貼ります。

マウス ―― x座標：水平方向のタイル数・y座標：垂直方向のタイル数
キー ――― S：PNGで保存

→ P_4_0_01.pde

```
PImage img;

void setup(){
  size(650, 450);
  img = loadImage("image.jpg");
}
```

画像を読み込みます。

```
void draw() {
  float tileCountX = mouseX/3+1;
  float tileCountY = mouseY/3+1;
  float stepX = width/tileCountX;
  float stepY = height/tileCountY;
  for (float gridY = 0; gridY < height; gridY += stepY){
    for (float gridX = 0; gridX < width; gridX += stepX){
      image(img, gridX, gridY, stepX, stepY);
    }
  }
}
```

マウスの位置でタイルの数tileCountXとtileCountYが決まり、タイルの幅stepXと高さstepYも決まります。

image()関数で画像を描きます。画像のグリッドの左上隅を(gridX,gridY)にし、画像の幅と高さをタイルの幅stepXと高さstepYにします。

300　　P.4　画像 - P.4.0　HELLO, IMAGE

dataフォルダにあるオリジナル画像（image.jpg）。

元の画像を何度もコピーして極端に引き伸ばすことで、抽象的な画像が出来上がります。
→ P_4_0_01.pde

# P.4.1 – P.4.1.1
# グリッド状に配置した切り抜き

下図の原理は前の作例とほぼ同じですが、まったく新しい世界が広がります。画像の一部分を切り出しタイリングするだけで、画像のディテールと細かな構造がパターンを生成するようになります。切り抜く部分をランダムに選ぶと、さらに興味深い結果を得ることができます。

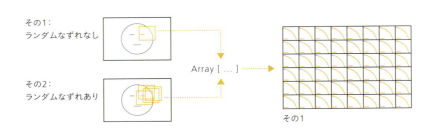

その1:
ランダムなずれなし

その2:
ランダムなずれあり

Array [ ... ]

その1

→ P_4_1_1_01.pde

マウスを使って、ディスプレイウィンドウの画像の一部分を選択します。マウスボタンを離すと、この部分を複数コピーして配列に収め、グリッドに並べます。このプログラムには2種類のパターンがあります。1つ目は、すべてのコピーを同一の部分から切り抜きます。2つ目は、切り抜く部分を毎回ランダムに少しずらします。

マウス ── x/y座標：部分の位置・左クリック：部分のコピー
キー ── 1-3：部分サイズの切り替え・R：ランダムの切り替え・S：PNGで保存

```
void cropTiles(){
  tileWidth = width/tileCountY;
  tileHeight = height/tileCountX;
  tileCount = tileCountX * tileCountY;
  imageTiles = new PImage[tileCount];

  int i = 0;
  for (int gridY = 0; gridY < tileCountY; gridY++){
    for (int gridX = 0; gridX < tileCountX; gridX++){
      if (randomMode){
        cropX = (int) random(mouseX-tileWidth/2,
                            mouseX+tileWidth/2);
        cropY = (int) random(mouseY-tileHeight/2,
                            mouseY+tileHeight/2);
      }
      cropX = constrain(cropX, 0, width-tileWidth);
      cropY = constrain(cropY, 0, height-tileHeight);
      imageTiles[i++] = img.get(cropX, cropY,
                            tileWidth, tileHeight);
    }
  }
}
```

→ P_4_1_1_01.pde

このプログラムの核心はcropTiles()関数です。ここで画像を切り抜いて、切り抜き部分を複数コピーして配列に収めます。

切り抜き部分の配列imageTilesをタイル数で初期化します。

randomModeがtrueのとき、つまり2つ目のパターンを実行している場合、cropXとcropYの値をマウスの位置の周辺からランダムに選びます。

constrain()関数で、切り抜き部分が画像からはみ出さないようにしています。

最後に、get()でイメージimgから該当部分をコピーして配列に収めます。

dataフォルダにあるオリジナル画像（image.jpg）。

Rキーで、選択部分をランダムにする機能を切り替えることができます。
→ P_4_1_1_01.pde

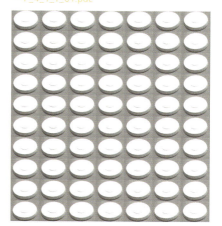

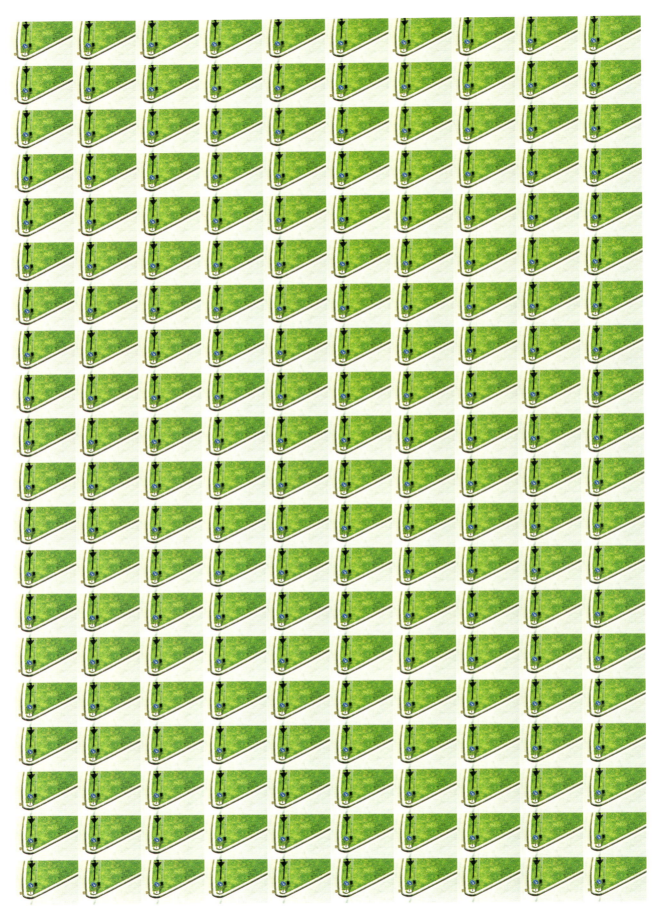

画像の中の小さい部分を増殖させると、一目見ただけでは画像の一部分とは思えないリズミカルな構造を作り上げることができます。
→ P_4_1_1_01.pde

1キーから3キーを使って、異なるサイズの画像を切り抜くことができます。この作例では大きな切り抜きなので、モチーフを細部まではっきりと判別できますが、遠近感がぐらついて見えます。
→ P_4_1_1_01.pde

# P.4.1 - P.4.1.2
# 切り抜きのフィードバック

「フィードバック」→ W.211 Wikipedia：Feedback（フィードバック）のよく知られている例に、テレビ画面に向けたビデオカメラがあります。テレビ画面にはカメラが撮影している映像が映っています。しばらくすると、この画面に無限に循環する歪んだイメージが現れます。この現象をシミュレートすると、画像の複雑さの水準が上がります。このように繰り返し重ね合わせることで、断片的な構成を生み出すことができます。

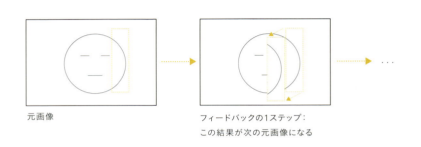

元画像

フィードバックの1ステップ：
この結果が次の元画像になる

→ P_4_1_2_01.pde

まず画像を読み込んで、ディスプレイに表示します。反復する度に、その都度ランダムに選択した位置に画像の一部分をコピーします。出来上がった画像を次のステップの元画像にします。これが、毎回のフィードバックの原理です。

キー ──── DEL：ディスプレイの消去・S：PNGで保存

→ P_4_1_2_01.pde

```
void setup() {
  ...
  img = loadImage("pic.png");
  image(img, 0,100);
}


void draw() {
  int x1 = (int) random(0, width);
  int y1 = 0;
  
  int x2 = round(x1 + random(-7, 7));
  int y2 = round(random(-5, 5));
  
  int w = (int) random(35, 50);
  int h = height;
  
  copy(x1,y1, w,h, x2,y2, w,h);
}
```

プログラムの開始時に、image()コマンドで読み込んだ画像を100ピクセル下にずらしディスプレイウィンドウに描きます。

コピーする部分のx座標x1、ターゲットの座標(x2, y2)、幅wを、すべてランダムに決めます。

copy()コマンドでコピー作業を実行します。

オリジナル画像：地下鉄トンネル。
→ 写真：Stefan Eigner

プログラムの開始直後は、モチーフを簡単に判別できます。やがて細切れの画像が積み重なり、モチーフがどんどん分からなくなっていきます。
→ P_4_1_2_01.pde

# P.4.2 - P.4.2.1
# 画像の集合で作るコラージュ

ここでは、自分の写真アーカイブが表現の素材になります。このプログラムでは、画像が入っているフォルダからコラージュを作ります。このコラージュでは、切り抜いた写真だけを組み合わせているので、素材画像の切り抜き方と重ね方がとても重要になります。

→ P_4_2_1_01.pde

フォルダ内のすべての画像を動的に読み込み、3つのレイヤーのうちのいずれかに割り当てます。こうすることで、意味のあるグループとして別々に扱うことができます。コラージュを組み立てるときに、それぞれのレイヤーの回転、配置、サイズをいろいろと変えることができます。レイヤーの順序には気をつけてください。1番目のレイヤーは最初に描かれるので、背景になります。

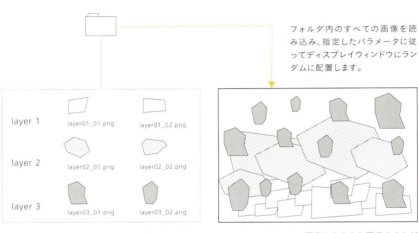

ファイル名によって画像がレイヤーに割り当てられます（例："layer01_01.png"）。

ここでは、レイヤー2の画像から大きな要素を少しだけ作り、レイヤー3の画像から小さな要素を大量に作っています。

イメージは3つのレベルで構成されています。紙切れをレイヤー1、空の切り抜きをレイヤー2、植物をレイヤー3に置いています。
→ P_4_2_1_01.pde   → 画像：Andrea von Danwitz

画像を切り替えたりパラメータを変えたりすると、新しいコラージュがすぐに作成されます。

キー ───── 1-3：3つのレイヤーのうちの1つをランダムに再配置・S：PNGで保存　　　　　　　　　→ P_4_2_1_01.pde

```processing
PImage[] images;
String[] imageNames;
int imageCount;
CollageItem[] layer1Items, layer2Items, layer3Items;

void setup() {
  ...
  File dir = new File(sketchPath(""),"../P_4_2_1_footage");
  if (dir.isDirectory()) {
    String[] contents = dir.list();
    images = new PImage[contents.length];
    imageNames = new String[contents.length];
    for (int i = 0 ; i < contents.length; i++) {
      if (contents[i].charAt(0) == '.') continue;
      else if(contents[i].toLowerCase().endsWith(".png")){
        File childFile = new File(dir, contents[i]);
        images[imageCount] = loadImage(childFile.getPath());
        imageNames[imageCount] = childFile.getName();
        imageCount++;
      }
    }
  }

  layer1Items = generateCollageItems(
              "layer1", 100, width/2,height/2, width,height,
              0.1,0.5, 0,0);
  layer2Items = generateCollageItems(
              "layer2", 150, width/2,height/2, width,height,
              0.1,0.3, -PI/2,PI/2);
  layer3Items = generateCollageItems(
              "layer3", 110, width/2,height/2, width,height,
              0.1,0.85, 0,0);

  drawCollageItems(layer1Items);
  drawCollageItems(layer2Items);
  drawCollageItems(layer3Items);
}


class CollageItem {
  float x = 0, y = 0;
  float rotation = 0;
  float scaling = 1;
  int indexToImage = -1;
}
```

画像を読み込んでコラージュ部品のレイアウトを調整するために、いくつかの配列が必要です。読み込んだ画像をimagesに、画像の名前をimageNamesに入れておくことで、あとで別々のレイヤー（layer1Itemsなど）に振り分けることができます。

このステップでは、フォルダから読み込んだすべての画像ファイルを配列imagesに収めます。まず、選択したパスがフォルダかどうかを確認します。それから、このフォルダ内のファイルの名前を順番に取り出して処理します。".png"が付いているファイルをすべて読み込み、この配列に収めます。

generateCollageItems()関数で、layer1-Itemsなどの配列のレイヤーにコラージュ部品を入れます。パラメータでは、読み込んだ画像のどれを使うか、部品を何個作成するかを決めて、位置、ばらつき具合、拡大縮小、回転の値の範囲を指定します。ここでは、"layer1"で始まる名前の画像で100個のコラージュ部品を作成しています。どの断片も（width/2,height/2）の位置に置いて、widthとheightの範囲で散らしています。0.1倍から0.5倍までの範囲で拡大縮小し、回転は使っていません。

drawCollageItems()関数を実行する度にレイヤーを1枚描きます。レイヤーを呼び出す順序で最終的なコラージュの出来上がりが左右されます。layer1Itemsの画像は背景になり、layer3Itemsの画像は前面に出ます。

CollageItemクラスでコラージュ部品の設定をまとめています。位置、回転、拡大縮小のほか、変数indexToImageに画像配列内の対応する画像への参照を保存しています。

このバリエーションでは、画像の切り抜きを中心から放射状に配置しています。画像が積み重なる角度と中心からの距離を、レイヤーごとに指定することができます。
→ P_4_2_1_02.pde
→ イラストレーション：Andrea von Danwitz

# P.4.2 - P.4.2.2
# 時間ベースの画像の集合

この作例では、動画の内部構造が可視化されます。ビデオファイルから個々の画像を抽出し、プログラムが指定したグリッド内に一定の時間間隔で画像を並べています。このグリッドが、ビデオファイル全体のダイジェスト版となり、映像のカットやフレームのリズムを表しています。

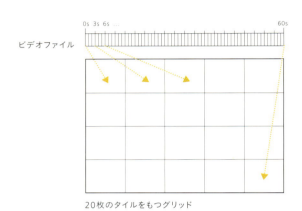

→ P_4_2_2_01.pde

グリッドを埋めるために、ビデオ全体から一定時間おきに静止画を抽出します。60秒間のビデオと20枚のタイルをもつグリッドの場合は、3秒間隔になります。

キー ——— S：PNGで保存

→ P_4_2_2_01.pde

```
void draw() {
  float posX = tileWidth*gridX;
  float posY = tileHeight*gridY;

  float moviePos = map(currentImage,
                       0,imageCount, 0,movie.duration());
  movie.jump(moviePos);
  movie.read();
  image(movie, posX, posY, tileWidth, tileHeight);

  gridX++;
  if (gridX >= tileCountX) {
    gridX = 0;
    gridY++;
  }

  currentImage++;
  if (currentImage >= imageCount) noLoop();
}
```

draw()関数を実行する度、ビデオから画像を取り出してグリッドに表示します。最初にビデオ内の対応する時間moviePosを計算します。0からimageCountまでの数値が入っている変数currentImageを、0からビデオ全体の再生時間（秒）までの値に変換します。

jump()関数で、さきほど計算したタイムライン上の位置にジャンプします。この位置の画像を取り出しタイルに描きます。

次のタイルを定義するため、gridXを1つ増やします。行の終わりまで来た場合は、次の行の最初の画像にジャンプするように、gridXを0にしてgirdYを1つ増やします。

すべてのタイルが画像で埋められていた場合、プログラムを停止します。

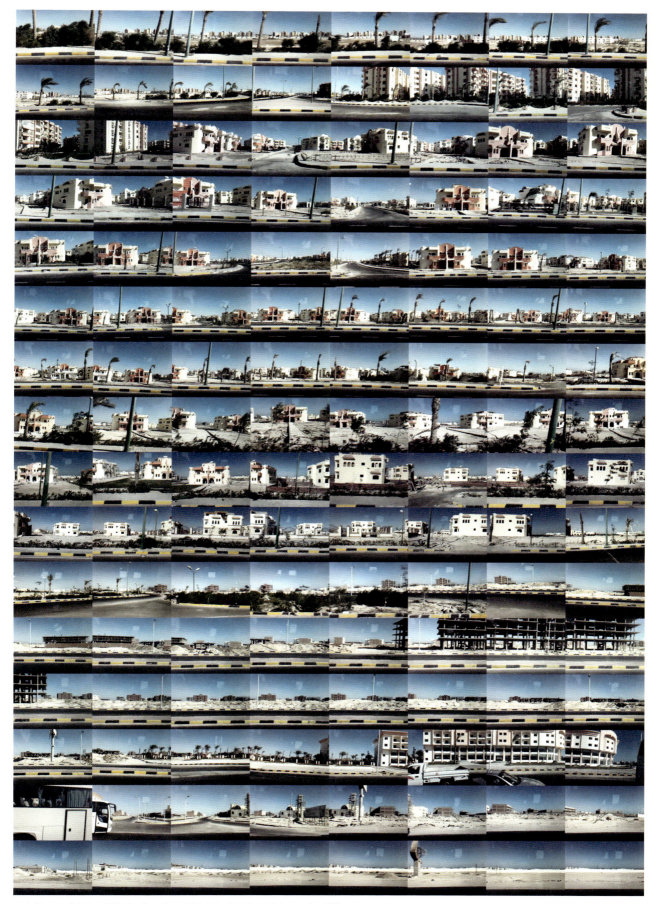

エジプトのバス旅行中に撮影した2分30秒のビデオクリップから取り出した、128枚の画像。
→ P_4_2_2_01.pde

# P.4.3 – P.4.3.1
# ピクセル値が作るグラフィック

画像の最小要素であるピクセルを、ポートレートを構成する出発点として利用できます。この作例では、ひとつひとつのピクセルからの色の値のみを取り出して使用しています。この値で、回転、幅、高さ、面積といったデザインのパラメータを調節します。ピクセルが新しいグラフィック表現に完全に置き換わると、ポートレートが少し抽象的に変化します。

ピクセル（オリジナル画像） → RGB → グレー値 → グレー値が定義したドットの大きさ

→ P_4_3_1_01.pde

画像のピクセルを順次解析して、他のグラフィック要素に置き換えます。ここで重要なのは、ピクセルのカラー値（RGB）を、対応するグレー値に変換していることです。なぜなら元のRGB値よりもグレー値のほうが、線の太さといったデザイン上の特徴に適用しやすいからです。はじめに元画像の解像度を落としておくことをおすすめします。

→ W.212
Wikipedia：Gray value conversion（グレースケール変換）

マウス ── x/y座標：いろいろなパラメータ（描画モードによる）
キー ── 1–9：描画モードの切り替え・P：PDFで保存・S：PNGで保存

→ P_4_3_1_01.pde

```
for (int gridX = 0; gridX < img.width; gridX++) {
  for (int gridY = 0; gridY < img.height; gridY++) {
    float tileWidth = width / (float)img.width;
    float tileHeight = height / (float)img.height;
    float posX = tileWidth*gridX;
    float posY = tileHeight*gridY;

    color c = img.pixels[gridY*img.width+gridX];
    int greyscale = round(
      red(c)*0.222+green(c)*0.707+blue(c)*0.071);

    switch(drawMode) {
    case 1:
      float w1 = map(greyscale, 0,255, 15,0.1);
      stroke(0);
      strokeWeight(w1 * mouseXFactor);
      line(posX, posY, posX+5, posY+5);
      break;
    case 2:
      ...
    }
  }
}
```

元画像の幅と高さで、グリッドの解像度を決めます。

現在のグリッドの位置にあるピクセルの色（つまり素材画像の色）を定義します。すべてのピクセルが1次元の配列に並んでいるため、グリッドの位置（gridX, gridY）からピクセルのインデックスを計算する必要があります。

グレー値を計算するとき、赤、緑、青の各色の値に個別に重みづけを設定しています。色の表示のされ方と知覚のされ方は違うので、絶対的に正しい重みづけはありません。このグレー値を使って、後ほどいろいろなパラメータをコントロールしています。

このプログラムはいくつかの描画モードを用意していて、水平方向のマウス位置によっても変化します。水平方向のマウス位置の値は、事前に0.05から1までの値に変換し、変数mouseX-Factorとして利用できるようにしています。

ピクセルのグレー値で要素の直径を決め、ピクセルの色はそのまま使っています。
→ P_4_3_1_01.pde → オリジナル写真：Tom Ziora

グレー値で要素のサイズ、線の太さ、回転角度、位置を定めています。
→ P_4_3_1_01.pde

この描画モード（9キー）では、いくつかの変色した要素によってピクセルが表現されています。
→ P_4_3_1_01.pde

ここでは、いろいろな明度のピクセルをSVGに置き換えています。付属のプログラムを利用して、SVGファイルを明るさによって並び替えています。これらのファイルはリネームされるので注意してください（明度の値がファイル名の始めにつけられます）。
→ P_4_3_1_02.pde  → P_4_3_1_02_analyse_svg_grayscale.pde

# P.4.3 – P.4.3.2
## ピクセル値が作る文字

下図のテキストイメージは、いろいろな見方ができます。テキストの意味通りに読むことも、少し離れたところから眺めて絵として観賞することもできるでしょう。ここでは、画像のピクセルで文字の設定をコントロールしています。各文字のサイズが、元画像のピクセルのグレー値によって変わるため、付加的なメッセージを持たせることができます。

→ P_4_3_2_01.pde

文字列は1文字ずつ処理され → Ch.P.3.1.1/
P.3.1.2 、左から右へと1行ずつ構築されます。

文字を描く前に、文字を表示する位置の座標と、それに対応する元画像の位置のピクセル座標をつき合わせます。オリジナルのピクセルの中から、対応する文字の位置にあるピクセルのみを使います。取り出したピクセルの色をグレー値に変換し、このグレー値でフォントサイズなどを調節します。

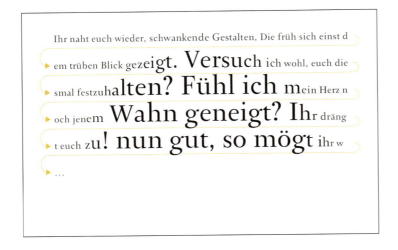

ピクセル　　　　RGB　　　　グレー値　　　　グレー値で決まる
（オリジナル画像）　　　　　　　　　　　　　　　フォントサイズ

ピクセルの色で、文字のサイズか色、またはその両方を指定することができます。
→ P_4_3_2_01.pde

キー ── 1：文字のサイズモードの切り替え・2：文字のカラーモードの切り替え・　　　　　　　　　　→ P_4_3_1_01.pde
　　　　⇧：最大文字サイズの調整・⇩：最小文字サイズの調整・P：PDFで保存・
　　　　S：PNGで保存

```
void draw() {
  ...
  float x = 0, y = 10;
  int counter = 0;

  while (y < height) {
    int imgX = (int) map(x, 0,width, 0,img.width);
    int imgY = (int) map(y, 0,height, 0,img.height);
    color c = img.pixels[imgY*img.width+imgX];
    int greyscale = round(red(c)*0.222 + green(c)*0.707 +
                          blue(c)*0.071);

    pushMatrix();
    translate(x, y);

    if (fontSizeStatic) {
      textFont(font, fontSizeMax);
      ...
    } else {
      float fontSize = map(greyscale, 0,255,
                           fontSizeMax,fontSizeMin);
      fontSize = max(fontSize, 1);
      textFont(font, fontSize);
      ...
    }

    char letter = inputText.charAt(counter);
    text(letter, 0, 0);
    float letterWidth = textWidth(letter) + kerning;
    x = x + letterWidth;
    popMatrix();

    if (x+letterWidth >= width) {
      x = 0;
      y = y + spacing;
    }

    counter++;
    if (counter > inputText.length()-1) counter = 0;
  }
}
```

描画位置のy座標がディスプレイの高さに収まっている限り、文字を描く処理を続けます。

map()関数で、ディスプレイの座標から画像の座標へと変換しています。

例えばx座標の場合、0からディスプレイの幅までの値を、0から画像の幅img.widthまでの対応する値に変換します。

選択したモードfontSizeStatic（1キーか2キー）によって、フォントサイズを固定値fontSizeMaxに設定するか、グレー値に基づいて変化させます。fontSizeの値を0やマイナスにすることは、問題を引き起こすのでできません。そこで、max()関数でこの値を1以上にするようにしています。

変数xの値に文字の幅を加えます。

xがディスプレイの幅以上になったら改行します。yの値に行間の値を加え、xをディスプレイの左端の0から再スタートさせます。

321

元画像によって文字のサイズと色を定義しています。
→ P_4_3_2_01.pde

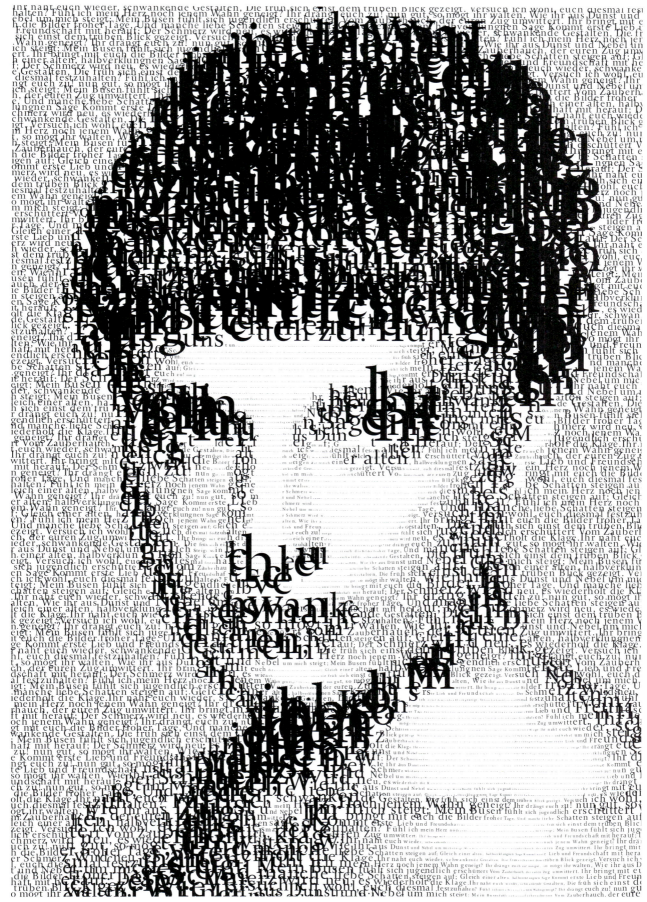

ここでは各ピクセルのグレー値でフォントサイズを決めています。
→ P_4_3_2_01.pde

# P.4.3 - P.4.3.3
## リアルタイムのピクセル値

ここでもピクセルのカラー値からグラフィック要素へと変換しますが、2つの大きな違いがあります。1つ目は、ビデオカメラによる画像なので、ピクセルが常に変化し続けている点。2つ目は、ピクセルを一斉に変換するのではなく、動き回っているダムエージェントによって少しずつ転送して描いている点です。カメラでとらえた動きとエージェントの移動によって、目の前に1枚の絵が描かれていきます。

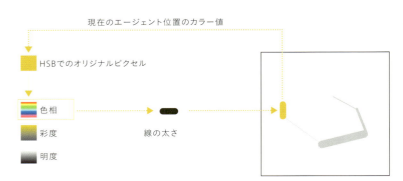

→ P_4_3_3_01.pde

ダムエージェントがディスプレイの中を動き回ります。現在のリアルタイムビデオ画像からそれぞれの位置のカラー値を解析して、線の色と太さを決めるパラメータとして使います。マウスの座標で、線の長さとエージェントのスピードが決まります。
→ Ch.P.2.2.1　ダムエージェント

エージェントの軌跡が、徐々に画像を作り出します。
→ P_4_3_3_01.pde

**マウス** —— x座標：描画スピード・y座標：向き
**キー** —— ⇅：曲線の点の数の調節・⇆：最小文字サイズの調整・Q：描画の停止・
W：描画の再開・R/E：PDFの記録・S：PNGで保存

→ P_4_3_3_01.pde

```
import processing.video.*;
...
Capture video;


void setup() {
  ...
  video = new Capture(this, width, height, 30);
  video.start();
}



void draw() {
  ...
  for (int j=0; j<=mouseX/50; j++) {
    if (video.available()) video.read();
    video.loadPixels();

    int pixelIndex = ((video.width-1-x) + y*video.width);
    color c = video.pixels[pixelIndex];
    strokeWeight(hue(c)/50);
    stroke(c);

    diffusion = map(mouseY, 0,height, 5,100);

    beginShape();
    curveVertex(x, y);
    curveVertex(x, y);
    for (int i = 0; i < pointCount; i++) {
      int rx = (int) random(-diffusion, diffusion);
      curvePointX = constrain(x+rx, 0, width-1);
      int ry = (int) random(-diffusion, diffusion);
      curvePointY = constrain(y+ry, 0, height-1);
      curveVertex(curvePointX, curvePointY);
    }
    curveVertex(curvePointX, curvePointY);
    endShape();

    x = curvePointX;
    y = curvePointY;
  }
}
```

ビデオ画像を扱うために、対応するライブラリを読み込む必要があります。このライブラリのCaptureクラスに、ライブビデオに必要な機能があります。

変数videoを初期化します。接続したカメラによるライブビデオの画像をディスプレイのサイズに変換して、毎秒30枚のフレームレートで描画します（ディスプレイのサイズとフレームレートは、状況に応じてカメラの仕様に合わせる必要があります）。

ビデオ信号が使用できる場合、現在のビデオ画像を読み込みます。

静止画像のピクセルと同じように、ビデオ画像のピクセルも1行ずつ順番に番号が振られています。そのため、現在描いている位置（x,y）からピクセルのインデックスを計算する必要があります。ユーザーの方向に向けられたWebカメラを使っている場合、計算式video.width-1-xでビデオ画像を水平方向に反転すると便利です。

線の太さを、ピクセルの色相によって定義した値に設定します。

ここから線の要素を描きます。最初の点は現在の描画位置にします。curveVertex()で曲線を描く際、最初と最後の点は描かれないので、2回実行します。

変数pointCountで、これから点をいくつか描くかを決めます。デフォルト値は1なので、直線のみ描かれます。点は描画位置周辺のランダムな位置にします。diffusionの値でこのばらつき具合を指定しています。

最後の点を、新しい描画位置として指定します。

人々の動きの軌跡が画面に残っています。線の長さがドローイング中に変化するので、画像が細かくなったり抽象的になったりします。
→ P_4_3_3_01.pde

このバリエーションでは、3つのエージェントがディスプレイを動き回ります。1つ目のエージェントはピクセルの色相、2つ目はピクセルの彩度、3つ目はピクセルの明度で、それぞれの線の太さを定義しています。

→ P_4_3_3_02.pde

カメラの前で対象が横切ると、ランダムな(といっても完全にでたらめではない)殴り描きが現れます。
→ P_4_3_3_02.pde

329

M.///

# Complex Methods

## 高度な表現手法

Basic Principles パートの各チャプターでは、比較的シンプルなプログラミング技法をとりあげてきました。ここからは、複雑さが増していきます。さまざなビジュアルを作り出すために、少しずつ高度な技法を取り入れながら、これまで解説してきた手法をどのように変化させ、組み合わせればよいかを示していきます。しかし、心配する必要はありません。紹介するアプリケーションは、どれも簡単な手順で構成されています。そのため、これらのプログラム、あるいはプログラムの一部を利用して、自分自身の実験の土台にすることができるようになるでしょう。もちろん、サンプルプログラムをそのまま扱い、設定項目からいくつかのパラメータを変更するだけでも、豊かで新しいイメージを作り上げることができます。

M. 1

# Randomness and noise

乱数とノイズ

# M.1.0
# 乱数とノイズ ── 概要

不規則（ランダム）な値を生成するアルゴリズムを「ランダム・ジェネレータ」と呼びます。最も重要なランダム・ジェネレータは乱数とノイズです。このチャプターでは、具体的な作例とともに、この2つの違いを解説していきます。それぞれのアルゴリズムがどのようなビジュアルに最適なのかが見えてくるでしょう。

→ M_1_5_02_TOOL.pde
→ M_1_5_03_TOOL.pde
→ M_1_5_04_TOOL.pde
→ M_1_6_01_TOOL.pde
→ M_1_6_02_TOOL.pde

生成される値は不規則ですが、長い時間で見ると一様に分布しています。例えるならば、サイコロを振るのと同じです。

値は完全に不規則ではなく、隣り合った値に近いものとなります。この類の不規則さは、自然界では頻繁に起こり得ます。システム全体が複雑すぎて、次の動きを正確に予測できないもの、例えば雲の形や水面のさざ波のようなものに表れます。

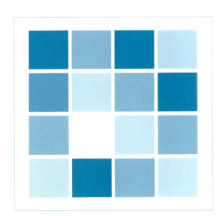

不規則な値はさまざまな場面で使われます。例えば、オブジェクトに色を塗る場合。

グリッド状の点の高さを設定する場合。

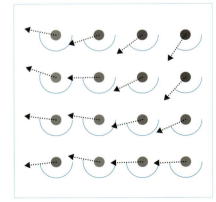

エージェントの群れの動きをコントロールする場合。

エージェントの群れが、アルゴリズムによって決められたランダムな方向に動き回っています。
→ M_1_5_03_TOOL.pde

## M.1.1 乱数と初期条件

Processingでは、random()関数によって乱数を生成します。「ランダム」という言葉は、通常、予測不可能な出来事を意味します。しかし、コンピュータによって生成される乱数では、完全に予測不可能な動きを作り出すことはできません。なぜなら、予測不可能なようにみえる一連の値も、結局アルゴリズムによって作り出されているためです。これは、コンピュータサイエンスの分野では「決定論」と呼ばれます。つまり、生成される一連の値が初期条件によって決定されてしまう、ということを意味しています。Processingでは、初期条件をrandomSeed()関数を用いて設定します。そのため、randomSeed(42)であれば、同じ条件のrandom()関数とまったく同じ値のシーケンスが生成されます。例えば、0.72、0.05、0.68といった値です。多くのプログラミング言語では、初期条件は暗黙的に設定されます。そうすることで、あたかも本当にランダムな値であるかのような錯覚が、プログラムが動く度に作り上げられているのです。

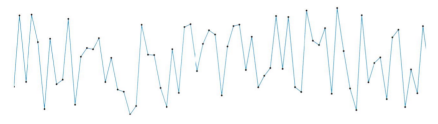

各点のy軸の値をrandom()関数によって生成し、線でつないでいます。

**マウス** ── 左クリック：新しい乱数を生成する

→ M_1_1_01.pde

```
void draw() {
  ...
  randomSeed(actRandomSeed);
  beginShape();
  for (int x = 0; x < width; x+=10) {
    float y = random(0, height);
    vertex(x,y);
  }
  endShape();
  ...
}
```

draw()が実行される度に、randomSeed()関数によって初期条件がリセットされています。それにより、random()で生成される値は常に同じ順序で同じ値が並んだものとなります。randomSeed()がなければ、線は変化し続けます。

random()関数のパラメータは、値の変化の並びには影響しません。このパラメータは、単に結果の値を増幅させるだけです。つまり、まったく同じ線を下記のようにして描くこともできます：float y = random(1) * height;

## M.1.2 乱数と規則性

ランダム関数は、ビジュアル作品作りにおける万能薬というわけではありません。過剰にランダムにすることによって、驚くほど複雑なビジュアル効果が表れることもありますが、それは偶然によって得られるもので、多く場合、むしろ単調な表現となってしまいます。一方で、ランダム処理は、コンピュータによって作られる無機質な規則性と正確さを崩すために、なくてはならないものだと言えます。この規則性と不規則性のバランスという点では、絶対にうまくいく方法というものは存在しないため、新しく作品を作る度に両極をそれぞれ試す必要があります。次のプログラムでは、対極にある2つの状態を取り入れています。

**マウス** —— x座標の位置により円形に整列した形とランダムな状態との間で変化させる　　　　　→ M_1_2_01.pde

```
void draw() {
  ...
  float faderX = (float)mouseX/width;

  randomSeed(actRandomSeed);
  float angle = radians(360/float(count));

  for (int i=0; i<count; i++){
    float randomX = random(0,width);
    float randomY = random(0,height);
    float circleX = width/2 + cos(angle*i)*300;
    float circleY = height/2 + sin(angle*i)*300;

    float x = lerp(randomX,circleX, faderX);
    float y = lerp(randomY,circleY, faderX);

    fill(0,130,164);
    ellipse(x,y,11,11);
  }
}
```

マウスのx座標を0〜1の値に変換します。

変数actRandomSeedが変化するまで、同じ数値の列を生成します。

ランダムに分布した状態と、円形に整列したものと、両方の点の位置を計算します。

lerp()関数と変数faderXを使って、2つの点の位置からスムーズな変化を生成します。

マウスの位置により、ランダムの度合いが決まります。左端は完全にランダムな状態、右端は円状に整列した状態です。
→ M_1_2_01.pde

337

## M.1.3 ノイズ VS 乱数

ここまでは、random()関数のみを使って不規則な値を作り出してきました。初期条件をrandomSeed()で設定することでのみ、生成される値の不規則さをコントロールしていました。しかし、この方法は単純に一定の不規則な値を再生成しているだけです。長い時間でみると、ほとんど均一な値の分布となってしまいます。それでは、自然界の現象を再現するには事足りません。例えば雲や水や山、髪の毛や煙の動きを生成することはできないのです。それらの効果を作り出すには、「パーリン・ノイズ」と呼ばれるランダム・ジェネレータが必要になってきます。Processingでは、この機能はnoise()関数を使って組み込めます。random()と較べると、noise()はスムーズに変化する一連の値を生成します。つまり、連続的に自然な増減に見えるのです。Processingでは、noise()を使って、1次元だけでなく2次元や3次元のノイズも作り出せます。

→ W.401
Processingリファレンス：Noise（ノイズ）

→ W.402
Webサイト：Ken Perlin（ケン・パーリン）

→ W.403
Wikipedia：Noise（ノイズ）

ランダムジェネレータnoise()とrandom()の比較。

このy軸の値は、1次元のnoise()関数で作られています。

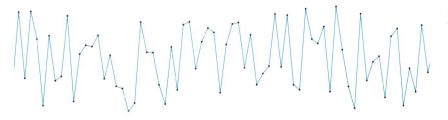

このy軸の値は、random()関数によって作られています。

マウス── x座標：ノイズの値の範囲・左クリック：新しいノイズのシードを設定

→ M_1_3_01.pde

```
void draw() {
  ...
  int noiseXRange = mouseX/10;

  beginShape();
  for (int x = 0; x < width; x+=10) {
    float noiseX = map(x, 0,width, 0,noiseXRange);
    float y = noise(noiseX) * height;
    vertex(x,y);
  }
  endShape();
  ...
}
```

random()と違って、noise()は1つ（あるいは最大3つまで）のパラメータを必要とします。その値で、連続性のある不規則な値が選択されます。変数noiseXRangeを使って、ランダムな折れ線が描かれる範囲が規定されます。マウスを使ってこの設定をコントロールできます。

表示されるx座標は、10ステップおきに処理されます。map()関数によって0からnoiseXRangeの範囲に調整された値が渡されます。

noise()の値は常に0.0～1.0の範囲になるため、表示する高さをかけ合わせます。

先ほどの不規則に曲がる線の表現手法は、2次元平面にも適用できます。結果は、曲線というよりも、テクスチャのような表現になります。

**乱数によるテクスチャ**　ディスプレイのすべてのピクセルには、黒と白のあいだからランダムに選ばれたグレー値が設定されます。random()関数は不規則な値を一様に生成するので、出来上がるビジュアルは常に中間色のグレーとなります。たとえrandomSeed()関数を使って他のランダムな値を生成したとしても変わりません。

```
randomSeed(actRandomSeed);
loadPixels();
for (int x = 0; x < width; x++) {
  for (int y = 0; y < height; y++) {
    float randomValue = random(255);
    pixels[x+y*width] = color(randomValue);
  }
}
updatePixels();
```

→ M_1_3_02.pde

各ピクセルごとに0〜255のランダムな値が生成され、それがグレー値として割り当てられます。

**ノイズによるテクスチャ**　各ピクセルのグレー値は、位置を基準にした2次元のnoise()関数から設定されます。生成される値は不規則な値でありながらも、縦方向および横方向で見ると、ピクセルごとには僅かに変化するのみで、結果として表れるのは雲のようなテクスチャとなります。

```
noiseDetail(octaves,falloff);
int noiseXRange = mouseX/10;
int noiseYRange = mouseY/10;
loadPixels();
for (int x = 0; x < width; x++) {
  for (int y = 0; y < height; y++) {
    float noiseX = map(x, 0,width, 0,noiseXRange);
    float noiseY = map(y, 0,height, 0,noiseYRange);
    float noiseValue = 0;
    if (noiseMode == 1) {
      noiseValue = noise(noiseX,noiseY) * 255;
    } else if (noiseMode == 2) {
      float n = noise(noiseX,noiseY) * 24;
      noiseValue = (n-(int)n) * 255;
    }
    pixels[x+y*width] = color(noiseValue);
  }
}
updatePixels();
```

→ M_1_3_03.pde

noiseDetail()関数によってノイズの種類を設定します。
→ W.404
Processingリファレンス：noiseDetail

すべてのピクセルについて、位置（x, y）に応じた0からnoiseXRangeのあいだの値、0からnoiseYRangeのあいだの値に変換します。得られたnoiseXとnoiseYは、次にnoise()関数に渡されます。

単純に、noise()の値に255をかけ合わせてグレー値とする方法の他に、このプログラムではおもしろいやり方を試しています。ランダムな値に数字をかけ合わせ、その小数点以下の部分だけを使います。そうすることで、まったく違うビジュアルが描かれます。

→ W.405
Detailed Information on Perlin noise
（パーリンノイズの詳細）

339

random( )で得られた、グレー値からなるテクスチャ。
→ M_1_3_02.pde

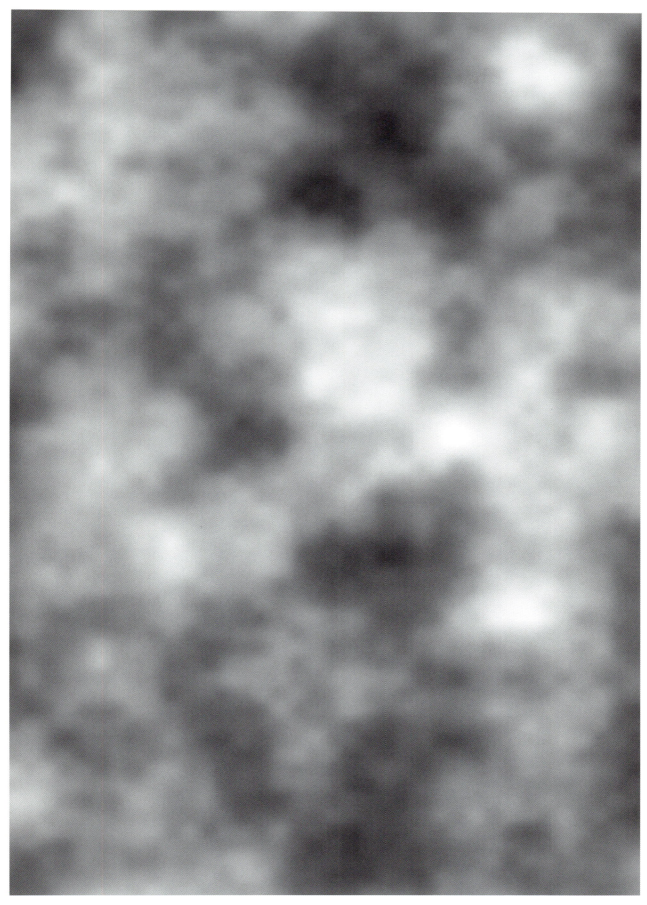

noise()で得られた、グレー値からなるテクスチャ。
→ M_1_3_03.pde

# M.1.4 ノイズによる地形

先ほどの雲のテクスチャの作例を拡張することで、現実の山や谷に似た地形を簡単に作り出せます。ピクセルを様々なグレーで塗っていくのではなく、同じ原理を利用してグリッド状に並ぶ点の高さを変化させていきます。

ここでは、簡単な例だけ紹介します。より詳細なものは「数学的図形」のチャプターでとりあげます。 → Ch.M.3

マウス ── ドラッグ：ノイズの入力範囲・右ボタンをドラッグ：カメラ位置　　　　　　　→ M_1_4_01.pde
キー ──── L：線のon/off ・ +/-：ズームイン、ズームアウト・スペース：新しいノイズのシード・
　　　　　⇅：ノイズの変化の大きさ・⇆：ノイズの変化の細かさ

```
void draw() {
  ...
  if (mousePressed && mouseButton==LEFT) {
    noiseXRange = mouseX/10;
    noiseYRange = mouseY/10;
  }
  ...
  float tileSizeY = (float)height/tileCount;
  float noiseStepY = (float)noiseYRange/tileCount;

  for(int meshY=0; meshY<=tileCount; meshY++) {
    beginShape(TRIANGLE_STRIP);
    for(int meshX=0; meshX<=tileCount; meshX++) {

      float x = map(meshX, 0,tileCount, -width/2,width/2);
      float y = map(meshY, 0,tileCount, -height/2,height/2);

      float noiseX = map(meshX, 0,tileCount, 0,noiseXRange);
      float noiseY = map(meshY, 0,tileCount, 0,noiseYRange);
      float z1 = noise(noiseX,noiseY);
      float z2 = noise(noiseX,noiseY+noiseStepY);

      ...
      fill(interColor);

      vertex(x, y, z1*zScale);
      vertex(x, y+tileSizeY, z2*zScale);
    }
    endShape();
  }
  ...
}
```

タイルの分割数tileCountが、タイルの高さtileSizeYと、ランダムな値が変化する度合いを定義します。

グリッドの座標（meshX、meshY）を、表示座標（x, y）に変換します。

noise()関数に渡すnoiseXとnoiseYも同様です。最終的に、高さz1を計算します。タイルの列を書くために、次の列の高さz2も必要です。

ここでは省略しますが、グリッドの点の色は高さを基準に決めています。

グリッドは断片の集合から作られます。ここではTRIANGLE_STRIPを使ってグリッドを描いています。この手法はペアになった点を必要とします。

342　　　M.1　乱数とノイズ - M.1.4　ノイズによる地形

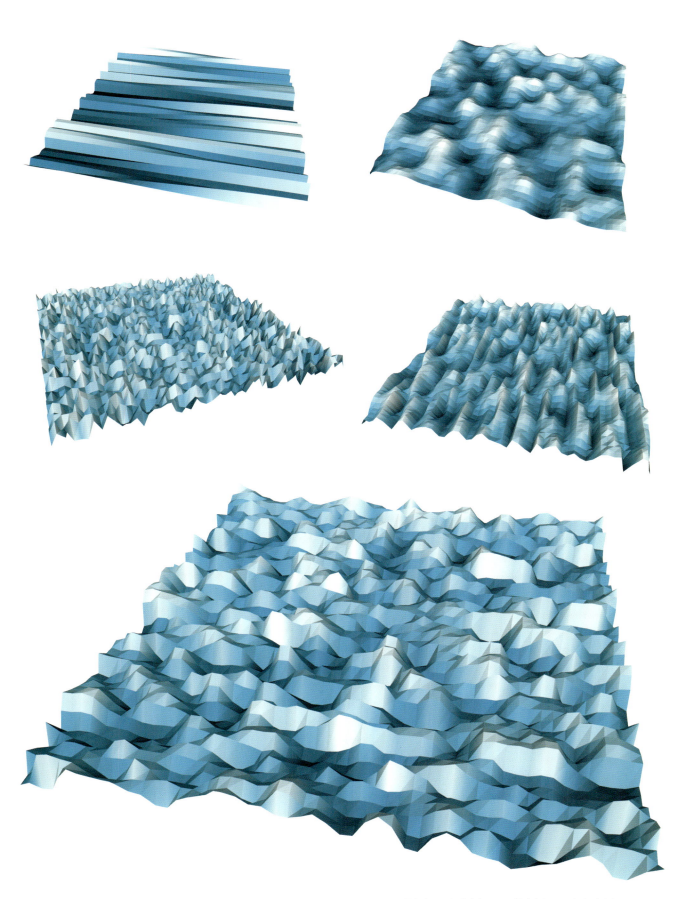

ノイズによって生成された値で、グリッド状の各点のz座標を決めています。マウスを動かすことで、x軸方向およびy軸方向のノイズを変化させることができます。
→ M_1_4_01.pde

## M.1.5 ノイズによる動き

noise()関数のさまざまな側面を見てきました。ここまでは、生成された値を直接ビジュアル要素に当てはめていました（折れ線の点の位置、ピクセルの色、グリッドの点の高さ）。次の作例では、noise()関数を使って動的なパラメータを制御します。生成された値でエージェントの群れの動きを定義しています。

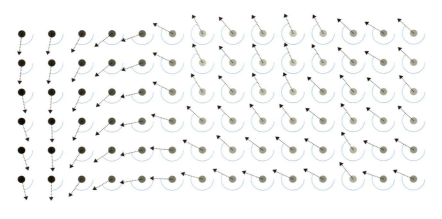

先ほどのプログラムと同じ原理を用いています。違いは、noise()がグリッド状に並ぶ要素の回転の角度に適用されていることだけです。次のプログラムでは、矢印は描画されませんが、各要素の動きをコントロールするために使われます。

マウス ── x座標、y座標：ノイズの入力範囲
キー ── D：円の明るさの表示・スペース：新しいノイズのシード・
　　　　　⇅：ノイズの増減・⇆：ノイズのオクターブの上下

→ M_1_5_01.pde

```
float noiseValue = noise(noiseX,noiseY);
float angle = noiseValue*TWO_PI;
```

noise()関数から返されるランダムな値noiseValueを使って、角度を指定します。

**2次元空間の中のエージェント**　　あるエージェントの群れをこのように動かすために、すべてのエージェントの向きを、その位置に応じたnoise()関数によって指定します。気をつけるべきことは、ディスプレイの外まで出てしまったエージェントをどう扱うか、という点だけです。

キー ── M：メニュー・1〜2：ノイズのモードの切り替え・バックスペース：スクリーンをクリア

→ M_1_5_02_TOOL/Agent.pde

```
class Agent {
  PVector p, pOld;
  float stepSize, angle;
  boolean isOutside = false;

  Agent() {
    p = new PVector(random(width), random(height));
    pOld = new PVector(p.x, p.y);
    stepSize = random(1, 5);
  }
```

エージェントの機能をこのクラスでカプセル化します。

現在の位置、直前の位置、ステップの大きさ、方向、そして画面の中にいるかどうかを示す変数です。

最初はすべてのエージェントが画面上にランダムに散っていて、ステップの大きさも少しずつ異なっています。

```
void update1(){
    angle = noise(p.x/noiseScale,p.y/noiseScale) * noiseStrength;
    p.x += cos(angle) * stepSize;
    p.y += sin(angle) * stepSize;

    if (p.x < -10) isOutside = true;
    else if (p.x > width+10) isOutside = true;
    else if (p.y < -10) isOutside = true;
    else if (p.y > height+10) isOutside = true;

    if (isOutside) {
      p.x = random(width);
      p.y = random(height);
      pOld.set(p);
    }

    strokeWeight(strokeWidth*length);
    line(pOld.x,pOld.y, p.x,p.y);
    pOld.set(p);
    isOutside = false;
  }
}
```

エージェントの現在地に基づき、角度をnoise()関数で計算しています。さらに変数noiseScaleとnoiseStrengthをかけ合わせることで値を決めています。

エージェントがディスプレイの外に出た場合は、変数isOutsideがtrueとなり、そのエージェントは再び画面上のランダムな位置に置かれます。

ディスプレイ上の短い線で、エージェントの直前の位置と現在の位置の差を表現しています。

→ W.406
Wikipedia：Polar coordinate system（極座標系）

Agentクラスは、以下のように使います。

→ M_1_5_02_TOOL.pde

```
Agent[] agents = new Agent[10000];
...
void setup(){
  ...
  for(int i=0; i<agents.length; i++) {
    agents[i] = new Agent();
  }
}


void draw(){
  ...
  if (drawMode == 1) {
    for(int i=0; i<agentsCount; i++) agents[i].update1();
  } else {
    for(int i=0; i<agentsCount; i++) agents[i].update2();
  }
}
```

すべてのエージェントを格納するための配列を作ります。

インスタンスを作ります。

各エージェントの位置をフレームごとに変化させて描画しています。変数drawModeを指定することで、描画モードを切り替えることも可能です。

ランダムに生成した値を使い、動き回るエージェントの群れをコントロールして描かれる典型的なイメージです。エージェントの軌跡がイメージ上に積み重なっていきます。
→ M_1_5_02_TOOL.pde

エージェントが動いている最中にパラメータが変更されると、さまざまな濃度の図形が重なり合うようになります。ここではノイズの拡大率を変化させています。
→ M_1_ 5_02_TOOL.pde

2キーを押すことで、描画モードを変更し、エージェントの動く方向にさらに計算が加わるようになります。そうすることで、目盛りがふられたような見え方になります。
→ M_1_5_02_TOOL.pde

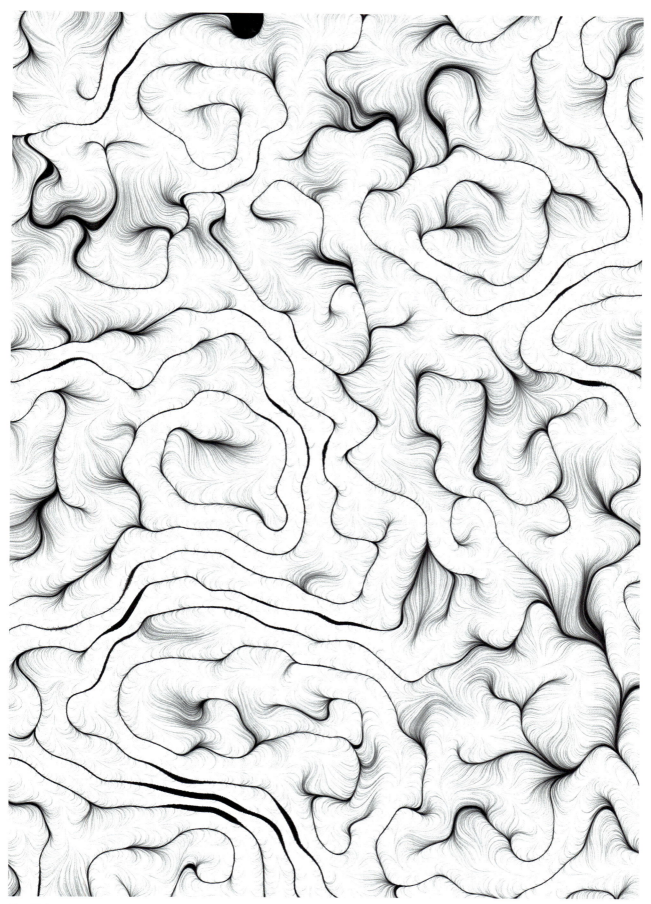

長い時間をかけて大量のエージェントの軌跡が重なり合うことで、動的で起伏のあるビジュアルが生み出されます。
→ M_1_ 5_02_TOOL.pde

**3次元のノイズ**　　3次元のnoise()関数を使って値を生成すれば、エージェントの動きをさらに複雑なものにできます。3次元のノイズは、不規則な値からなる巨大な立方体と考えられます。それぞれの値と隣り合う値の差は僅かなものです。

エージェントが限られた領域の中を動くとしても、この立方体から異なる層の乱数分布を取り出すことで、その動きはまったく別のものになります。

この仮想的なz座標が隣り合う場合、エージェントたちは1つの群れとなって動くようになります。z座標が僅かに異なり、なおかつ連続的に変化するほど、出来上がるイメージはより一層動的なものとなります。これを実現するためには、エージェントのクラスに少し手を入れる必要があります。

キー ──── M：メニューの表示／非表示・1–2：ノイズのモードの切り替え・
　　　　　バックスペース：スクリーンをクリア

→ M_1_5_03_TOOL/Agent.pde

```
class Agent {
  PVector p, pOld;
  float noiseZ, noiseZVelocity = 0.01;
  float stepSize, angle;
  ...
  void update1(){
    angle = noise(p.x/noiseScale, p.y/noiseScale, noiseZ)
          * noiseStrength;
    ...
    noiseZ += noiseZVelocity;
  }
  ...
  void setNoiseZRange(float theNoiseZRange) {
    noiseZ = random(theNoiseZRange);
  }
}
```

z座標と変化の速さを定義する変数です。

ここで角度の値がz座標をもとに生成されています。

この値はフレームごとに僅かに増えます。

setNoiseRange()に渡される値で、エージェト同士のz軸方向の距離を表しています。近くなるほど、エージェントの軌跡は一体化していきます。

それぞれのエージェントは、表示される平面とは別の、僅かに変化を続けるランダムな数字の層から動きを決める値を得ています。そうすることで、全体の構造がより曖昧となり、継続的に変化するようになります。
→ M_1_5_03_TOOL.pde

描画中にパラメータを連続的に変化させていくことで、異なる構造をもったビジュアルが入り混じります。
→ M_1_5_03_TOOL.pde

# M.1.6 3次元空間の中のエージェント

このチャプターの最後の作例では、noise()関数で得られる効果を3次元空間でのエージェントの動きに適用できるよう、プログラムを拡張します。動き回るエージェントの群れは、平面を離れ、3次元空間に放たれます。エージェントは直前の位置とのあいだのリボン状の線で表現されます。これを実現するために、Agentクラスには以下のような変更が加えられます。

マウス────右ボタンを押しながらドラッグ：カメラ位置の移動  
キー──────M：メニューの折りたたみ・スペース：新しいノイズシード・F：アニメーションを停止・  
　　　　　⇅：ズームイン／ズームアウト

→ M_1_6_01_TOOL/Agent.pde

```
class Agent {
  boolean isOutside = false;
  PVector p;
  float offset, stepSize, angleY, angleZ;
  Ribbon3d ribbon;

  Agent() {
    p = new PVector(0, 0, 0);
    setRandomPostition();
    offset = 10000;
    stepSize = random(1, 8);
    ribbon = new Ribbon3d(p, (int)random(50, 300));
  }

  void update(){
    angleY = noise(p.x/noiseScale, p.y/noiseScale,
                   p.z/noiseScale) * noiseStrength;
    angleZ = noise(p.x/noiseScale+offset, p.y/noiseScale,
                   p.z/noiseScale) * noiseStrength;

    p.x += cos(angleZ) * cos(angleY) * stepSize;
    p.y += sin(angleZ) * stepSize;
    p.z += cos(angleZ) * sin(angleY) * stepSize;

    if (p.x<-spaceSizeX || p.x>spaceSizeX ||
        p.y<-spaceSizeY || p.y>spaceSizeY ||
        p.z<-spaceSizeZ || p.z>spaceSizeZ) {
      setRandomPostition();
      isOutside = true;
    }

    ribbon.update(p, isOutside);
    isOutside = false;
  }
  →
```

エージェントの軌跡を描くリボンについては、Ribbon3dクラスを利用します。

Ribbon3dクラスのインスタンスが作られ、変数ribbonに割り当てられます。

エージェントが3次元空間を動くために、角度を表す変数が必要になります。この角度を生成するため、ランダムな値が選択される位置を、事前に決めたoffsetの値でずらします。

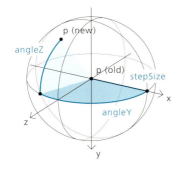

→ W.407  
Wikipedia：Spherical coordinates（球面座標系）

エージェントの次の位置を、2つの角度angleYとangleZによって求めます。

リボンを更新します。この際、現在位置と空間の端に到達したかどうかを表す変数が渡されます。

```
void draw() {
  ribbon.drawLineRibbon(agentColor, 2.0);
} ...
```

描画コマンドがリボンに渡されます。その結果、
エージェントを表すリボンがディスプレイに表
示されます。

リボンの機能はRibbon3dクラスにまとめられています。

→ M_1_6_01_TOOL/Ribbon3d.pde

```
class Ribbon3d {
  int count;
  PVector[] p;
  boolean[] isGap;

  Ribbon3d (PVector theP, int theCount) {
    count = theCount;
    p = new PVector[count];
    isGap = new boolean[count];
    for(int i=0; i<count; i++) {
      p[i] = new PVector(theP.x,theP.y,theP.z);
      isGap[i] = false;
    }
  }

  void update(PVector theP, boolean theIsGap){
    for (int i=count-1; i>0; i--) {
      p[i].set(p[i-1]);
      isGap[i] = isGap[i-1];
    }
    p[0].set(theP);
    isGap[0] = theIsGap;
  }
  ...
  void drawLineRibbon(color theStrokeCol, float theWidth) {
    noFill();
    strokeWeight(theWidth);
    stroke(theStrokeCol);
    for (int i=0; i<count-1; i++) {
      if (!isGap[i] == true) {
        beginShape(LINES);
        vertex(p[i].x, p[i].y, p[i].z);
        vertex(p[i+1].x, p[i+1].y, p[i+1].z);
        endShape();
      }
    }
  }
}
```

変数countで、移動にともなって以前の点を
何点保存するかが規定されます。2つの配列
isGapとpが、指定された数の要素を持つよう
初期化されます。

update関数の中で、点の位置はキューの形式
で保存されます。各ステップごとに、配列の中
の既存の値は1つ右にシフトし、新しい値を格
納する余地を作ります。こうすることで、最も古
い値が上書きされ、消されるのです。

→ W.408
Wikipedia : Queue(キュー)

エージェントは、定義された空間から外れたと
きに、空間内のランダムな位置に戻されます。
この際、その位置が「再出発点なのか」という情
報が追加で必要になります。再出発点の場合、
以前の位置とつなげるべきではありません。こ
の情報はisGap[]に保持され、リボンを描画す
るときに参照されます。その情報をもとに、続け
て描画するべきかどうか判断します。

355

3次元バージョンのプログラムでは、エージェントの軌跡は線のリボンで表現されます。
→ M_1_6_01_TOOL.pde

エージェントを色のついたリボンで表現したバージョン。メニューでリボンの幅をコントロールできます。
→ M_1_6_02_TOOL.pde

M. 2

# Oscillation figures

振動図形

# M.2.0
# 振動図形 ── 概要

いくつものサイン波を重ね合わせることで、様々な曲線を描くことができます。このチャプターでは、いわゆる「リサジュー図形」をどのように生成するのかを解説します。まずは、最も基礎的な要素（ここではサイン波）から始めましょう。そして、プログラムを徐々に複雑にしていくことで、多様なイメージを生み出せるようになります。

→ M_2_5_02_TOOL.pde
→ M_2_6_01_TOOL.pde
→ M_2_6_01_TOOL_TABLET.pde

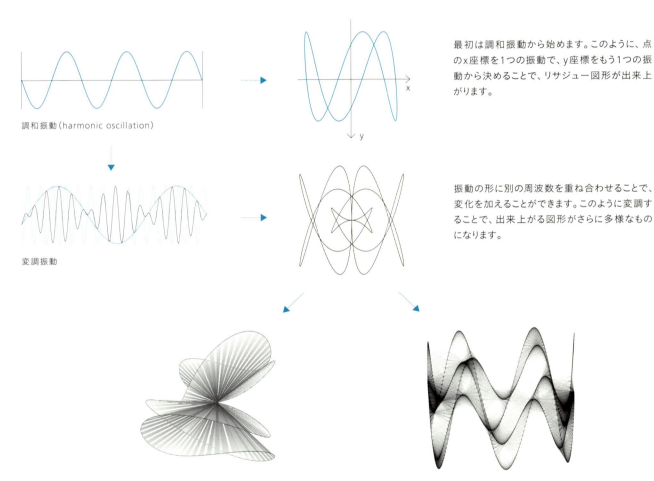

調和振動（harmonic oscillation）

変調振動

最初は調和振動から始めます。このように、点のx座標を1つの振動で、y座標をもう1つの振動から決めることで、リサジュー図形が出来上がります。

振動の形に別の周波数を重ね合わせることで、変化を加えることができます。このように変調することで、出来上がる図形がさらに多様なものになります。

生成される図形は2次元のものだけにはとどまりません。3次元の図形にも簡単に応用できます。

点をそのままつなぐのではなく、別の方法を考えることで、さらに表現の幅が広がります。例えば、各点がその他のすべての点とメッシュ状につながるように描いてみると、このような形になります（Keith Peters［キース・ピーターズ］のアイデアをもとにしました）。
→W.409
Webサイト：Keith Peters

リサジュー曲線上の点がお互いにつながっています。
→ M_2_5_02_TOOL.pde

## M.2.1 調和振動

リサジュー図形の基本となるのは調和振動です。現実世界では、例えば、バネに吊るされたおもりを引っ張って放したようなときに、調和振動の動きを見ることができます。仮に摩擦によるエネルギーのロスを無視して、おもりの位置を記録した場合、以下にあるような振動曲線が描かれます。周波数は、一定期間内にどれだけの振動が起こるかを示しています。

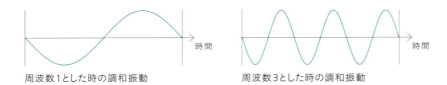

周波数1とした時の調和振動　　　周波数3とした時の調和振動

この振動の仕組みは、数学的にはサイン波を使って簡単に表現できます。この形は、ある点が円のまわりを動いていると考えるとよいでしょう。円の上を動く点について、中央の水平線からの高さ（角度のサインの値で規定されるもの）を、角度ごとに2次元の座標系にプロットしていくとサイン波が出来上がります。

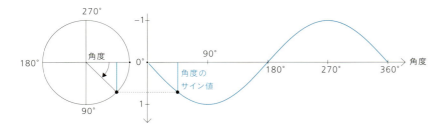

ここで周波数を増やすと、点は円のまわりをより速く回ることになり、一定期間内で何度も回転するようになります。

この曲線は、0°以外の角度から始めることで横方向にずらすことができます。このオフセットとなる角度は、一般的に「phi（ファイ）」と呼ばれます。曲線をずらすことを「位相シフト（phase shift）」と呼びます。

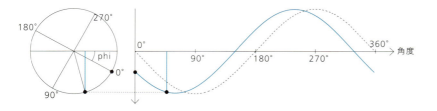

30°分を位相シフトさせた振動図形。曲線は30°のサインの値（＝0.5）から始まります。

次のプログラムでは、これらの関係を分かりやすく表現した振動曲線を描きます。

キー ── A：アニメーションon/off・1-2：周波数の増減・左矢印：位相シフト-15°・
　　　　右矢印：位相シフト+15°

→ M_2_1_01.pde

```
int pointCount;
int freq = 1;
float phi = 0;

void draw() {
  ...
  pointCount = width;
  translate(0, height/2);

  beginShape();
  for (int i=0; i<=pointCount; i++) {
    angle = map(i, 0,pointCount, 0,TWO_PI);
    y = sin(angle*freq + radians(phi));
    y = y * 100;
    vertex(i, y);
  }
  endShape();
  ...
}
```

何点描画するかを定義する変数（point-Count）、周波数（freq）、位相シフト（phi）。

画面の幅に応じた数の点を描きます。

点を処理する際に、現在の点のインデックス変数i（0からpointCountまでの値をとる数字）を対応する0°〜360°の角度に変換します。

点のy座標はsin()関数を使って求められます。角度に周波数をかけ、位相シフト分だけ足した値をsin()関数に渡します。結果は-1から1までの値となるため、期待する大きさで表示するために拡大しています。そうしないと、値の変化が小さすぎて曲線がフラットに見えてしまいます。

## M.2.2 リサジュー図形

ここまでくれば、調和振動からリサジュー図形を描く次のステップは難しくありません。振動を、1つだけでなく2つ計算し、一方で描く点のy座標を、もう一方でx座標を指定します。右の図は、周波数2の振動、周波数1で90°位相シフトさせた振動、そしてそれを合わせたリサジュー図形を示しています。結果として、数字の8を倒したような形が描かれています。

これは、プログラムに下記の変更を加えるだけで実現できます。

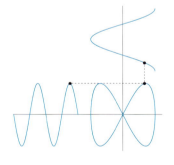

2つの振動を重ねて生成するリサジュー図形。

キー ── A：アニメーションon/off・1-2：周波数の増減・左矢印：位相シフト-15°・
　　　　右矢印：位相シフト +15°

→ M_2_2_01.pde

```
x = sin(angle*freqX + radians(phi));
y = sin(angle*freqY);
```

変数freqXとfreqYで、それぞれの振動の周波数を定義しています。位相シフトphiは、片方のみに適用すればすべてのリサジュー図形が描けるため、両方に適用する必要はありません。

freqX＝1、freqY＝1、phi＝90°
→ M_2_2_01.pde

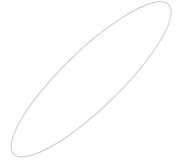

freqX＝1、freqY＝1、phi＝150°
→ M_2_2_01.pde

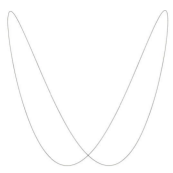

freqX＝1、freqY＝2、phi＝120°
→ M_2_2_01.pde

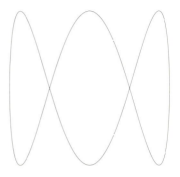

freqX＝1、freqY＝3、phi＝75°
→ M_2_2_01.pde

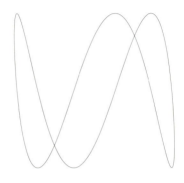

freqX＝1、freqY＝3、phi＝195°
→ M_2_2_01.pde

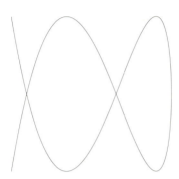

freqX＝2、freqY＝5、phi＝90°
→ M_2_2_01.pde

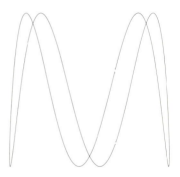

freqX = 1, freqY = 4, phi = 150°
→ M_2_2_01.pde

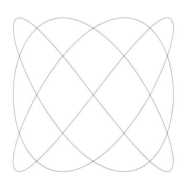

freqX = 6, freqY = 8, phi = 90°
→ M_2_2_01.pde

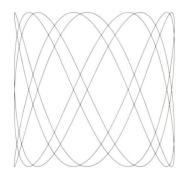

freqX = 4, freqY = 9, phi = 195°
→ M_2_2_01.pde

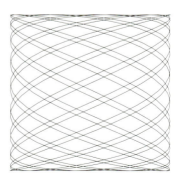

freqX = 19, freqY = 9, phi = 75°
→ M_2_2_01.pde

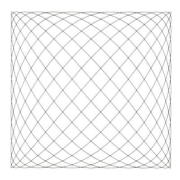

freqX = 11, freqY = 13, phi = 90°
→ M_2_2_01.pde

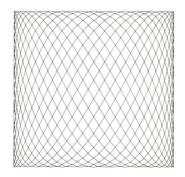

freqX＝13、freqY＝23、phi＝75°
→ M_2_2_01.pde

## M.2.3 変調振動

波形を変調させることで、多様なリサジュー図形を生み出すことができます。「変調」という手法は、通信の分野で使われてきました。信号を伝えるために変調を用いてきたのです。複数の信号、例えばたくさんのラジオ番組の同時送信を実現するため、放送局は音楽や音声などの情報信号と送信用のキャリア信号とを1つの信号に集約する必要がありました。

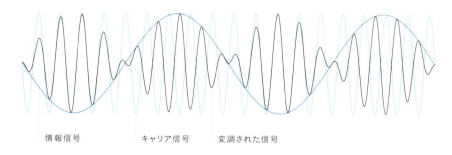

情報信号　キャリア信号　変調された信号

情報信号をキャリア信号に乗せています。結果として、キャリア信号の振幅が情報信号によって変化する波形となります。これを「振幅変調」と呼びます。
→ M_2_3_01.pde

このプログラムは、2つの振動から波形を作り出す実装になります。

キー ——— I：情報信号の表示/非表示・C：キャリア信号の表示/非表示・1-2：情報信号の周波数増減・
⇔：情報信号の位相シフト -/+15°・7-8：キャリア信号の周波数（変調周波数）-/+

→ M_2_3_01.pde

```
for (int i=0; i<=pointCount; i++) {
  angle = map(i, 0,pointCount, 0,TWO_PI);

  float info = sin(angle * freq + radians(phi));
  float carrier = cos(angle * modFreq);
  y = info * carrier;

  y = y * (height/4);
  vertex(i, y);
}
```

1つ目の振動は通常どおり計算し、変数infoに保存します。

キャリア信号を示す変数carrierの振動は、周波数modFreqによって定義します。ここではコサインを用いて振動を計算しています。modFreqを0にすることで、簡単に変調を停止できます。その場合、carrierの値は常に1となります。

そのまま2つの値をかけ合わせます。

変調なしのリサジュー図形で見てきたように、2つの変調振動から点のx座標とy座標を求めます。

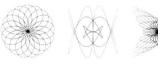

→ M_2_3_02.pde

マウス ——— x座標：点の数
キー ——— D：描画モード・1-2：周波数x -/+・3-4：周波数y -/+・
⇔：位相シフト -/+15°・
7-8：変調周波数x -/+・9-0：変調周波数y -/+

```
x = sin(angle * freqX + radians(phi)) * cos(angle * modFreqX);
y = sin(angle * freqY) * cos(angle * modFreqY);
```

情報信号とキャリア信号の計算と変換は1行のコードになります。

## M.2.4 3次元のリサジュー図形

次のステップとして、これらの表現を拡張し、3次元に応用していきましょう。追加で必要となるのは、サイン波でz軸の動きをコントロールすることだけです。その軸を追加することによって、多くの新しい可能性が開けてきます。

次のプログラムは興味深い作例です。ここでは三角形の面が、原点とリサジュー図形のパスとをつないでいます。三角形の外側の2点はリサジュー図形のパス上にあり、もうひとつは原点にあります。この三角形の面はすべての点を使わず、3つおきの点と、その2つの右の点を使います。面に使用する点を参照しやすくするため、最初にすべての点を取り出して、配列に格納しています。

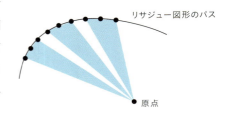

→ M_2_4_01.pde

マウス ── 右ボタンでドラッグ：ディスプレイをコントロール
キー ──── 1/2：周波数x −/+・3/4：周波数y −/+・5/6：周波数z −/+・
　　　　　⇆：位相シフトx −/+・⇅：位相シフトy −/+

```
void calculateLissajousPoints(){
  lissajousPoints = new PVector[pointCount+1];
  float f = width/2;

  for (int i = 0; i <= pointCount; i++){
    float angle = map(i, 0,pointCount, 0,TWO_PI);
    float x = sin(angle*freqX+radians(phiX)) * sin(angle*2) * f;
    float y = sin(angle*freqY+radians(phiY)) * f;
    float z = sin(angle*freqZ) * f;
    lissajousPoints[i] = new PVector(x, y, z);
  }
}
```

それぞれの点はcalculateLissajousPoints()関数で計算され、lissajousPoints配列に格納されます。

拡大に用いる係数fをディプレイサイズに応じて設定します。

通常どおりリサジュー図上の点を計算します。x軸とy軸の振動は、オフセット値phiXとphiYを使ってずらせます。さらに、x軸の振動は周波数2で変調されます。

計算された点が保存されています。

表示領域は下記のようにして計算されます：

```
beginShape(TRIANGLE_FAN);
for(int i=0; i<pointCount-2; i++) {
  if (i%3 == 0) {
    fill(50);
    vertex(0, 0, 0);
    fill(200);
    vertex(lissajousPoints[i].x, lissajousPoints[i].y,
           lissajousPoints[i].z);
    vertex(lissajousPoints[i+2].x, lissajousPoints[i+2].y,
           lissajousPoints[i+2].z);
  }
}
endShape();
```

すべての点をループの対象としていますが、平面を描くのは3点ごとの点となります（つまりi%3が0となる場合です）。

原点は外側の点よりも暗い色にし、グラデーションを作り出します。

外側の点が設定されます。現在の点と次のi+2となる点が配列から選ばれます。

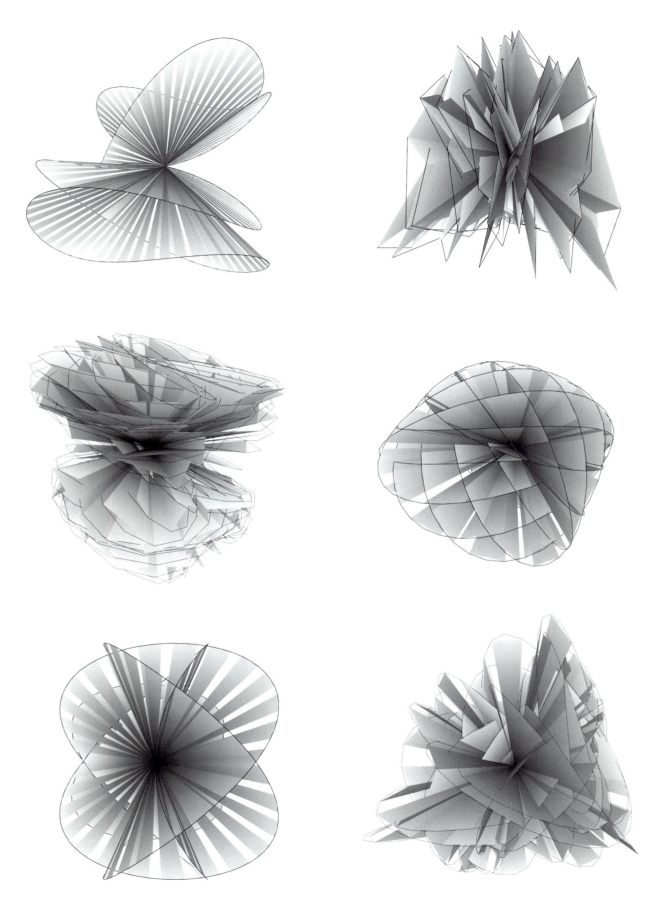

このプログラムから生成される、さまざまな3次元のリサジュー図形。高い周波数が選ばれるほど尖った形になっていきます。
→ M_2_4_01.pde

## M.2.5 リサジュー図形を描く

もっと魅力的な図形を描くために、通常の方法（隣り合う点同士をつなぐ）とは変えて、リサジュー曲線上のすべての点をお互いにつないでみます。かなり多くの線を描くため、真っ黒な塊になってしまわないように、点同士が離れているほど線がより透明になるようにします。キース・ピーターズはこの方法を自身のWebサイト「Random Lissajous Webs」で紹介しています。

数式を使って、2点間の距離dを透明度aに変換します。これは以下のようにすると可能です。

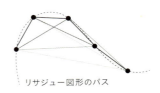

リサジュー図形のパス

→ W.409
Webサイト：Keith Peters

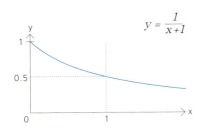

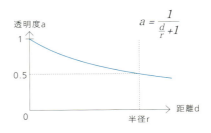

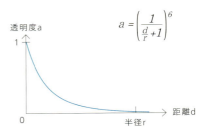

まずは上の数式から始めましょう。この数式で、「入力値が大きいほど結果が小さくなる」という要件を満たせます。x=0のとき、数式の結果は1となります。x=1のとき、結果は0.5となります。

この式は、距離と透明度の関係に簡単に適用できます。半径rのときに0.5の値を出す曲線とするため、dをrで割る必要があります。

しかし、距離dにおいても線が半分の透明度をもっている状態では、結果として表現はあまり魅力的なものではありません。そこで、指数を用いて曲線を一気に下げるようにします。

キー ── 1/2：周波数x −/+・3/4：周波数y −/+・⇆：位相シフト −/+・
　　　⇅：7/8：変調周波数x −/+・9/0：変調周波数y −/+

→ M_2_5_01.pde

```
for (int i1 = 0; i1 < pointCount; i1++) {
  for (int i2 = 0; i2 < i1; i2++) {
    PVector p1 = lissajousPoints[i1];
    PVector p2 = lissajousPoints[i2];

    d = PVector.dist(p1, p2);
    a = pow(1/(d/connectionRadius+1), 6);

    if (d <= connectionRadius) {
      stroke(lineColor, a*lineAlpha);
      line(p1.x, p1.y, p2.x, p2.y);
    }
  }
}
```

drawLissajous()関数の中で、for文を2つまわすことで、すべての点がお互いにつながるようにしています。変数i1がすべての点を通り、変数i2が0からi1-1までの値をとります。こうすることで、線が2回以上描かれないようにしています。

線の距離が計算され、透明度aを計算するため前述した数式に適用されます。

指定した半径より距離が小さいときのみ、線が描かれます。変数aは0から1までの値をとります。これに、透明度の上限lineAlphaがかけ合わされます。結果は0からlineAlphaまでの値となります。

### リサジュー図形生成ツール

パラメータを追加することで、1つのプログラムでいろいろな2次元リサジュー図形を描くことができるようになります。randomOffsetがすべての点のx座標とy座標をランダムにずらします。ずらす値は、-randomOffsetから+randomOffsetまでのあいだの値です。

modFreq2X、modFreq2Y、modFreq2Strengthまでのパラメータを理解するのは少し難しいかもしれません。これらのパラメータは調和振動の周波数に変化を与えます。つまり、周波数freqXとfreqYは一定の値とはならず、高くなったり低くなったりするのです。

周波数変調

```
float fmx = sin(angle*modFreq2X) * modFreq2Strength + 1;
float fmy = sin(angle*modFreq2Y) * modFreq2Strength + 1;

x = sin(angle * freqX * fmx + radians(phi))
    * cos(angle * modFreqX);
y = sin(angle * freqY * fmy) * cos(angle * modFreqY);
```

→ M_2_5_02_TOOL.pde

振動の値fmxとfmyは、modFreq2XとmodFreq2YおよびmodFreq2Strengthをもとに計算されます。

この振動の値を使って周波数freqXとfreqYを変調させます。

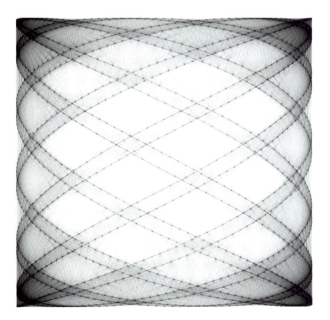

リサジュー図形をつなぐ新しい手法で影を生成しています。
→ M_2_5_02_TOOL.pde

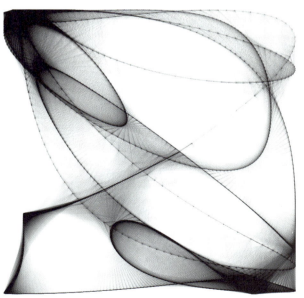

周波数を変調させることによって、通常の曲線ではなく、複雑で不規則な曲線構造が生成されます。
→ M_2_5_02_TOOL.pde

これらの実験では、振幅変調modFreqX、modFreqYに変化を加えることで形を生成しています。
→ M_2_5_02_TOOL.pde

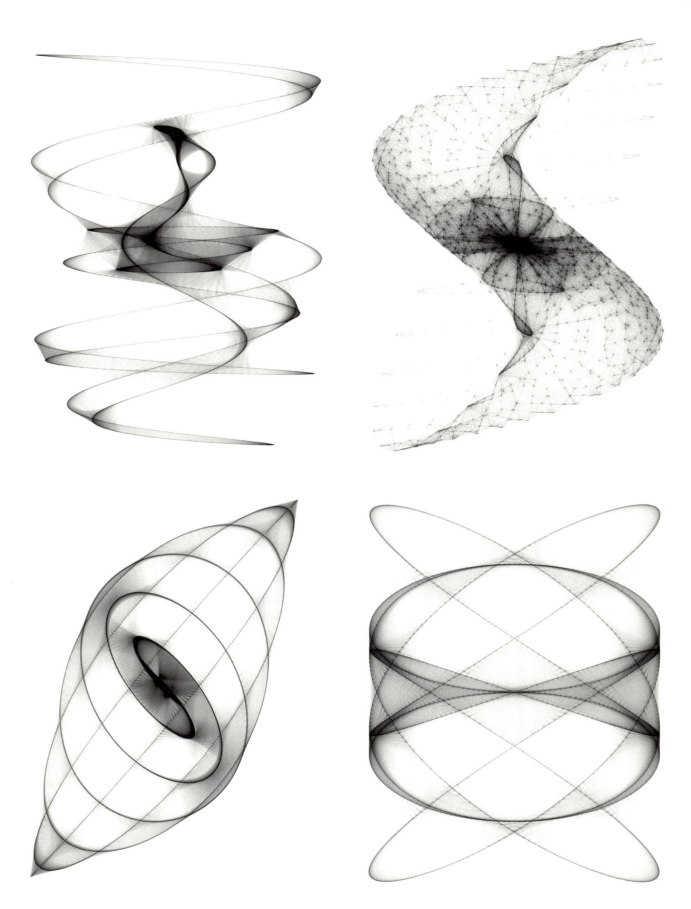

370　　M.2　振動図形 - M.2.5　リサジュー図形を描く

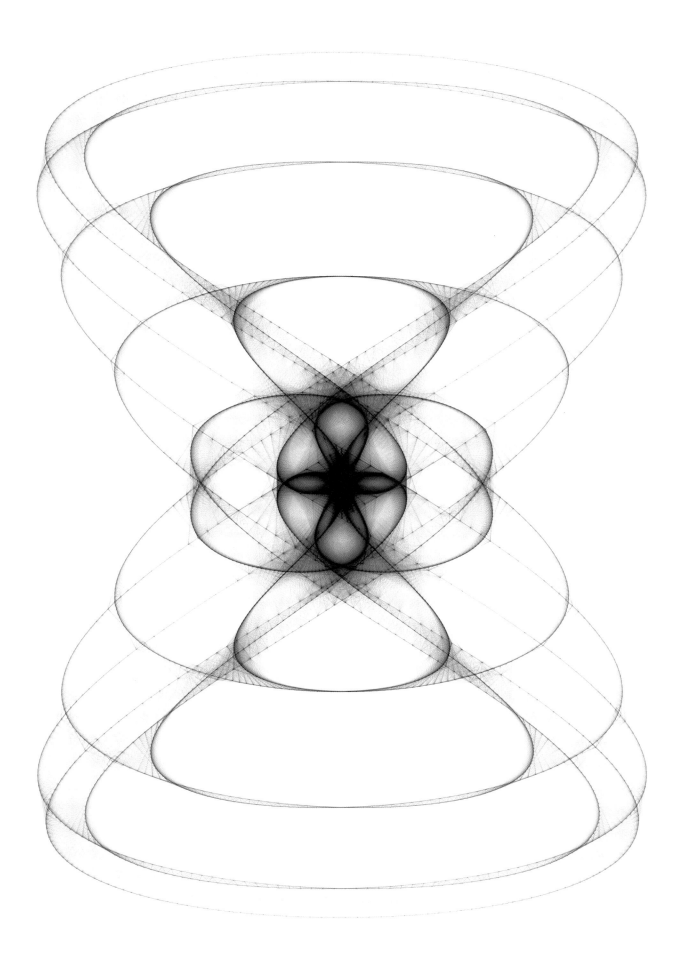

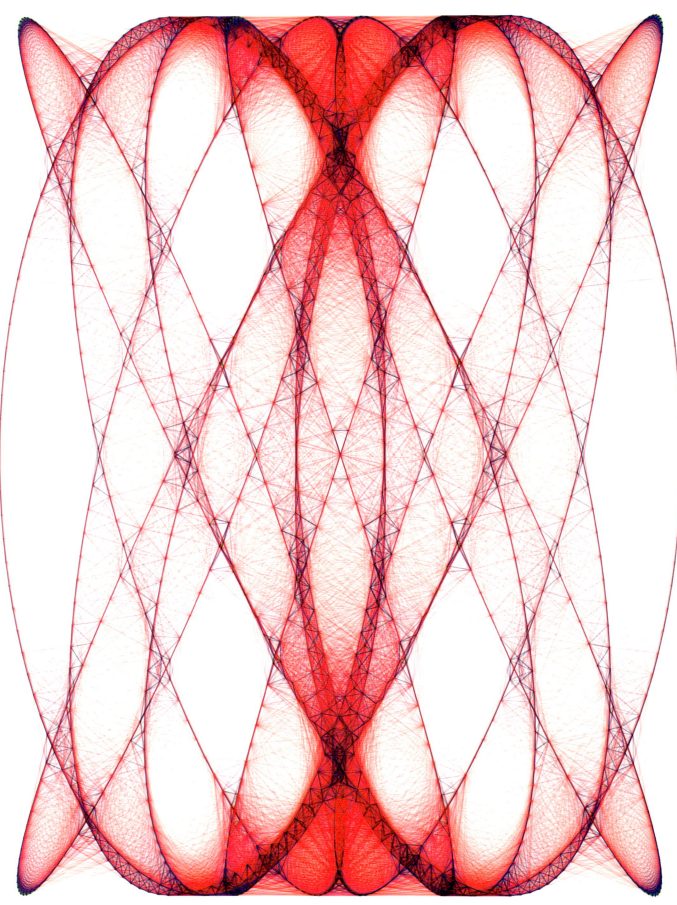

このツールでは、色のついた線を作り出せます。色相を表す値 hueRange は、線の長さに応じて割り当てられます。つまり、短い線は色相におけるはじめのほうの値、長い線は後ろのほうの値をとります。

→ M_2_5_02_TOOL.pde

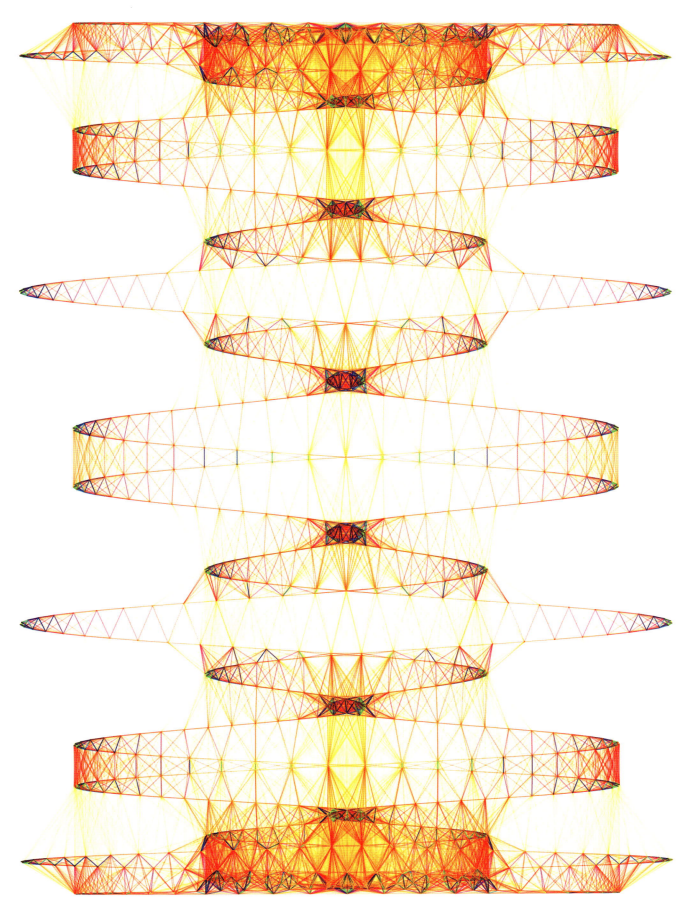

INVERT HUE RANGEボタンを押すと色相が反転します。
→ M_2_5_02_TOOL.pde

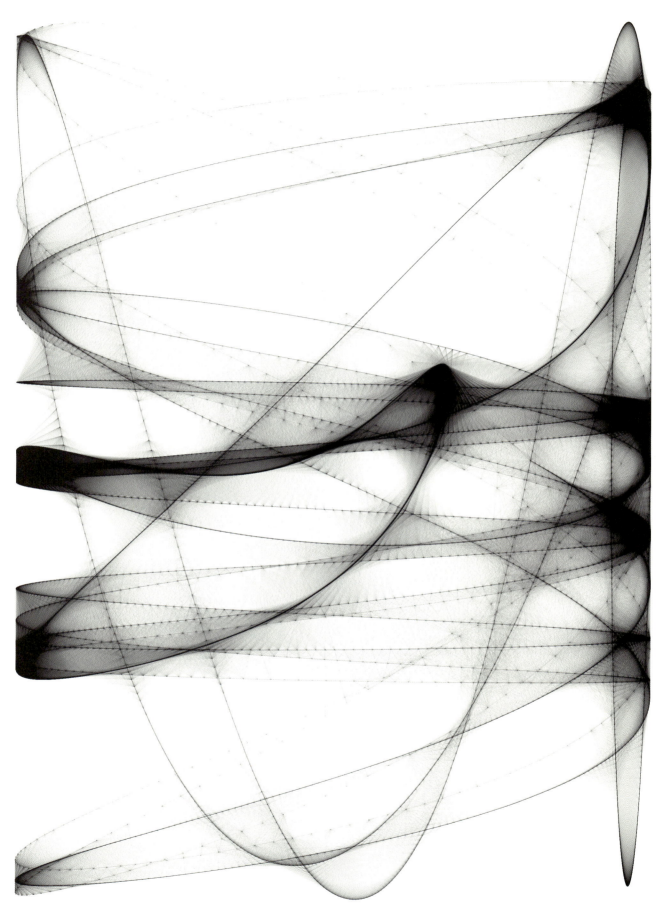

この不規則な形はランダム関数で生成されたものではなく、いくつかの振動を重ねて変調させたものです。
→ M_2_5_02_TOOL.pde

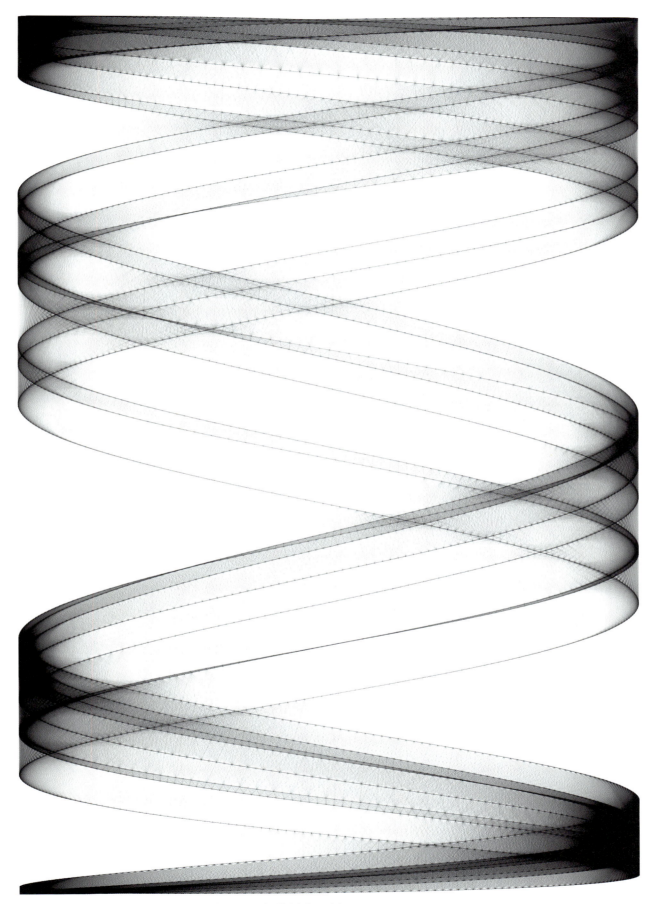

MODFREQ2STRENGTHパラメータのより小さい値が、規則的な図形に不規則さを与えています。
→ M_2_5_02_TOOL.pde

## M.2.6 ドローイングツール

ここまで紹介してきたような点をつなぐ手法は、リサジュー図形を描くだけにとどまらず、あらゆる点のセットに適用できます。つなぐ対象となる点群がどのように生成されたかにかかわらず、この手法を利用して簡単なドローイングツールを作ることも可能です。マウスで描かれた点をつなぐ描画をしてみましょう。

マウス ── 左クリック：描画・SHIFT＋左クリック：絵を消す・右ボタンでドラッグ：移動
キー ──── DEL：ディスプレイをクリア

→ M_2_6_01_TOOL.pde

```
ArrayList pointList = new ArrayList();


void draw() {
  ...
  if (drawing) {
    ...
    float x = (mouseX-width/2) / zoom - offsetX + width/2;
    float y = (mouseY-height/2) / zoom - offsetY + height/2;

    if (pointCount > 0) {
      PVector p = (PVector) pointList.get(pointCount-1);
      if (dist(x,y, p.x,p.y) > (minDistance)) {
        pointList.add(new PVector(x, y));
      }
    }
    else {
      pointList.add(new PVector(x, y));
    }
    pointCount = pointList.size();
  }
  ...
}
```

描画される点はArrayList型の変数point-Listに格納されます。この型を使っているのは、配列よりも新しい値の追加が高速だからです。

マウスをクリックすると、真偽値drawingがtrueとなり、フレームごとに点が置かれていきます。

マウスの座標を、対応する描画エリア内の座標に変換します。こうすることで、描画エリアを動かしたり拡大したりできるようになります。

点がすでに置かれている場合、最後に描かれた点がpointListから取り出され、距離が計算されます。この距離がminDistanceで指定された距離を超えた場合にのみ、新しい点が置かれます。

add()関数により新しい点がArrayListに追加されます。

pointListの長さをsize()関数を使って調べます。そして変数pointCountを更新しています。

このドローイングツールは振動図形とは何も関係ありませんが、この作例で示したかったことは、デザインのレパートリーを大きく広げるために、ある目的で使った手法を他の目的にも簡単に適用できる、ということです。

このドローイングツールでは、2つのバリエーションを用意しました。1つはマウスのためのもの、もう1つはペンタブレットのためのものです。ペンタブレット版では、点を描く筆圧によって点のつなぎ方を変化させています。そうすることで、際立った陰影が表現できます。

→ Ch.P.2.3.5
ペンタブレットでスケッチ

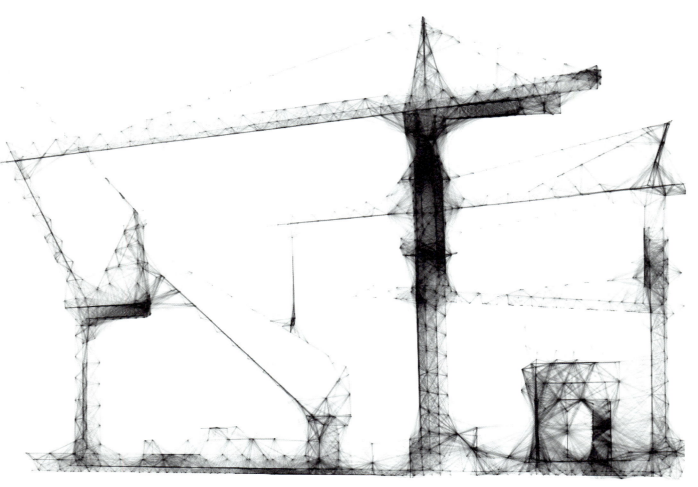

点の配置によってグリッド構造が生み出されていて、このドローイングツール独特のものとなっています。
→ M_2_6_01_TOOL.pde　→ イラストレーション：Markus Schattmaier

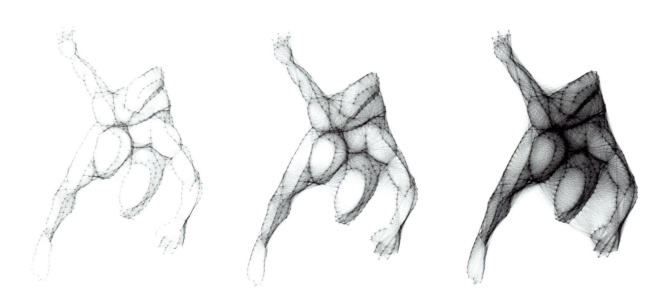

後からパラメータを変えることで、さまざまなバリエーションを生み出せます。
→ M_2_6_01_TOOL.pde　→ イラストレーション：Ben Reubold

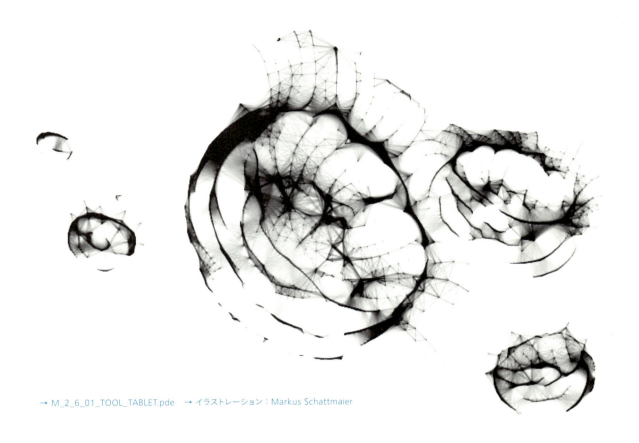

→ M_2_6_01_TOOL_TABLET.pde　→ イラストレーション：Markus Schattmaier

ペンタブレット用のプログラムを使えば、より精密な陰影を描けます。
→ M_2_6_01_TOOL_TABLET.pde　→ イラストレーション：Franz Stämmele

→M_2_6_01_TOOL_TABLET.pde →イラストレーション:Markus Schattmaier

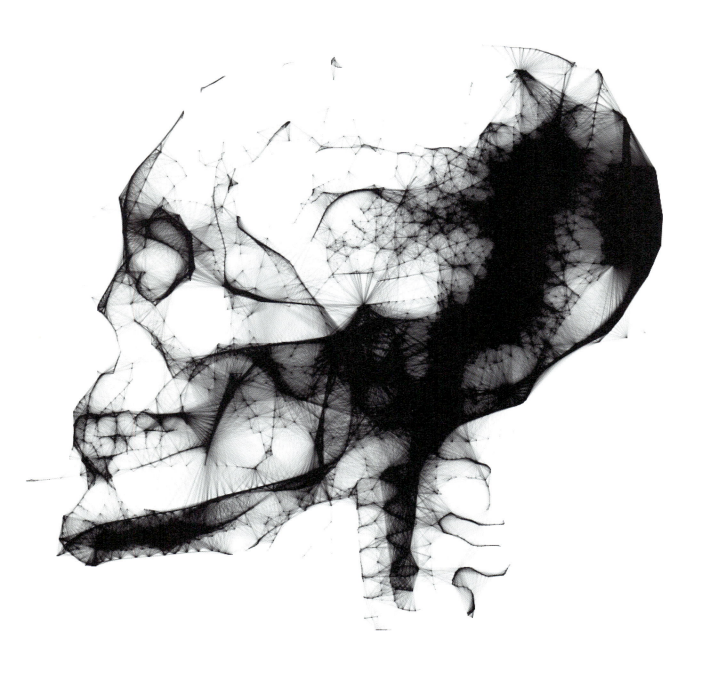

M. 3

# Formulated bodies

**数学的図形**

# M.3.0
# 数学的図形 — 概要

球体や円柱、あるいはもっと複雑な3次元の図形を生成するには、数式を利用するのが最も簡単です。まずは2次元のグリッドから始めましょう。数式をそれぞれの点に適用し、結果を3次元空間に描きます。このチャプターでは、どのようにこの方法を実現するのか、どのように乱数を用いてメッシュ状の図形を崩していくのかを説明していきます。

→ M_3_4_01_TOOL.pde
→ M_3_4_03_TOOL.pde

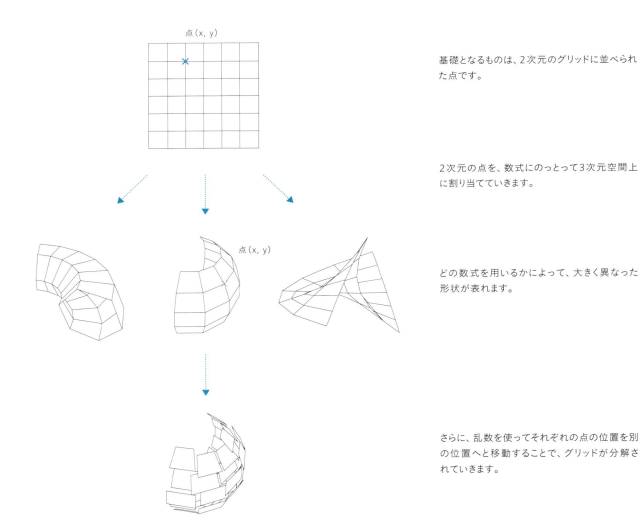

基礎となるものは、2次元のグリッドに並べられた点です。

2次元の点を、数式にのっとって3次元空間上に割り当てていきます。

どの数式を用いるかによって、大きく異なった形状が表れます。

さらに、乱数を使ってそれぞれの点の位置を別の位置へと移動することで、グリッドが分解されていきます。

このチャプターで作られる3次元図形は多岐にわたります。このメッシュは1つの可能性にすぎません。
→ M_3_4_03_TOOL.pde

## M.3.1 グリッドを作る

3次元のオブジェクトを作る前に、2次元の平面にグリッド状に並べた点を用意します。2次元の平面を曲げて、3次元の閉じた領域を作るのです。最も簡単なのは、点を規則的なグリッドに均一に並べる方法です。まずは、そのようなグリッドを描くための最も柔軟な方法を探しましょう。Processingでは、QUAD_STRIPまたはTRIANGLE_STRIPでタイルを描画できます。

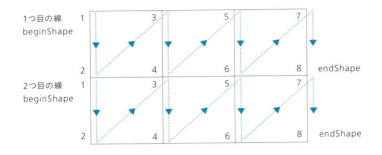

2つの経路によって、それぞれが3つタイルを作ることで、横に3マス、縦に2マスのグリッドを生成しています。

QUAD_STRIPでもTRIANGLE_STRIPでも、点がこの順序で並ぶ必要があります。

→ M_3_1_01.pde

マウス —— ドラッグ：回転

```
int xCount = 4;
int yCount = 4;


void draw() {
  ...
  scale(40);

  for (int y = 0; y < yCount; y++) {
    beginShape(QUAD_STRIP);
    for (int x = 0; x <= xCount; x++) {
      vertex(x, y, 0);
      vertex(x, y+1, 0);
    }
    endShape();
  }
}
```

それぞれ縦と横に並ぶタイルの数。

y軸方向に一定の数のタイルを生成します。この例では2です。

x軸方向に点を置いていきます。この例では4回繰り返しています。

vertex()関数を2回使い、上下に2つの点を一緒に置いています。

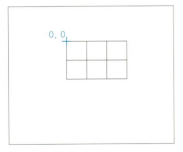

xCount = 3、yCount = 2

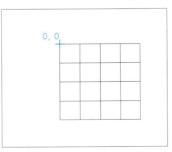

xCount = 4、yCount = 4

このプログラムで作られるメッシュは、常に座標の始点(0, 0)から始まり、そこから右方向および下方向に伸びていきます。

## M.3.2 グリッドを曲げる

3次元図形生成の次のステップは簡単です。xとyの値を使ってz軸の位置を決めます。そうすることで、グリッド状の点が3次元空間に配置されます。x座標とy座標はそのままで、z座標のみ変化するため、この種の変換は等高線のような図を形成します。

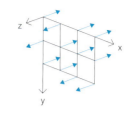

→ M_3_2_02.pde

マウス ── ドラッグ：回転

```
for (int y = 0; y < yCount; y++) {
  beginShape(QUAD_STRIP);
  for (int x = 0; x <= xCount; x++) {

    float z = sin(sqrt(x*x+y*y));
    vertex(x, y, z);

    z = sin(sqrt(x*x+(y+1)*(y+1)));
    vertex(x, y+1, z);
  }
  endShape();
}
```

z軸の値は、x座標とy座標から次の式で求められます：$z = \sin(\sqrt{x^2+y^2})$。点(x, y)の位置が原点から離れるほど、括弧内の値は大きくなります。この値とサインを組み合わせることで波形が生まれます。

下方のz座標も同じ数式から求められます。ここでは、yの値は(y+1)に置き換えます。最終的に、現在の経路の下方の点は次の経路の上方の点に対応します。

2つの異なる数式による効果の例。両方ともサイン関数を使っていますが、右の例ではx座標のみを、左の例ではx座標とy座標をひとつの値に変換したものをパラメータとしています。

この例は、式 $z = \sin(x)$ を適用しています。つまり、x座標のみを使ってz座標を計算しています。
→ M_3_2_01.pde

これは、上記の数式から生成されたものです。
→ M_3_2_02.pde

x座標とy座標に数式を適用させることで、空間上のあらゆる位置に点を移動できます。まずはコードに少し手を入れて、その後の作業をしやすくしましょう。

**第2の座標系**　複雑な数式を用いる場合、もともとのグリッドと3次元に変換した図形を、それぞれ別の座標系として扱うほうが簡単です。1つはオリジナルの2次元の座標系、もう1つは3次元空間の座標系です。

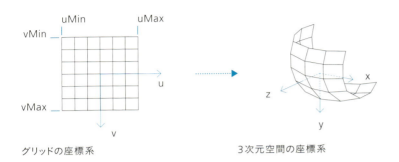

グリッドの座標系　　　3次元空間の座標系

ここからは、uとvをグリッドの座標系の軸として利用します。x、y、zはそのまま3次元空間の座標として使います。

uMin、uMax、vMin、vMaxの値は、uとvのとりうる範囲を規定します。

この第2の座標系は、実際にソースコードを見てみると分かりやすいでしょう。新しい名前の変数がいくつか追加されています。

マウス —— ドラッグ：回転

→ M_3_2_03.pde

```
int uCount = 40;
float uMin = -10;
float uMax = 10;

int vCount = 40;
float vMin = -10;
float vMax = 10;

for (float iv = 0; iv < vCount; iv++) {
  beginShape(QUAD_STRIP);
  for (float iu = 0; iu <= uCount; iu++) {
    float u = map(iu, 0, uCount, uMin, uMax);
    float v = map(iv, 0, vCount, vMin, vMax);

    float x = u;
    float y = v;
    float z = cos(sqrt(u*u + v*v));
    vertex(x, y, z);

    v = map(iv+1, 0, vCount, vMin, vMax);
    y = v;
    z = cos(sqrt(u*u + v*v));
    vertex(x, y, z);
  }
  endShape();
}
```

変数iuとivが、uMinからuMaxまたはvMinからvMaxで規定された範囲の値に変換されます。

uとvの値はそのままxとyの値として利用されます。zを求める数式は、以前の例と同じです。異なる画像が生成されますが、それはuとvの値を、ここではuMin、uMax、vMin、vMaxで制御しているためです。

xとyの座標は、それぞれを直接指定する代わりに数式を使って計算することで、より簡単に指定できます。

**マウス** ── ドラッグ：回転
**キー** ── 1/2：uMin −/+・3/4：uMax −/+・5/6：vMin −/+・7/8：vMax −/+・
矢印 ⇆：uの値の範囲変更・⇅：vの値の範囲変更

→ M_3_2_04.pde

```
for (float iv = vCount-1; iv >= 0; iv--) {
  beginShape(QUAD_STRIP);
  for (float iu = 0; iu <= uCount; iu++) {
    float u = map(iu, 0, uCount, uMin, uMax);
    float v = map(iv, 0, vCount, vMin, vMax);

    float x = 0.75*v;
    float y = sin(u)*v;
    float z = cos(u)*cos(v);
    vertex(x, y, z);

    v = map(iv+1, 0, vCount, vMin, vMax);
    x = 0.75*v;
    y = sin(u)*v;
    z = cos(u)*cos(v);
    vertex(x, y, z);
  }
  endShape();
}
```

uとvの値からx、y、zの値がそれぞれ計算されています。

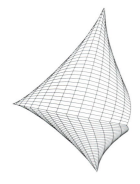

uMin=5、uMax=57、vMin=0、vMax=15
→ M_3_2_04.pde

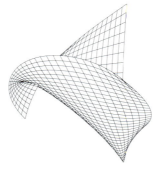

uMin=7、uMax=39、vMin=−4、vMax=15
→ M_3_2_04.pde

これらの図形はすべて同じ数式を使い、同じように回転させたものです。uとvの範囲が異なることで、数式の異なる断面が描かれているのです。

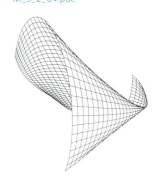

uMin=−6、uMax=25、vMin=−11、vMax=4
→ M_3_2_04.pde

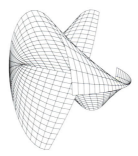

uMin=0、uMax=50、vMin=−10、vMax=10
→ M_3_2_04.pde

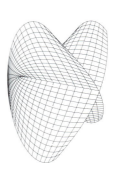

uMin=10、uMax=52、vMin=−10、vMax=10
→ M_3_2_04.pde

**コードの最適化**　基本的には、数式からなる3次元図形はすべて先ほどの
プログラムで生成できます。複雑な関数や非常に大きなグリッドのレンダリ
ングはCPUに負荷をかけるため、簡単ところからコードの最適化をしてお
きましょう。

ここまで、すべてのグリッド状の点はフレームごとに新たに計算されていま
した（つまり、グリッドが描かれる度に計算されています）。しかし、x、y、z
軸を最初に一度計算するだけでも十分です。さらに、ほぼすべての点が2回
計算されています。タイルの行の下部の点は、次の行の上部に対応している
ためです。

ここまでの条件を考慮すると、最初にすべての点を計算し、2次元の配列に
格納しておく方法が効果的だと言えます。

→ M_3_2_05.pde

```
PVector[][] points = new PVector[vCount+1][uCount+1];
...
void setup() {
  ...
  for (int iv = 0; iv <= vCount; iv++) {
    for (int iu = 0; iu <= uCount; iu++) {
      float u = map(iu, 0, uCount, uMin, uMax);
      float v = map(iv, 0, vCount, vMin, vMax);

      points[iv][iu] = new PVector();
      points[iv][iu].x = v;
      points[iv][iu].y = sin(u)*cos(v);
      points[iv][iu].z = cos(u)*cos(v);
    }
  }
}
```

2次元配列の初期化。グリッドの点の数は、タ
イルの数よりも常に1つ多くなります。

点を計算し、配列に格納します。

こうすることで、計算された点を描画時に利用できます。この方法に対応し
た描画処理は次のようになります。

```
for (int iv = 0; iv < vCount; iv++) {
  beginShape(QUAD_STRIP);
  for (int iu = 0; iu <= uCount; iu++) {
    vertex(points[iv][iu].x, points[iv][iu].y, points[iv][iu].z);
    vertex(points[iv+1][iu].x, points[iv+1][iu].y,
           points[iv+1][iu].z);
  }
  endShape();
}
```

保存された点の座標を利用します。ループのイ
ンデックス変数iuとivは行の上部の点を表し、
iuとiv+1は下部の点を表します。

## M.3.3 Meshクラス

ここからは、グリッドの計算とレンダリングをクラスとして集約させます。つまり、メッシュのすべてのパラメータや計算と描画のための関数をそれぞれ別のプログラム上の部品としてまとめ、メッシュを簡単に生成できるようにします。こうすることで、コードもきれいになります。さらに、いくつかの基本的な図形をクラス内にあらかじめ定義しておきます。ここで作るクラスを「Meshクラス」と呼ぶことにします。

→ W.410
Webサイト：Paul Bourke：geometry

クラスを使えば、例えば次の2行のコードでメッシュを生成し描画できます。これは「スタインベック・スクリュー」の例で、u軸とv軸方向にそれぞれ100個のタイルを用いています。uの範囲は-3から3まで、vの範囲は-PIからPIまでです。

```
Mesh myMesh = new Mesh(Mesh.STEINBACHSCREW,
                       100,100, -3,3,-PI,PI);
myMesh.draw();
```

→ M_3_3_01.pde

MeshクラスはGenerative Designライブラリに同梱されています。詳しくはwww.generative-gestaltung.deを参照してください。簡単なリファレンスをこのチャプターの最後につけました。

スタインベック・スクリュー
→ M_3_3_01.pde

シェル
→ M_3_3_02.pde

サイン
→ M_3_3_03.pde

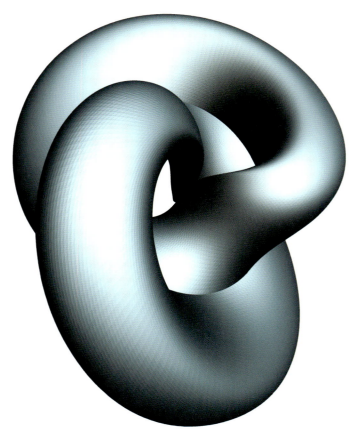

8の字トーラス
→ M_3_3_04.pde

## M.3.4 メッシュ構造を崩す

実際のところ、ここまで作ってきた図形は（少なくとも単純なものは）、どのような3Dのプログラムでも簡単に生成できます。しかし、一般的な表現を超えようとするとき、メッシュを自分で計算し描画してきた努力の効果が表れます。以下の2つはシンプルな手法ですが、Meshクラスに手を加えることで表現の可能性が広がる事例を示しています。

**単体のグリッド** 　ここまでは、隙間なくつながったグリッドを生成してきました。ランダム関数を使ってメッシュを分解することで、さまざまな形を生み出せるようになります。そのための機能はすでにMeshクラスに組み込まれています。setMeshDistortion()関数から得た値を使うことで、メッシュ上の点が、もともと計算された位置に置かれるのではなく、ランダムな位置に配置されるようになります。

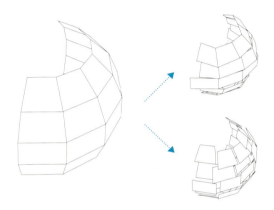

グリッド状の点が3次元空間に変換された後、ランダムな値がx、y、zのそれぞれの値に足されます。メッシュをQUAD_STRIPを使って描画している限り、それぞれの面はつながったままです。

描画モードQUADSが代わりに使われると、メッシュは完全にばらばらになります。

マウス ──── 右ボタンでドラッグ：回転
キー ───── M：メニュー・D：3Dエクスポート（DXFフォーマット）

```
float r1 = meshDistortion * random(-1, 1);
float r2 = meshDistortion * random(-1, 1);
float r3 = meshDistortion * random(-1, 1);

vertex(points[iv][iu].x + r1,
       points[iv][iu].y + r2,
       points[iv][iu].z + r3);
vertex(points[iv+1][iu].x + r1,
       points[iv+1][iu].y + r2,
       points[iv+1][iu].z + r3);
```

→ M_3_4_01_TOOL/Mesh.pde

メッシュを描くとき、点を置く前にランダムな数字を3つ生成し、それぞれをx座標、y座標、z座標に不規則性を加える値として使います。meshDistortionの値が大きくなるほど、それぞれの点のもとの位置との乖離が大きくなります。

randomSeed()を使って、同じ並びの乱数を作ります。そうすることで、描画の度に画面が変化しチラついてしまうことを避けています。

→ Ch.M.1.1
乱数と初期条件

→ M_3_4_01_TOOL.pde

```
randomSeed(123);
myMesh.draw();
```

この作例にはメニューが加えられており、多くのパラメータを直接操作できるようになっています。変数uMin、uMax、vMin、vMaxを、スライダーを使って変更できます。PARAMEXTRAによってグリッドの形が変化します。

メインパラメータには、描画モード(NO BLEND、BLEND ON WHITE、BLEND ON BLACK)と描画パラメータ (MESHALPHA、MESHSPECULAR、HUERANGE、SATUATIONRANGE、BRIGHTNESSRANGE)もあり、メッシュの色や透明度を変えることができます。

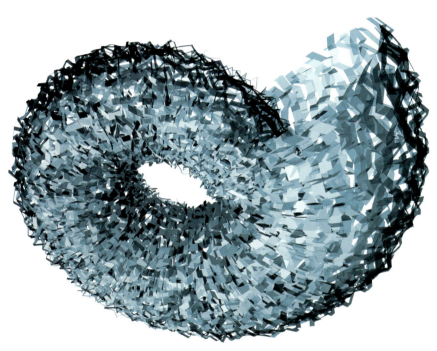

「DRAW STRIP」モードを使って、メッシュの各行をつなげた状態。
→ M_3_4_01_TOOL.pde

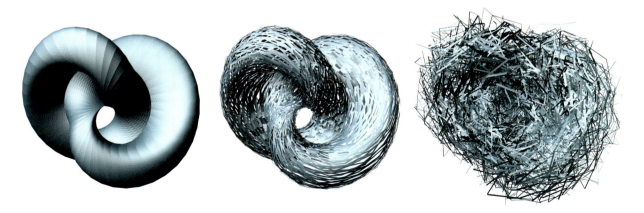

MESHDISTORTIONパラメータによって、各点がもとの位置からどの程度ランダムに離れていくかが決まります。
→ M_3_4_01_TOOL.pde

フォーム：結び目。この形は、uCountかvCountのどちらか一方が極端に大きく、もう一方が極端に小さい場合に現れます。
→ M_3_4_01_TOOL.pde

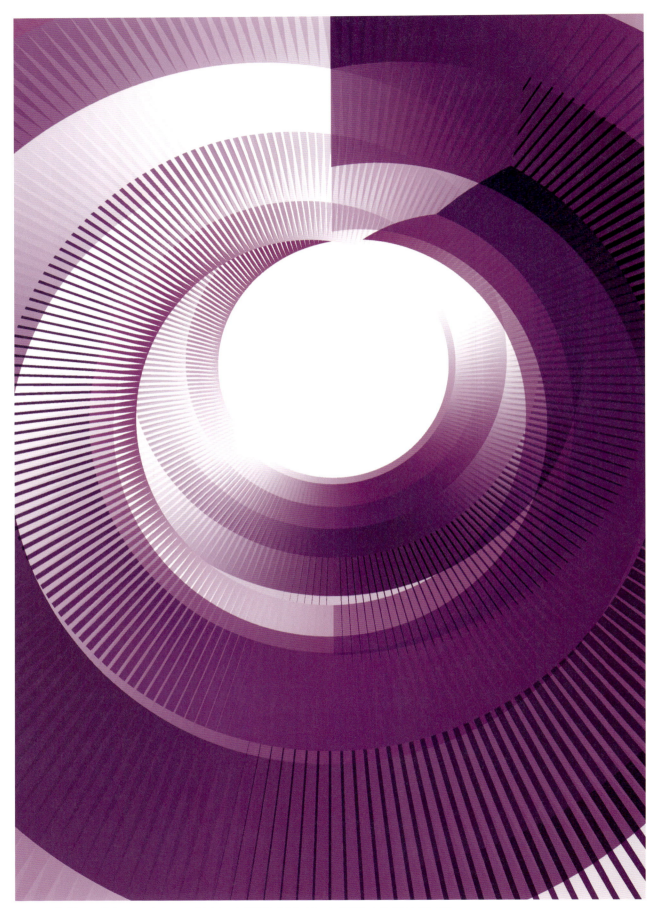

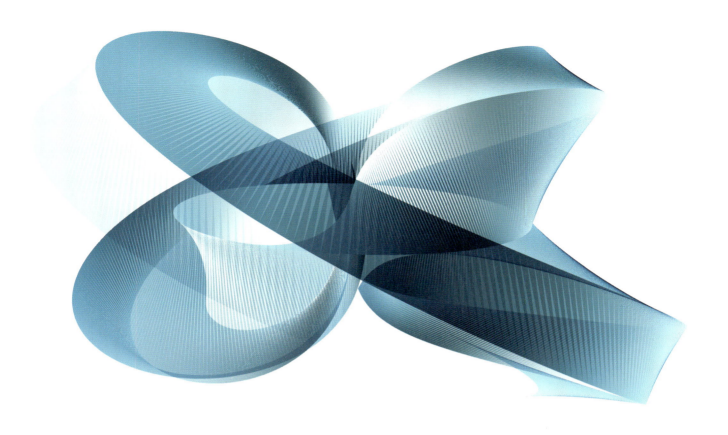
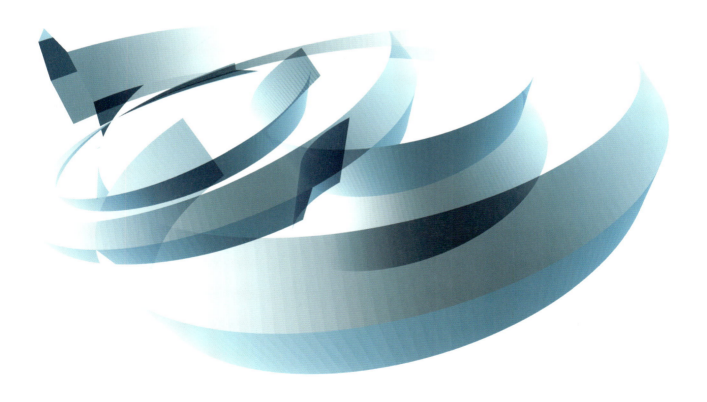

フォーム：8の字トーラス。BLEND ON WHITEモードを使って、重なり合う色の層からメッシュが生成されています。
→ M_3_4_01_TOOL.pde

**複数のグリッド**　　グリッドを崩すもう1つの方法は、たくさんのグリッドを生成して、メッシュの表面上の一部のみ表示するやり方です。

次の作例では、球体を表現する数式を用いたMeshクラスのインスタンスを6個生成しています。uとvの値が-PIからPIまでである場合、メッシュは完全な球体を作り出します。メッシュからランダムに小さい範囲を切り出して表示すると、全体としてパッチワークのような図形が生成されます。この実装は比較的簡単です。この場合も、メッシュの計算と描画の機能をMeshクラス内に詰め込むほうが利用しやすいでしょう。

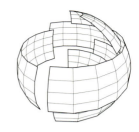

ここでは、メッシュによる図形は1つのグリッドからは描かれず、たくさんのグリッドが互いに重なり合うことで形を作っています。

→ M_3_4_02.pde

```
int meshCount = 6;
Mesh[] myMeshes;

int form = Mesh.SPHERE;
int uCount = 8;
int vCount = 4;
```

変数meshCountによって生成されるメッシュの数が定義されます。メッシュは配列myMeshesに格納されます。

生成されるすべてのメッシュに適用されるパラメータを設定します。

```
void setup() {
  …
  myMeshes = new Mesh[meshCount];

  randomSeed(35976);
  for (int i = 0; i < meshCount; i++) {
    float uMin = random(-6, 6);
    float uMax = uMin + random(2, 3);

    float vMin = random(-6, 6);
    float vMax = vMin + random(1, 2);

    myMeshes[i] = new Mesh(form, uCount,vCount,
                        uMin,uMax, vMin,vMax);
    myMeshes[i].setDrawMode(QUAD_STRIP);

    float col = random(160, 240);
    myMeshes[i].setColorRange(col,col,0,0,100,100,100);
  }
}
```

メッシュを格納する配列を初期化。

ループを使ってメッシュを生成します。uとvの範囲はランダムに決められます。uの範囲がvよりも大きいことで、各メッシュは細長い一片になります。

通常どおりメッシュを生成します。生成したインスタンスは配列に格納します。

```
void draw() {
  ...
  for (int i = 0; i < meshCount; i++) {
    pushMatrix();
    scale(random(0.9, 1.2));
    myMeshes[i].draw();
    popMatrix();
  }
}
```

グリッドを描画する前に、draw()内で90～120%の範囲でランダムに拡大縮小します。こうすることで、それぞれのタイルが重なり味気ない図形になってしまう可能性を減らせます。

以前の作例と同様に、このグリッドを崩す手法をツール化したものをチャプターの最後に用意しています。このツールのボタンなどを使って設定することで、形を変えることができます。新たに追加されるのはrandomScaleRangeパラメータです。このパラメータは、各グリッドをどの程度拡大縮小するかを定義します。

randomRangeとrandomUCenterRange（またはrandomVRangeとrandomVCenterRange）を設定するスライダーを使って、それぞれのグリッドがどの程度の幅をもつか、どこに配置するかを指定できます。

複数のメッシュからなるトーラス。randomScaleRangeが大きくなると、小さくなって内側に入るメッシュもあれば、大きくなって外に出るメッシュもあります。
→ M_3_4_03_TOOL.pde

フォーム：カサガイ型のトーラス。まずrandomScaleRangeを大きくし、次にmeshDistorionを大きくしています。
→ M_3_4_03_TOOL.pde

フォーム：8の字トーラス。たくさんのメッシュからできています。それぞれのメッシュは、非常に小さな平面で構成されています。
→ M_3_4_03_TOOL.pde

396　　M.3　数学的図形 - M.3.4　メッシュ構造を崩す

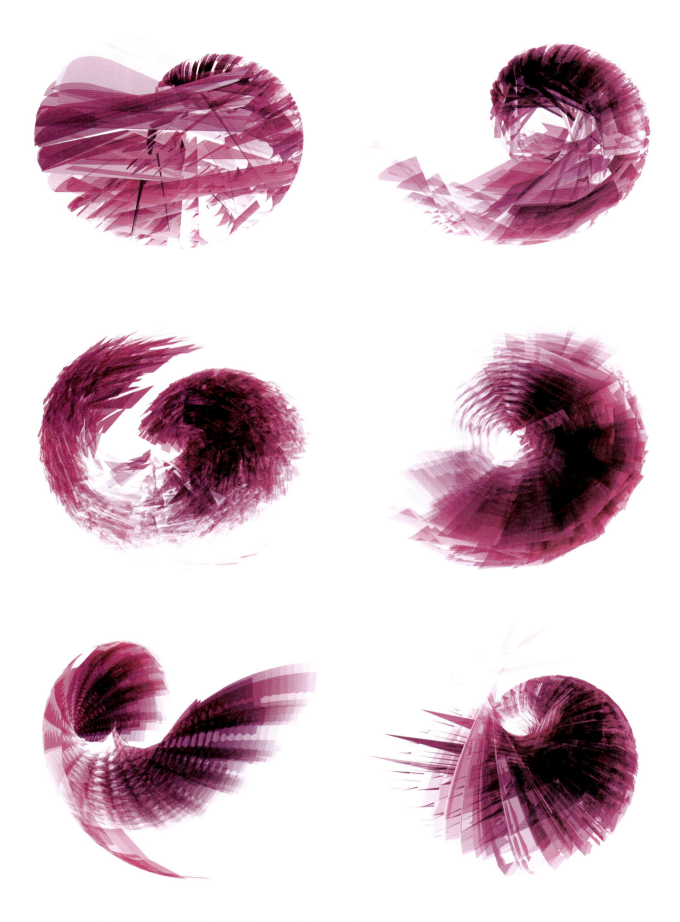

フォーム：コークスクリュー。uとvのとり得る値の範囲の変化とメッシュの回転から生成されています。
→ M_3_4_03_TOOL.pde

3Dプログラムで使える形式にエクスポートできます。DSFフォーマットとしてエクスポートされたものは、さらに魅力的なレンダリングやエフェクトを可能にします。
→ M_3_4_03_TOOL.pdeとAutodesk 3ds Max   → レンダリング：Cedric Kiefer

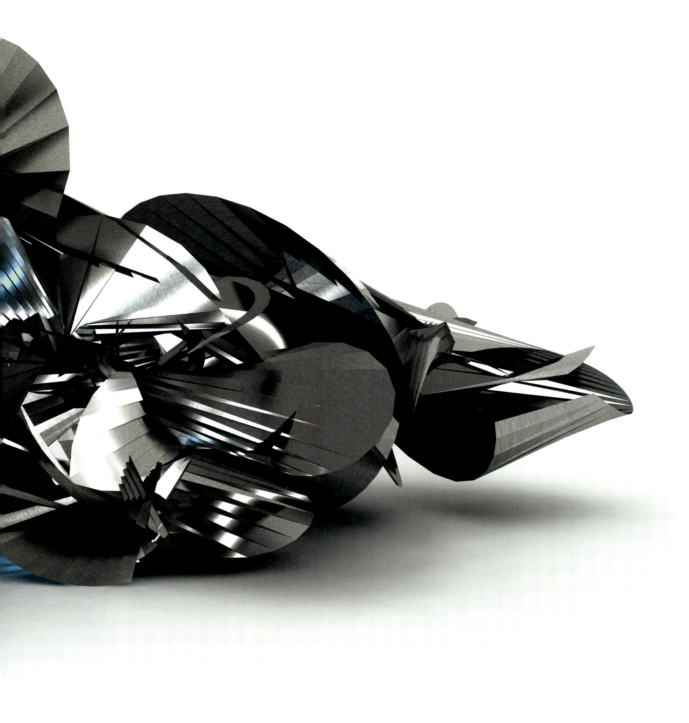

# M.3.5 カスタムシェイプを定義する

さまざまな図形が、Meshクラスにすでに組み込まれています。例えばsetForm(Mesh.SPHERE)を使うと球体を生成できます。Meshクラスを拡張し、新しい図形を定義することも難しくありません。次のスクリプトでは、MyOwnMeshクラスを作成し、既存のクラスを拡張しています。Meshクラスのすべてのメソッドは引き継がれています。置き換える必要があるのはcalculatePoints()だけです。このメソッドで、uとvの値をもとにx、y、zの値を計算します。まったく新しい数式を作ることも可能ですし、既存のものに手を加え、新しい形を生み出すこともできます。

→ M_3_5_01.pde

```
class MyOwnMesh extends Mesh {
  PVector calculatePoints(float u, float v) {
    PVector p1 = SteinbachScrew(u, v);
    PVector p2 = Bow(u, v);

    float x = lerp(p1.x, p2.x, params[1]);
    float y = lerp(p1.y, p2.y, params[1]);
    float z = lerp(p1.z, p2.z, params[1]);

    return new PVector(x, y, z);
  }
}
```

calculatePointsメソッドを再定義します。

すでに定義されているSteinbachScrewとBowから補間させます。

Meshクラスがもつ配列paramsは、自由に使える12のメモリーを表します。ただし、最初の値params[0]は既存の式で使われています。ここではparams[1]を使って、2つの図形がどのようにブレンドされるかを制御しています。

このクラスは以下のように使います。

```
void setup() {
  ...
  myMesh = new MyOwnMesh();
  myMesh.setUCount(100);
  myMesh.setVCount(100);
  myMesh.setColorRange(193, 193, 30, 30, 85, 85, 100);
}
void draw() {
  ...
  myMesh.setParam(1, float(mouseX)/width);
  myMesh.update();
  myMesh.draw();
}
```

クラスのインスタンスを生成し、各パラメータを設定します。

個別のパラメータを設定するにはsetParam()メソッドを使います。params[1]は自作したクラスで使われているので、ここで設定します。

パラメータが変化すると、メッシュの形にも変化が表れます。各点は描画の前にupdate()で再計算する必要があります。

マウスの水平方向の位置によって、メッシュが変化し、別の形へと徐々に変わっていきます。
→ M_3_5_01.pde

# M.3.6 Meshクラス —— リファレンス(一部)

## プロパティ

| | | |
|---|---|---|
| form | int | メッシュの形を定義する。以下の定数のいずれか。<br>PLANE, TUBE, SPHERE, TORUS, PARABOLOID, STEINBACHSCREW, SINE, FIGURE8TORUS, ELLIPT-<br>ICTORUS, CORKSCREW, BOHEMIANDOME, BOW, MAEDERSOWL, ASTROIDALELLIPSOID, TRIAXIAL-<br>TRITORUS, LIMPETTORUS, HORN, SHELL, KIDNEY, LEMNISCAPE, TRIANGULOID, SUPERFORMULA |
| uMin | float | uの最小値 |
| uMax | float | uの最大値 |
| uCount | int | u方向のタイルの数 |
| vMin | float | vの最小値 |
| vMax | float | vの最大値 |
| vCount | int | v方向のタイルの数 |
| params | float[] | 図形の形に変化を与えるパラメータの配列。通常はparam[0]のみが数式内で使われる。 |
| drawMode | int | タイルの描画方法を指定する。<br>TRIANGLES, TRIANGLE_STRIP, QUADS, QUAD_STRIP |
| meshDistortion | float | メッシュの歪みの度合い |
| minHue | float | 色相の最小値(0-360) |
| maxHue | float | 色相の最大値(0-360) |
| minSaturation | float | 彩度の最小値(0-100) |
| maxSaturation | float | 彩度の最大値(0-100) |
| minBrightness | float | 明度の最小値(0-100) |
| maxBrightness | float | 明度の最大値(0-100) |
| meshAlpha | float | メッシュの透明度(0-100) |

## メソッド

| | |
|---|---|
| update() | 点の位置を再計算する。 |
| draw() | メッシュを描画する。 |

## コンストラクタ

| |
|---|
| Mesh() |
| Mesh(form) |
| Mesh(form, uCount, vCount) |
| Mesh(form, uMin, uMax, vMin, vMax) |
| Mesh(form, uCount, vCount, uMin, uMax, vMin, vMax) |

M. 4

# Attractors

アトラクター

# M.4.0
# アトラクター ── 概要

「アトラクター」とは、仮想的な磁石のようなものです。つまり、「空間内の点が、それぞれ引き合ったり、反発し合ったりするようプログラムされたもの」と言えます。アトラクターを実現するために用いられる関数は、時間が経つにしたがって変化を生み出します。関数が繰り返される度に、全体の環境に対して僅かな変化を与えます。そうすることで、徐々に形が現れてきます。その形は、他のやり方では生成し得ないものです。仮にできたとしても、かなりの難易度となります。たくさんのオブジェクトを一点に集める場合や、反対にそこから遠ざける場合にも、アトラクターは有効に活用できます。

→ M_4_3_01_TOOL.pde
→ M_4_4_01_TOOL.pdes

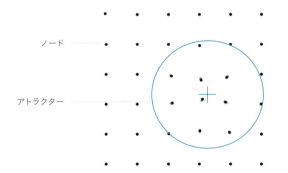

このチャプターのグラフィックは、すべてノード（移動する点）の集合から作られています。そして、アトラクターがノードを引き寄せたり遠ざけたりします。この引力と斥力は、フレームごとに計算され、それぞれのノードに適用されます。その繰り返しを経て、最初の構造は徐々に崩れていきます。

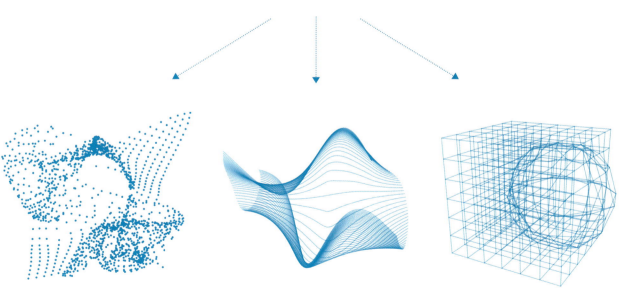

点の動きのパラメータやノードの表現方法によって、さまざまな構造が生成されます。これはノードを点で表現したもの。

ノードを水平線でつなげたもの。歪みや重なりが生まれます。

さらに、ノードを3次元のグリッドに並べたもの。アトラクターはグリッド状のすべての点をあらゆる方向に遠ざけています。

もともと水平に引かれていた線が、アトラクターの影響で徐々に歪んでいきます。3次元処理はまったく行っていないにもかかわらず、3次元のような表現が生まれます。
→ M_3_4_03_TOOL.pde

## M.4.1 ノード

引力をシミュレートする仮想空間を作る場合、少なくとも2種類のオブジェクトが必要です。アトラクター（引き寄せる点）とノード（引き寄せられるオブジェクト）です。基本的には、アトラクターもノードも空間内に置かれた単なる点です。それらの点の、最も重要な情報は位置です。x座標、y座標、（3次元空間の場合には）z座標が重要になってきます。各点は、座標以外にもプロパティや関数をもっています。これについて詳しく説明していきます。

最初の作例は2次元平面のものです。とはいえ、後で3次元空間に変換させることも簡単です。

動くオブジェクトはノードとして構成します。ノードには、空間上の位置（x, y）に加えて、速度ベクトルが設定されます。速度ベクトルはフレームごとに何ピクセル移動するかを定義します。

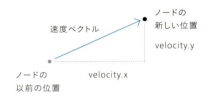

次の作例では、ノードを扱うシンプルなクラスを作成し、そこから生成したいくつかのインスタンスを配置しています。

キー ──── R：ノードをリセット

→ M_4_1_01/Node.pde

```
class Node extends PVector {
  PVector velocity = new PVector();
  float minX=5, minY=5, maxX=width-5, maxY=height-5;
  float damping = 0.1;

  Node(float theX, float theY) {
    x = theX;
    y = theY;
  }

  void update() {
    x += velocity.x;
    y += velocity.y;

    →
```

PVectorクラスを拡張して、主に位置xとyに関するプロパティとメソッドを追加します。

速度。

位置の境界。

動きの減衰率（0–1）。この数値が大きくなるほど、ノードがすぐに停止するようになります。

update()メソッドが呼ばれると、まず速度の値が位置に加算されます。

```
    if (x < minX) {
      x = minX - (x - minX);
      velocity.x = -velocity.x;
    }
    if (x > maxX) {
      x = maxX - (x - maxX);
      velocity.x = -velocity.x;
    }
    ...

    velocity.x *= (1-damping);
    velocity.y *= (1-damping);
  }
}
```

ノードの位置（ここではx座標）が指定されたエリアの外に出た場合は、xの値を境界をまたいで反転させ、また速度の値も反転させています。そうすることで、リバウンドすることを避けています。

x座標と同じ処理をy座標にも適用します。

最後に、速度ベクトルはdampingの値によって小さくなっていきます。dampingの値が大きいほど、速度xと速度yに0に近い値がかけ合わされることになり、より早く速度が小さくなります。

このクラスは下記のように利用します。

→ M_4_1_01 .pde

```
int nodeCount = 20;
Node[] myNodes = new Node[nodeCount];

void setup() {
  ...
  for (int i = 0; i < nodeCount; i++) {
    myNodes[i] = new Node(random(width), random(height));
    myNodes[i].velocity.x = random(-3, 3);
    myNodes[i].velocity.y = random(-3, 3);
    myNodes[i].damping = 0.01;
  }
}
```

ノードの配列を作成します。

インスタンスを生成します。その際、位置と速度はランダムな値を利用します。

```
void draw() {
  ...
  for (int i = 0; i < myNodes.length; i++) {
    myNodes[i].update();
    fill(0, 100);
    ellipse(myNodes[i].x, myNodes[i].y, 10, 10);
  }
}
```

フレームごとにノードの位置は更新され、描画し直されます。

他の作例はGenerative Designライブラリ → Ch.M.4.5 に含まれるNodeクラスを利用しています。ライブラリに含まれるクラスも、基本的にはここまで説明したクラスと同じですが、少しだけ手を加えてあります。例えば、ある関数の拡張などです。このNodeクラスは「動的なデータ構造」のチャプターでも利用します。

→ Ch.M.6

## M.4.2 アトラクター

アトラクターは引力をシミュレートします。磁石のように、物体（この例ではノード）がアトラクターに近いほど強く引かれ合います。

アトラクターは反復的に機能します。つまり、計算ステップごとに、定義された範囲内のすべてのノードの速度ベクトルに変化が加えられ移動していきます。これは下記のように実現されます。

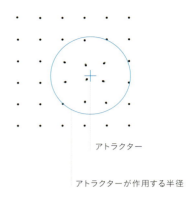

1. ノードとアトラクターの距離（d）を測ります。

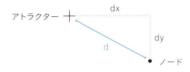

2. 引力（f）を計算する関数を定義します。

ここでの関数は、距離がゼロに近づくほど大きな値を返し、距離が半径と一致したときにゼロを返す必要があります。まずは、0から半径（r）までの値をとるdを0〜1の範囲に変換すると扱いやすくなります。そしてその値を右の関数に渡します。

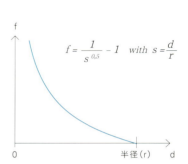

$$f = \frac{1}{s^{0.5}} - 1 \quad with \quad s = \frac{d}{r}$$

3. 引力をノードの速度ベクトルに適用させます。

ここで、どのようにfをノードに適用させるか決めなければなりません。最も簡単な方法は、fをもともとの距離ベクトルにかけ合わせることです（このやり方は右の図の曲線を生成します）。そして、計算結果をノードの移動ベクトルに足し算します。物理的に正しいわけではありませんが、ノードがアトラクターに近づいたときに発生する不快な効果を避けることができます。

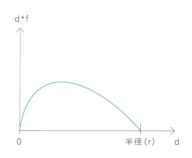

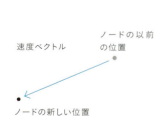
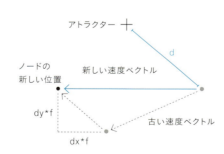

ノードと同様に、アトラクターの機能も要約して説明します。

**マウス** ── クリック、ドラッグ：ノードを引きつける
**キー** ──── R：ノードをリセットする

→ M_4_2_01/Attractor.pde

```
class Attractor {
  float x=0, y=0;
  float radius = 200;

  Attractor(float theX, float theY) {
    x = theX;
    y = theY;
  }

  void attract(Node theNode) {
    float dx = x - theNode.x;
    float dy = y - theNode.y;
    float d = mag(dx, dy);

    if (d > 0 && d < radius) {
      float s = d/radius;
      float f = 1 / pow(s, 0.5) - 1;
      f = f / radius;

      theNode.velocity.x += dx * f;
      theNode.velocity.y += dy * f;
    }
  }
}
```

位置を示す変数。

引力の有効半径。

attract()メソッドにはアトラクターの影響を受けるノードが渡され、次のステップを実行します。

1. 距離dを計算。

2. fを計算し、強く作用しすぎないように半径で割ります。

3. ノードの速度ベクトルに引力を適用します。

このクラスは下記のように利用します。

→ M_4_2_01.pde

```
int xCount = 200;
int yCount = 200;
float gridSize = 500;

Node[] myNodes = new Node[xCount*yCount];
Attractor myAttractor;

void setup() {
  ...
  initGrid();
  myAttractor = new Attractor(0, 0);
}
→
```

分かりやすくするため、ノードの生成はサブルーチンに切り出しています。

アトラクターのインスタンスを生成。

```
void draw() {
  ...
  myAttractor.x = mouseX;
  myAttractor.y = mouseY;

  for (int i = 0; i < myNodes.length; i++) {
    if (mousePressed) {
      myAttractor.attract(myNodes[i]);
    }

    myNodes[i].update();

    fill(0);
    rect(myNodes[i].x, myNodes[i].y, 1, 1);
  }
}
```

→ M_4_2_01.pde

アトラクターをマウスの位置に設定します。

マウスのボタンを押したときのみ、アトラクターがノードに影響を与えるようにします。

ここでも、フレーム処理の繰り返しごとにノードが更新されています。

ノードのdampingが非常に小さい値に設定されている場合（この例は0.02）、ノードは速度を長い時間維持するようになり、このような画像が生まれます。

**アトラクターのチューニング**　アトラクターの一部の属性をコントロールできるようにするため、半径の他にパラメータを2つ追加しましょう。

引力の強さのパラメータstrengthは簡単に導入できます。引力fにシンプルにstrengthを乗算すれば実現できます。マイナスの値を設定することで、オブジェクトを引きつけるだけではなく、反発させる効果も得られます。

```
f = strength * f/radius;
```

→ M_4_2_02/Attractor.pde

力を計算する際、計算式で固定値0.5を利用し、新しいパラメータにかけ合わせます。このパラメータの名前を適切につけるには、この乗算が結果となる曲線にどのような効果を及ぼすかを確かめなければいけません。明らかに、曲線より早い段階で、より高い最大値に達するようになります。そのため、このパラメータは「ramp（傾斜）」と呼びましょう。Attractorクラスにおける対応するコード部分は下記になります。

```
float f = (1 / pow(s, 0.5*ramp) - 1);
```

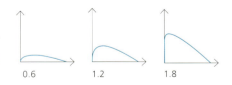

さまざまなrampの値をとったときの曲線の形。

よく見てみると、半径に達したときに曲線が折れています。これは、不快な歪みが現れることを意味します。この歪みは、力の計算に下記の数式を使うことで避けられます。

```
float s = pow(d/radius, 1/ramp);
float f = s*9*strength * (1/(s+1) + ((s-3)/4)) / d;
```

→ M_4_2_03/Attractor.pde

折れ曲がるような変化 | スムーズな変化

アトラクターに手を加え、力fが引力または斥力を発せず、渦の効果を出すようにすることも可能です。

マウス ── クリック、ドラッグ：ノードを引きつける
キー ──── R：ノードをリセットする

```
class Attractor {
  ...
  void attract(Node theNode) {
    ...
    theNode.velocity.x += dy * f;
    theNode.velocity.y -= dx * f;
  }
}
```

→ M_4_2_04/Attractor.pde

ベクトル(x, y)のxとyを入れ替え、それと同時に片方を反転させると、もともとのベクトルに直行するベクトル(y, -x)が生成されます。この原理をAttractorクラスに適用すると、アトラクターが渦を発生させるようになります。

Nodeクラスと同様に、Attractorクラスも少し拡張したものがGenerative Designライブラリ → Ch.M.4.5 に入っています。さきほど紹介した動作も、modeプロパティを設定することで可能になります。modeプロパティに使える値は定数BASIC（「アトラクターのチューニング」の始めで紹介した方法）、SMOOTH（スムーズに変化する曲線）、TWIRL（渦）です。プロパティとメソッドの簡単な解説を、このチャプターの最後に掲載しました。

Twirl（渦）
→ M_4_2_04.pde

## M.4.3　アトラクター生成ツール

ここまで紹介してきたノードとアトラクターを扱う手法を1つのツールにまとめました。このツールを使えば、各パラメータによる変化を理解しやすいでしょう。ツールに追加した各種設定項目のうちの一部を詳しく説明します。

以前の作例では、常に点として表現されるノードからグリッドが作られていました。このツールでは、グリッドを描画する他の手法をいくつか追加しています。

LAYERCOUNTを使って9個までのグリッドを重ねられます。それらのグリッドは独立して動作します。キー1から9を使って、どのレイヤーを操作するかを指定します。0を押すと、表示されているすべてのグリッドが同時に変化します。各レイヤーに別々の色をつけるには、以下のようにします。

```
color[] defaultColors = {color(0, 130, 164),
            color(181, 157, 0), color(90, 144, 82)};
```

DRAW XボタンとDRAW Yボタンを使うと、どのグリッド上の点を線でつなぐか指定できます。どちらも選択していない場合、すべての点を描画します。LOCK XボタンとLOCK Yボタンはノードの動く方向を制限します。これらの操作によって、生成できるグラフィックの種類を大幅に増やせます。DRAW CURVESを選択すると、グリッド上の各点は直線ではなく、曲線でつながれます。

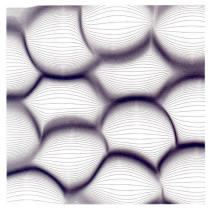
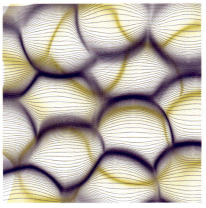
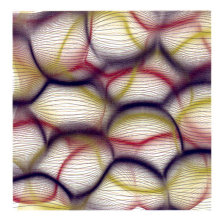

何層ものレイヤーを重ね合わせます。レイヤーはそれぞれが独立して動作します。
→ M_4_3_01_TOOL.pde

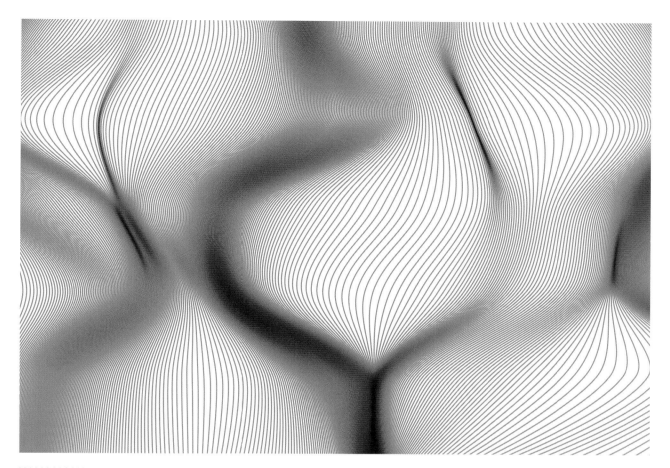

ノードのステップサイズの設定（この例では、アトラクターによってノードが動く方向は制限されています）や、線の描き方（上の例は曲線、下の例は直線）によって、まったく別の構造が生成されます。
→ M_4_3_01_TOOL.pde

2次元のノードからなるレイヤーを複数配置します。それぞれのレイヤーごとに形を作り色をつけたものを重ね合わせています。
→ M_4_3_01_TOOL.pde

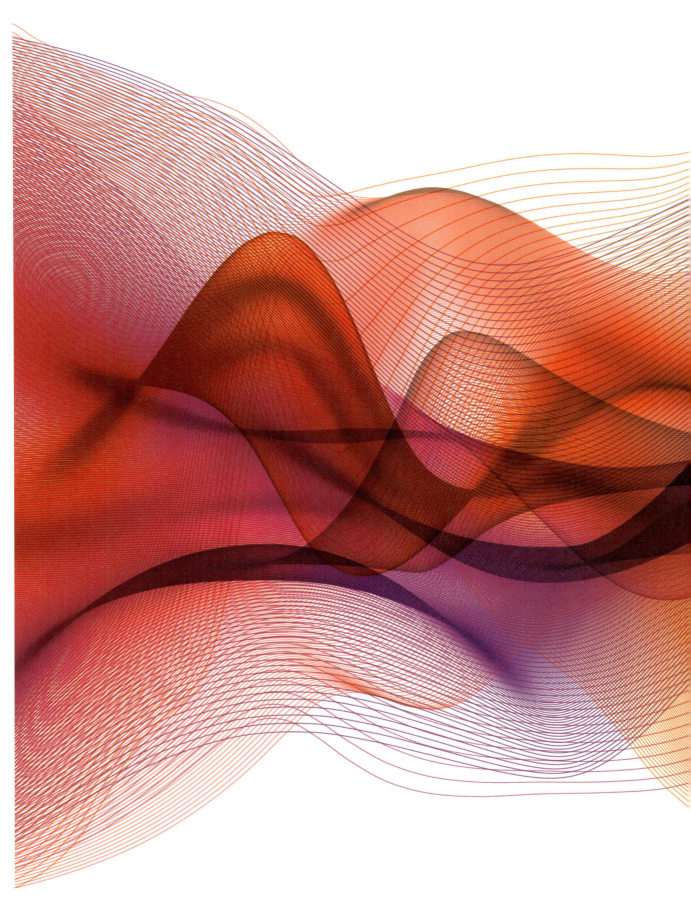

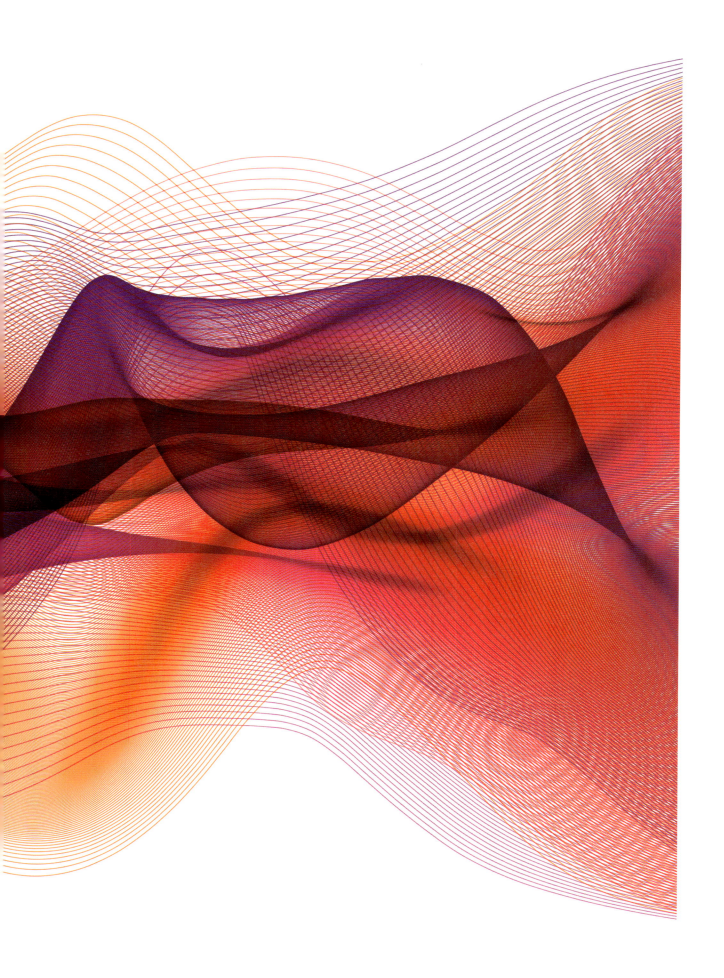

## M.4.4　空間内のアトラクター

M.4.1の始めで述べたように、3次元空間でもアトラクターとノードを簡単に利用できます。そのためには、スケッチ中でxとyが登場するすべての部分で、同じようにzを定義する行を追記していく必要があります。Generative Designライブラリ中のクラスでも同様にz軸が追加されています。

しかし、2次元のツールを3次元に拡張する際には、小さな問題を解決しなければなりません。2次元のツールでは、マウスの位置でアトラクターをコントロールしてきました。3次元のグリッドに並んだノードでは、マウスがどのようにノードに影響を与えるのか、というインタラクションの設計がはっきりしていません。解決策としては、常にアトラクターをスクリーンのx-yレイヤーに置くことです。ノードが回転した場合、アトラクターがスクリーン面にあるノードに影響を与えるように、アトラクターを反対方向に回転させる必要があります。

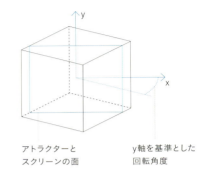

アトラクターと　　　y軸を基準とした
スクリーンの面　　　回転角度

そのためには、次のコードが必要です。

→ M_4_4_01_TOOL.pde

```
rotateX(rotationX);
rotateY(rotationY);
...
myAttractor.x = (mouseX-width/2);
myAttractor.y = (mouseY-height/2);
myAttractor.z = 0;

myAttractor.rotateX(-rotationX);
myAttractor.rotateY(-rotationY);
```

— ノードのグリッドを回転させています。

— マウスの位置に応じて、アトラクターの最初の位置を、対応する3次元空間内の点に設定します。

— アトラクターの位置を反対方向に回転させます。この動きのために、回転用のメソッドをAttractorクラスに組み込んでいます。

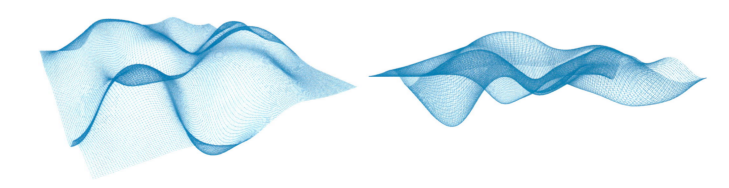

この例では、まず2次元のノードのメッシュからなるグリッドから始めました。空間内のアトラクターが全方向にノードを動かした結果、このような波が現れます。
→ M_4_4_01_TOOL.pde

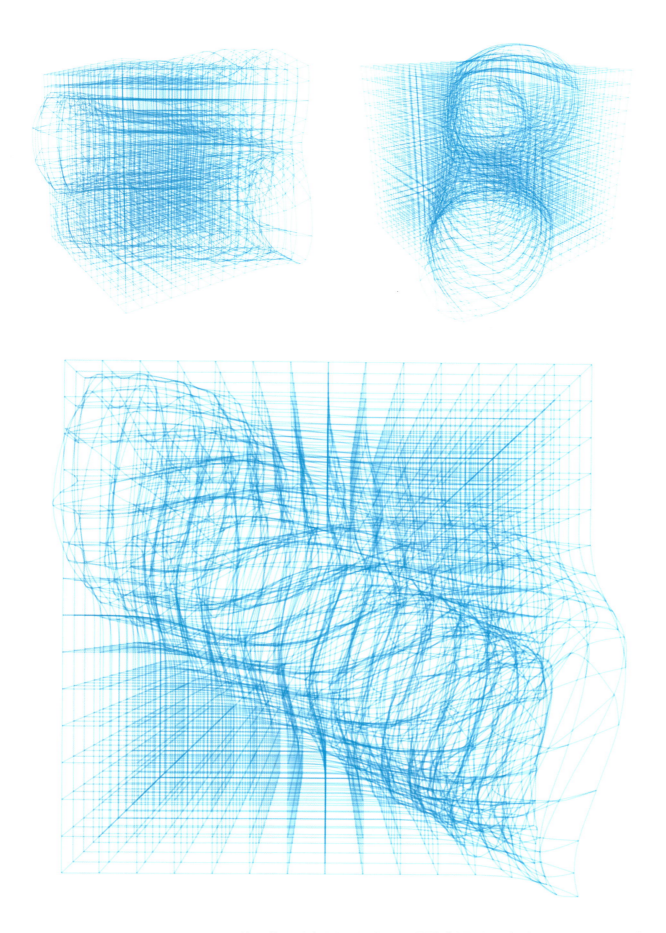

これらのイメージは、アトラクターによってどういったものが空間に描けるかを表したものです。グリッドの正面図を、左上図のように回転しました。そして、アトラクターが移動し、ノードが反発していきます。他の2枚の画像は、1レイヤー上のみでアトラクターが動いていることを表しています。
→ M_4_4_01_TOOL.pde

これらの画像は、同じ3次元のメッシュからなるグリッドを崩したものです。正面から見ると、ノード同士はまた違った線のつながり方をしています。
→ M_4_4_01_TOOL.pde

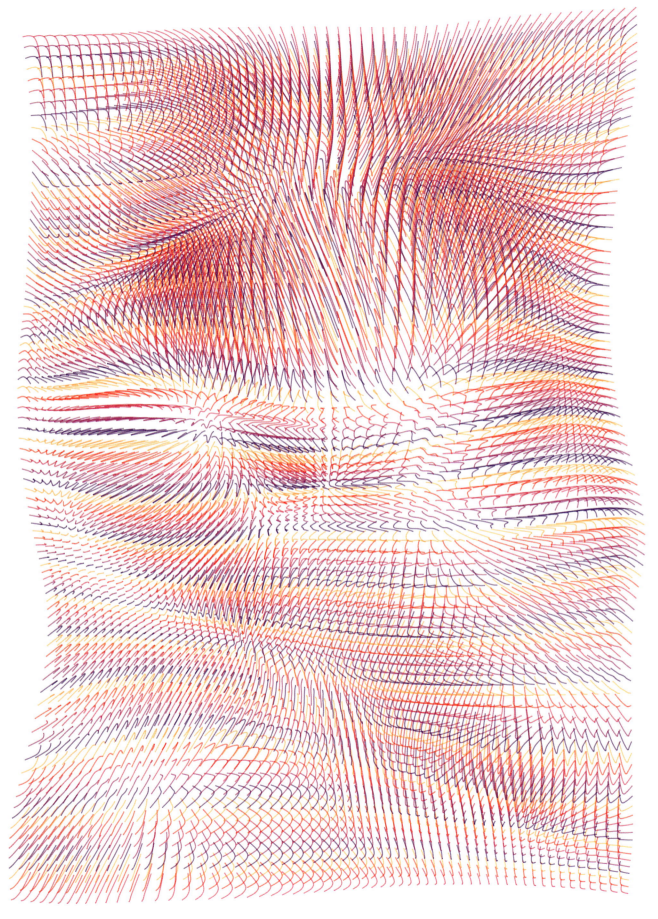

それぞれのレイヤーに別々の色を割り当てています。設定された色の数よりもレイヤーの数が多い場合は、設定された色が繰り返されます。
→ M_4_4_01_TOOL.pde

## M.4.5  Nodeクラス ── リファレンス（一部）

### プロパティ

| | | |
|---|---|---|
| x, y, z | float | ノードの位置 |
| minX, maxX, minY, maxY, minZ, maxZ | float | x、y、zの最大値、最小値 |
| velocity | PVector | 速度ベクトル |
| maxVelocity | float | 最大速度 |
| damping | float | 速度の減衰率 |

### メソッド

| | |
|---|---|
| update() | 位置を更新 |
| setBoundary(minX, minY, maxX, maxY) | xとyの境界値を設定 |
| setBoundary(minX, minY, minZ, maxX, maxY, maxZ) | x、y、zの境界値を設定 |

### コンストラクタ

| |
|---|
| Node() |
| Node(x, y) |
| Node(x, y, z) |
| Node(PVector(x, y, z)) |

## M.4.6  Attractorクラス ── リファレンス(一部)

### プロパティ

| x, y, z | float | アトラクターの位置 |
|---|---|---|
| mode | int | 定数BASIC、SMOOTH、TWIRLのいずれか |
| radius | float | 引力と斥力の及ぶ半径 |
| strength | float | 引力の強さ(負の値は斥力を表す) |
| ramp | float | 引力と斥力の変化の傾き(0-2) |
| nodes | Node[] | attract()関数が呼ばれたときに影響を受けるノードの配列 |

### メソッド

| rotateX(float theAngle) | x軸を中心に指定された角度の分だけ回転する |
|---|---|
| rotateY(float theAngle) | y軸を中心に指定された角度の分だけ回転する |
| rotateZ(float theAngle) | z軸を中心に指定された角度の分だけ回転する |
| attachNode(Node theNode) | 渡されたノードを配列nodesに追加する |
| attract() | nodesに格納されたノードを引き寄せる／反発させる |
| attract(Node theNode) | 指定されたノードを引き寄せる／反発させる |
| attract(Node[] theNodes) | 指定されたノードの配列を引き寄せる／反発させる |

### コンストラクタ

| Attractor() |
|---|
| Attractor(x, y) |
| Attractor(x, y, z) |
| Attractor(PVector(x, y, z)) |

M. 5

# Tree diagrams

ツリー図

# M.5.0
# ツリー図 — 概要

ツリー構造は、階層的なデータ構造からなるグラフィック表現です。このチャプターでは、入れ子構造の例としてハードディスク内のフォルダを用います。データは再帰的に読み込まれ、放射状の特殊なツリー構造に変換されます。これは、一般的には「サンバースト図」と呼ばれます。この視覚化の手法は、リスト状の表現に比べて、何千とあるファイルのサイズの分布と階層構造をひと目で理解できるという大きな利点があります。

→ M_5_5_01_TOOL.pde

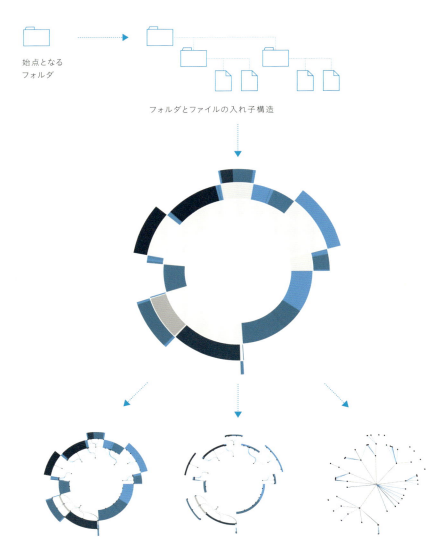

始点となるフォルダ

フォルダとファイルの入れ子構造

このチャプターでツリー構造のベースとしているのが、ハードディスク内のフォルダの入れ子構造です。ファイル構造は、階層的に構成されたデータの典型的な例です。それぞれのフォルダには数の制限なく、サブフォルダやファイルを入れることができます。

この構造を読み込み、サンバースト図に変換します。この種のダイアグラムでは、階層と比率が同時にビジュアライズされます。階層構造の要素（この例ではフォルダとファイル）は、円のまわりに弧を描く形で表現され、下位階層の要素は、さらに外側の円に配置されます。弧の角度はフォルダやファイルの大きさを反映しています。

この図を応用して、階層構造を強調する表現が簡単に生成できます。サンバースト図は円弧から構成されていますが、古典的なツリー図としても表せます（右ページの図）。

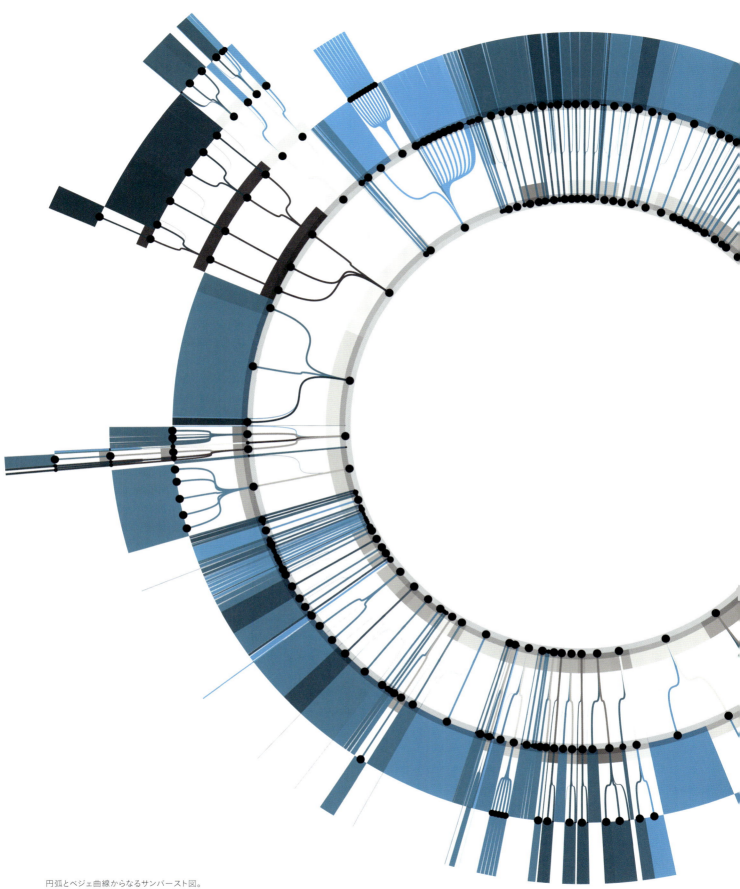

円弧とベジェ曲線からなるサンバースト図。
→ M_5_5_01_TOOL.pde

## M.5.1 再帰

反復的原理、つまりプログラムの一部を繰り返すことは、複雑なタスクをこなす際の一般的な方法です。本書でも、for文を使ったプログラムはすべて、このアプローチをとっていると言えます。しかし、このシンプルな方法では十分ではない場合があります。階層的に入れ子になった情報を処理するときや、ツリーのような階層的な構造を生成する場合、再帰でしか実現できません。再帰は、関数をその関数自身の中から呼ぶものです。もちろん、ある条件になったらそれ以上関数が呼ばれないようにする必要があります。次のプログラムでは、関数が自分自身を呼ぶことを繰り返し、「枝」を描いています。

→ W.411
Wikipedia：Recursion（再帰）

数式の中で入れ子になったかっこが、再帰の一般的な例です。次の式は、最も内側のかっこから再帰的に計算し、最終的な結果になります。
((2+5)*(4:(3-1)))=14

キー ──── 1-9：再帰の深さ

→ M_5_1_01.pde

```
int recursionLevel = 6;
float startRadius = 200;

void draw() {
  ...
  drawBranch(0,0, startRadius,recursionLevel);
  ...
}

void drawBranch(float x, float y, float radius, int level) {
  strokeWeight(level*2);
  stroke(0, 130, 164, 100);
  noFill();
  arc(x,y, radius*2,radius*2, -PI,0);

  fill(0);
  noStroke();
  ellipse(x,y,level*1.5,level*1.5);

  if (level > 0) {
    drawBranch(x-radius, y+radius/2, radius/2, level-1);
    drawBranch(x+radius, y+radius/2, radius/2, level-1);
  }
}
```

drawBranch()関数は、指定された中心点をもとに下向きの半円を描きます。変数recursionLevelで、階層をいくつ生成するかを指定します。

階層の深さlevelによって線の太さを変えます。

arc()関数とellipse()関数を使って枝を描きます。

さらに下位の枝（level > 0のもの）を描く場合、この関数は、次の階層用に調整したパラメータとともに自分自身を2回呼びます。

## M.5.2 ハードディスクからのデータ読み込み

あなたのハードディスクのフォルダに入っているファイル群が、このチャプターでのツリー構造のベースとなります。「画像の集合で作るコラージュ」のチャプターで、フォルダに入った複数のファイルを読み込む方法について解説しています。→ Ch.P.4.2.1　ここでの課題は、前述のチャプターの作例とは2つの点で異なっています。第一に、フォルダ内の「ツリー構造」がビジュアライゼーションのために必要である点。つまり、それぞれのフォルダの下層にあるフォルダとファイルのすべてを再帰的に辿る必要があります。第二に、ファイルの中身ではなく、ファイルの情報、例えばサイズに関心があるという点です。フォルダ構造を読み込み表示するために、新しいクラスFileSystemItemを作りました。このクラスのインスタンスは任意の数のFileSystemItemを含めることができます。

→ FileSystemItemの再帰的な構造は、ベン・フライによる『ビジュアライジング・データ』の第7章に基づいています。

→ M_5_2_01/FileSystemItem.pde

```
class FileSystemItem {
  File file;
  FileSystemItem[] children;
  int childCount;

  FileSystemItem(File theFile) {
    this.file = theFile;

    if (file.isDirectory()) {
      String[] contents = file.list();
      if (contents != null) {
        contents = sort(contents);
        children = new FileSystemItem[contents.length];
        for (int i = 0 ; i < contents.length; i++) {
          if (contents[i].equals(".")||contents[i].equals("..")
              || contents[i].substring(0,1).equals(".")) {
            continue;
          }
          File childFile = new File(file, contents[i]);
          try {
            String absPath = childFile.getAbsolutePath();
            String canPath = childFile.getCanonicalPath();
            if (!absPath.equals(canPath)) continue;
          } catch (IOException e) {}
          FileSystemItem child = new FileSystemItem(childFile);
          children[childCount] = child;
          childCount++;
        }
      }
    }
    ...
  }
```

FileSystemItemの各インスタンスが、ファイルまたはフォルダを表します。関連するフォルダまたはファイルへの参照は、変数fileによって行われます。下位のオブジェクト(存在する場合)は配列childrenで参照されます。

FileSystemItemのコンストラクタには、ファイルまたはフォルダを引数theFileとして渡します。theFileがフォルダの場合、その中身が処理され、すべてのファイルやフォルダについてFileSystemItemのインスタンスが生成されます。

中のファイルとフォルダはアルファベット順に並び替えて保持されます。

特殊なフォルダやファイル、例えば「.」や「..」、あるいはピリオドで始まるファイル名は無視されます。

子要素が存在するかどうかチェックします。その際、エイリアス(あるいはショートカット)は除きます。そうしないと、階層構造が無限ループに陥ってしまいます。

チェックを通ったファイルとフォルダについて、新しいFileSystemItemのインスタンスが生成されます。この処理は再帰的に繰り返され、サブフォルダとファイルがなくなるまで続きます。

構成されたツリー構造をまずはシンプルに表示するために、FileSystemItemクラスの出力用メソッドを使います。printDepthFirst()関数は再帰的に動作し、全体のツリー構造をProcessingのコンソールに表示します。階層の深さはインデントで表現されます。ツリーは、深さ優先探索のアルゴリズムで処理されます。まずは最も深い葉要素まで進み、そこから横に並ぶ枝を辿っていきます。深さ優先探索は、階層構造を再帰的に処理する際の素直な方法だと言えます。

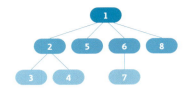

深さ優先探索で処理されるツリー構造の例。数字の小さい順に進みます。

→ W.412
Wikipedia：Depth-first search（深さ優先探索）

```
void printDepthFirst(int depth, int indexToParent) {
  for (int i = 0; i < depth; i++) print("    ");
  println(fileCounter+" "+indexToParent+"<-->"+fileCounter+
         " ("+depth+") "+file.getName());

  indexToParent = fileCounter;
  fileCounter++;
  for (int i = 0; i < childCount; i++) {
    children[i].printDepthFirst(depth+1,indexToParent);
  }
}
```

depthの値が大きくなるほど、その行にスペースが追加されます。その結果、深さに対応したインデントとなります。

変数fileCounterはグローバル変数として定義され、この関数が呼ばれる度に値が1つ増えます。こうすることで、すべてのアイテムがナンバリングされ、一意のIDをもつことができます。

それぞれの子要素に対してprintDepthFirst()関数が呼ばれます。変数depthは1つ増え、親要素への参照が変数indexToParentとして子要素へ与えられます。

FileSystemItemクラスと出力メソッドはメインのコードの中で次のように使われます。

キー ———— O：入力フォルダを選択

```
String defaultFolderPath = System.getProperty("user.home")+
                                              "/Desktop";
int fileCounter = 0;

void setup() {
  size(128,128);
  setInputFolder(defaultFolderPath);
}

void setInputFolder(String theFolderPath) {
  ...
  FileSystemItem selectedFolder = new FileSystemItem(
                            new File(theFolderPath));
  selectedFolder.printDepthFirst();
  ...
}
```

defaultFolderPathは実行時に走査される場所となり、そのコンテンツが出力となります。

FileSystemItemクラスのインスタンスが作られています。ハードディスクのフォルダのパスが、再帰処理の出発点としてコンストラクタに渡されています。上で説明したように、全体のフォルダとファイルの構造が表示されます。

そして、printDepthFirst()を使ってコンソールに出力されます。

## M.5.3 サンバースト図

サンバーストは、階層構造と比率を放射状の図形として同時に表現する手法です。全体の図は円弧から構成されます。弧が外側にあるほど、階層構造において下位にあることを意味します。オブジェクトのサイズは、弧が占める角度によって表現されます。ハードディスク内のデータの例では、それぞれの弧はファイルやフォルダを表現し、弧の占める角度はファイルやフォルダのサイズを意味します。そして、中心からの距離は階層構造の深さに対応します。この図では、内側の弧は全体で360°を常に占めます。ファイルサイズの代わりに（または追加で）、他の属性、例えばファイルの存在時間などを弧の色や線の太さとで表現することもできます。

→ W.413
John Stakoのサンバースト図の記事

ハードディスク内のファイル構造を、ツリー図とサンバースト図にして並べました。数字はそれぞれのサイズを意味しています。

→ M_5_3_01/SunburstItem.pde

サンバースト図の弧は、SunburstItemクラスによって生成します。

```
class SunburstItem {
  ...
  void update(int theMappingMode) {
    ...
        percent = norm(fileSize, fileSizeMin, fileSizeMax);
    ...
    if (isDir) {
      float bright = lerp(folderBrightnessStart,
                          folderBrightnessEnd,percent);
      col = color(0,0,bright);
    }
    ...
  }
  void drawArc(float theFolderScale, float theFileScale) {
    float arcRadius;
    if (depth > 0 ) {
      if (isDir) {
        strokeWeight(depthWeight * theFolderScale);
        arcRadius = radius + depthWeight*theFolderScale/2;
      } else {
        strokeWeight(depthWeight * theFileScale);
        arcRadius = radius + depthWeight*theFileScale/2;
      }

      stroke(col);
      arc(0,0, arcRadius,arcRadius, angleStart, angleEnd);
    }
  }
}
```

— 表現の種類に応じて、update()メソッドで、弧の色、幅、半径などを計算します。表示に必要な値の計算は一度だけ行うようにすることで、計算にかかる負荷を大幅に減らします。

— 例えば、ここでfileSizeをファイルサイズの最小・最大に基づくパーセント値に変換します。この値を使って、弧の色を計算します。

— drawArc()関数を使って弧をディスプレイに描画します。theFolderScaleとtheFileScaleのパラメータは、それぞれのファイルやフォルダに対応した弧の幅と占める角度を設定するために使われます。

— isDirは、その要素がフォルダの場合にtrueとなります。

— arc()関数を使って弧を描きます。

さらに、FileSystemItemを拡張して、読み込まれたツリー構造に応じて対応するSunburstItemのインスタンスが作れるようにします。このために、新たに3つのメソッドを追加します。getFileSize()はフォルダの総サイズを再帰的に計算します。getNotModifiedSince()はファイルやフォルダが最後に変更された日時を調べます。そして、createSunburstItems()はSunburstItemを作るためのメインのメソッドです。このメソッドでFileSystemItemのそれぞれのインスタンスからSunburstItemを作り、フォルダ構造をサンバースト図に変換します。サンバースト図を作る際、内側から外側に向かってレイヤーごとに処理していくのが最も簡単です。そのため、ツリー構造を幅優先探索のアルゴリズムに沿って辿っていく必要があります。

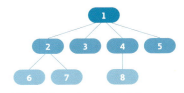

幅優先探索でツリーを処理する例

→ W.414
Wikipedia：Breadth-first search（幅優先探索）

1. 最初のFileSystemItemを定義し、リストに格納します。
2. リスト内の位置を指す変数indexを導入します。
3. indexがリスト内にあるかどうかチェックし、ある場合は：
   4. その位置のFileSystemItemを取り出します。
   5. もしそれがフォルダであれば、その子要素をリストに加えます。
   6. 現在のFileSystemItemからSunburstItemを生成し、保持します。
   7. indexを1つ増やします。
8. 配列の最後に到達したら、保存されているSunburstItemをすべて返します。

右のツリー構造の例では、次のようにして配列を作ります。

最初の要素とインデックスを生成。 現在の要素の子要素4つを追加。 次の要素を処理。 現在の要素の子要素2つを追加。 処理の終わり。

キー ─── O：入力フォルダを選択・1-3：カラーモードの切り替え

→ M_5_3_01/FileSystemItem.pde

```
class FileSystemItem {
  ...
  SunburstItem[] createSunburstItems() {
    float megabytes = this.getFileSize();
    float anglePerMegabyte = TWO_PI/megabytes;

    ArrayList items = new ArrayList();
    ArrayList depths = new ArrayList();
    ArrayList indicesParent = new ArrayList();
    ArrayList sunburstItems = new ArrayList();
    ArrayList angles = new ArrayList();
    →
```

変数anglePerMegabyteで、容量1MBあたりの角度を指定します。

幅優先探索でツリー構造を処理するためのリストを作成します。ここでArrayList型を使用することで、すばやく要素を追加できるようにしています。

```
    items.add(this);
    depths.add(0);
    indicesParent.add(-1);
    angles.add(0.0);

    int index = 0;
    float angleOffset = 0, oldAngle = 0;

    while (items.size() > index) {
        FileSystemItem item = (FileSystemItem) items.get(index);
        int depth = (Integer) depths.get(index);
        int indexToParent = (Integer) indicesParent.get(index);
        float angle = (Float) angles.get(index);

        if (oldAngle != angle) angleOffset = 0.0;

        if (item.file.isDirectory()) {
            for (int ii = 0; ii < item.childCount; ii++) {
                items.add(item.children[ii]);
                depths.add(depth+1);
                indicesParent.add(index);
                angles.add(angle+angleOffset);
            }
        }

        sunburstItems.add(new SunburstItem(index, indexToParent,
                    item.childCount, depth, item.getFileSize(),
                    getNotModifiedSince(item.file),
                    item.file, (angle+angleOffset)%TWO_PI, item.
                    getFileSize()*anglePerMegabyte,
                    item.folderMinFilesize,
                    item.folderMaxFilesize) );

        angleOffset += item.getFileSize()*anglePerMegabyte;
        index++;
        oldAngle = angle;
    }

    return (SunburstItem[]) sunburstItems.toArray(
            new SunburstItem[sunburstItems.size()]);
    }
    ...
}
```

1. リストに最初の要素を追加します。

2. 変数indexを初期化します。

3. リストの最後に到達するまで繰り返します。

4. リストから現在のインデックスが指す要素を取り出します。

直前に処理した要素の角度のオフセットが現在の要素のものと異なる場合（つまり、新しいフォルダにいる場合）、angleを0にリセットします。

5. 現在の要素がフォルダである場合は、すべての子要素をリストに追加します。追加で必要な情報、例えば階層の深さ、現在のインデックスへの参照、そして現在の要素の角度は別のリストに保存します。

6. 現在のFileSystemItemに対応するSunburstItemのインスタンスが作成され、sunburstItemsに保存されます。

現在のangleOffsetをファイルやフォルダのサイズに応じて増加させます。

7. インデックスを1つ増やします。

8. ツリー構造のすべての要素が処理されると、SunburstItemのインスタンスはすべて配列に変換され返されます。

SunburstItemクラスと新しい機能を次のように使い、サンバースト図を生成します。

キー ─── O：入力フォルダを選択・1-3：カラーモードの切り替え

→ M_5_3_01.pde

```
SunburstItem[] sunburst;
```
サンバースト図に用いるすべての弧を配列sunburstに格納します。

```
void draw() {
  ...
  for (int i = 0 ; i < sunburst.length; i++) {
    sunburst[i].drawArc(folderArcScale,fileArcScale);
  }
  ...
}
```
すべての弧を処理し、画面に描画します。

```
void setInputFolder(String theFolderPath) {
  ...
  FileSystemItem selectedFolder = new FileSystemItem(
                                        new File(theFolderPath));
  sunburst = selectedFolder.createSunburstItems();
  ...
  for (int i = 0 ; i < sunburst.length; i++) {
    sunburst[i].update(mappingMode);
  }
}
```
setInputFolder関数は、プログラムの開始時と新しいフォルダが選択されたときに呼ばれます。

渡されたフォルダに対応したFileSystemItemの新しいインスタンスが作られ、弧が生成されます。その際、さきほど説明したcreateSunburstItems()関数が使われます。弧は配列sunburstに格納されます。

弧の色、角度、半径などを計算します。

サンバースト図で特徴的なのは、入れ子構造と相対的な比率が同時に表現できるという点です。サンバースト図は、それぞれの輪が占める面積を同じにすることで、さらに読み取りやすくなるでしょう。そうすることで、異なる輪に属する弧を比較しやすくなります。これをしないと、外側の弧が必要以上に強調されて見えてしまいます。

次の関数を使って、指定された半径の円（ここではディスプレイの高さの半分）をtheDepthMaxで指定された数の円に分割します。

それぞれの輪を同じ太さにした図（左）と、同じ面積を占めるようにした図（右）の比較。

→ Franklin Hernandez-CastroとBenedikt Großによる2008年度夏学期のコース「3-dimensionale Grundlagen im medialem Raum」より。

→ M_5_3_01.pde

```
float calcEqualAreaRadius (int theDepth, int theDepthMax){
  return sqrt(theDepth * pow(height/2, 2) / (theDepthMax+1));
}
```
theDepthと、深さの最大値を示すtheDepthMax、そして画面の縦のサイズに応じて、calcEqualAreaRadius()関数が輪の内側の半径を返します。

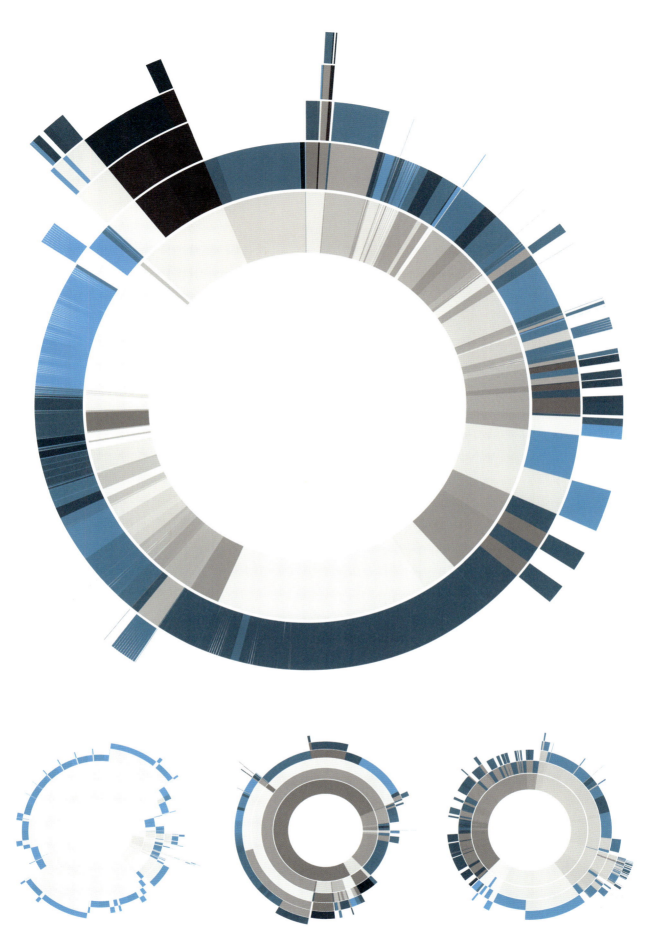

さまざまなフォルダを、同じ設定でサンバースト図にしたもの。円の要素の色が暗いほど、最後に変更が加えられてから長い時間が経過していることを表します。
→ M_5_3_01.pde

## M.5.4 サンバーストツリー

あらかじめFileSystemItemクラスとSunburstItemクラスを作成しておいたため、サンバースト図をもとにしたツリー状の表現を簡単に作れるようになりました。必要なのは、SunburstItemクラスを拡張して、親要素と線でつなげられるようにするだけです。SunburstItemのインスタンス同士を曲線で結ぶ場合は、ベジェ曲線の制御点も必要になります。

キー ——— O：入力フォルダを選択・1-3：カラーモードの切り替え・B：曲線／直線

→ M_5_4_01/SunburstItem.pde

```
class SunburstItem {
  ...
  int indexToParent;
  ...
  void update(int theMappingMode) {
    ...
    c1X = cos(angleCenter);
    c1X *= calcEqualAreaRadius(depth-1, depthMax);

    c1Y = sin(angleCenter);
    c1Y *= calcEqualAreaRadius(depth-1, depthMax);

    c2X = cos(sunburst[indexToParent].angleCenter);
    c2X *= calcEqualAreaRadius(depth, depthMax);

    c2Y = sin(sunburst[indexToParent].angleCenter);
    c2Y *= calcEqualAreaRadius(depth, depthMax);
  }
  ...
  void drawRelationLine() {
    if (depth > 0) {
      stroke(col);
      strokeWeight(lineWeight);
      line(x,y,
          sunburst[indexToParent].x,sunburst[indexToParent].y);
    }
  }
  void drawRelationBezier() {
    if (depth > 1) {
      stroke(col);
      strokeWeight(lineWeight);
      bezier(x,y, c1X,c1Y, c2X,c2Y,
          sunburst[indexToParent].x,sunburst[indexToParent].y);
    }
  }
}
```

変数indexToParentを通じて、子要素は親要素の値にアクセスできます。例えば、親要素の半径はsunburst[indexToParent].radiusとして参照できます。

要素をつなぐ線は、子要素から親要素に向かって描かれます。制御点を2つ追加し、ベジェ曲線を生成します。1点目はdepth-1にあたるひとつ低い階層に置かれ、2点目は子要素の階層に置かれます。

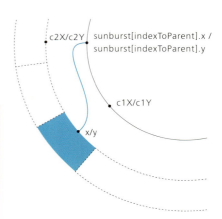

描画モードに応じてdrawRelationLine()またはdrawRelationBezier()が実行され、線が描かれます。

```
void draw() {
  ...
  for (int i = 0 ; i < sunburst.length; i++) {
    if (useBezierLine) sunburst[i].drawRelationBezier();
    else sunburst[i].drawRelationLine();
  }
  ...
}
```

→ M_5_4_01.pde

drawArc()関数の代わりに、新しい関数のいずれかが呼ばれ、図が描かれます。

## M.5.5　サンバースト生成ツール

サンバースト生成ツールは、サンバースト図の各種パラメータを簡単に操作できるため、このチャプターのすべてのコードを試すことができます。

さらに、フォルダやファイルの情報をマウスの位置に合わせて表示するようにしました。この機能を実現するため、マウスがどのオブジェクトの上（つまり、どの輪の上）に乗っているかを把握し、どの弧がその角度に表示されているかを判別する必要があります。しかし、calcEqualAreaRadius()関数によって様々な幅の輪が描かれているため、判別は簡単ではありません。

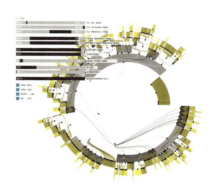

マウス ── x/y座標：追加情報の表示
キー ── O：入力フォルダを選択・1–3：カラーモードの切り替え・M：メニュー

```
void draw() {
  ...
  int mDepth = floor(pow(mRadius,2) * (depthMax+1) /
                     pow(height*0.5,2));
  ...
  for (int i = 0 ; i < sunburst.length; i++) {
    ...
    if (sunburst[i].depth == mDepth) {
      if (mAngle > sunburst[i].angleStart &&
          mAngle < sunburst[i].angleEnd) hitTestIndex = i;
    }
  }
  ...
}
```

→ M_5_5_01_TOOL.pde

深さのレベルmDepthを、マウスから図の中心mRadiusまでの距離をもとに計算します。

サンバーストの弧をすべて描くループです。この中で、現在のサンバースト要素が、マウスの位置にある輪に対応しているかをチェックします。マウスの角度が弧の最初と最後の角度内にある場合、現在の要素のインデックスが変数hitTestIndexに保存されます。そして、その変数を使ってフォルダやファイルの情報を表示します。

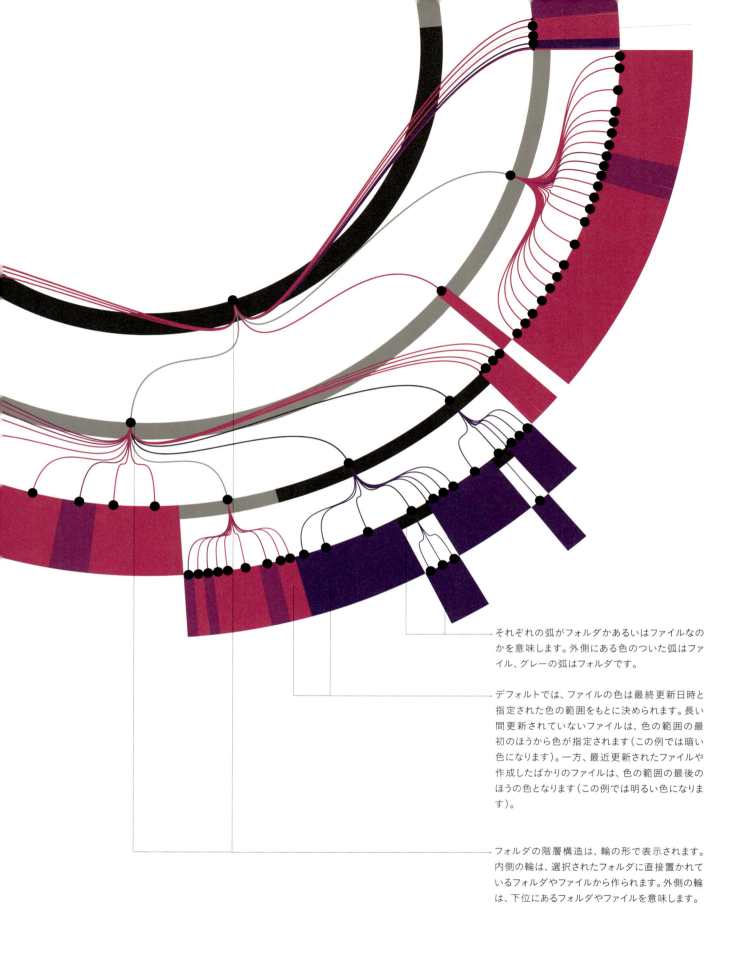

— それぞれの弧がフォルダかあるいはファイルなのかを意味します。外側にある色のついた弧はファイル、グレーの弧はフォルダです。

— デフォルトでは、ファイルの色は最終更新日時と指定された色の範囲をもとに決められます。長い間更新されていないファイルは、色の範囲の最初のほうから色が指定されます(この例では暗い色になります)。一方、最近更新されたファイルや作成したばかりのファイルは、色の範囲の最後のほうの色となります(この例では明るい色になります)。

— フォルダの階層構造は、輪の形で表示されます。内側の輪は、選択されたフォルダに直接置かれているフォルダやファイルから作られます。外側の輪は、下位にあるフォルダやファイルを意味します。

436　M.5　ツリー図 - M.5.5　サンバースト生成ツール

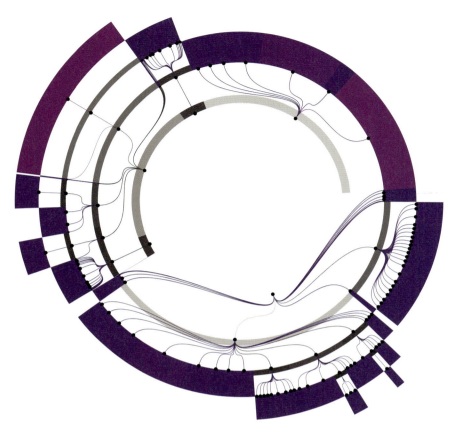

2キーを押すと、カラーモードが変更されます。この状態では、弧の色として表現されるのは、最終更新からの経過時間ではなく、ファイルのサイズになります。この例では、大きなファイルは鮮やかな色、小さなファイルは暗い色となっています。2重表現しているため、サイズの違いが分かりやすくなっています。
→ M_5_5_01_TOOL.pde

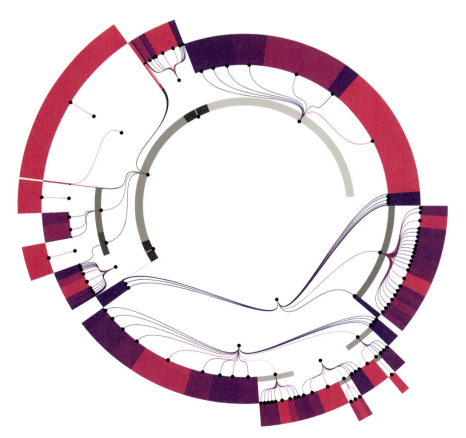

3キーを押すと、さらに別のカラーモードになります。ここでもファイルサイズによって色が決まっていますが、各フォルダを個別に扱っています。つまり、フォルダ内の一番大きなファイルはあらかじめ指定された色の範囲の最後の色（この例では明るい色）となり、最も小さなファイルは範囲の最初の色（この例では暗い色）となります。
→ M_5_5_01_TOOL.pde

多くのフォルダとファイルが入れ子になっているサンバースト図の一部。
→ M_5_5_01_TOOL.pde

こういった形のベジェ曲線は、選択されたフォルダの中に1つだけフォルダがあって、そのフォルダの中に多くのフォルダやファイルがある場合に生成されます。ちなみにこの図は、本書に関連するプログラムをやり取りするためのフォルダから描き出したものです。
→ M_5_5_01_TOOL.pde

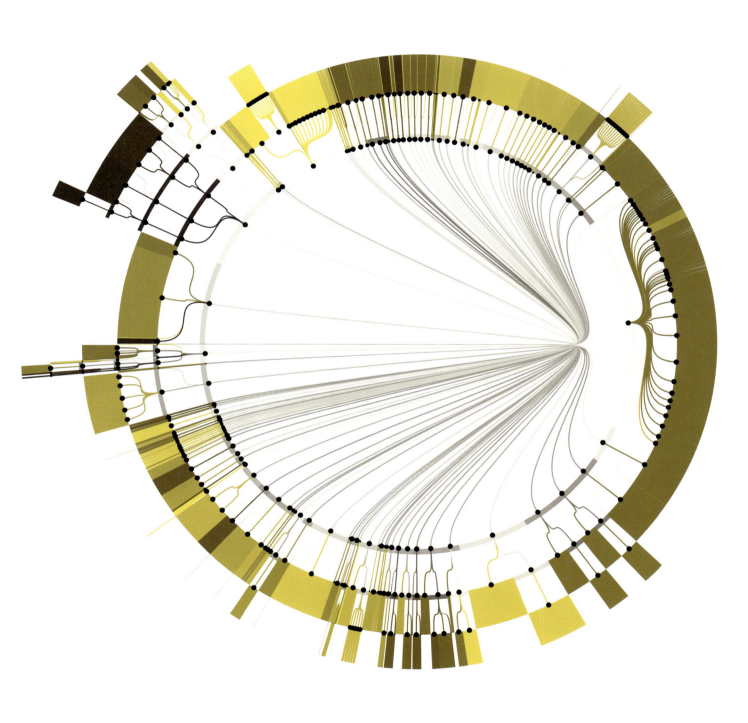

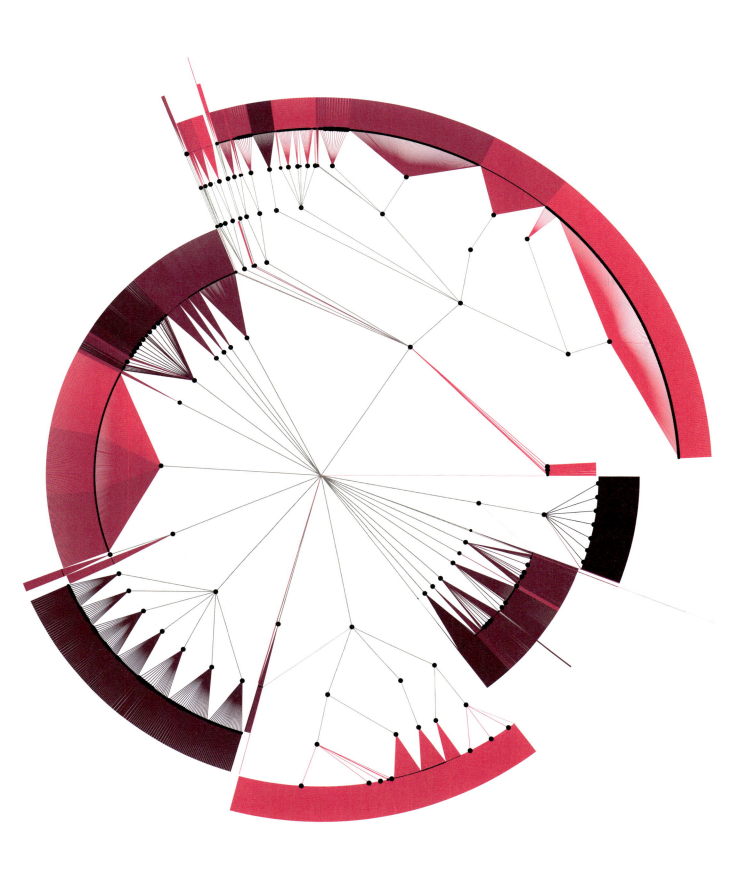

画像フォルダを表現したサンバースト図。均一な枝は、フォルダの中に同じようなサイズのファイルが入っていることを表しています。さらに、多くのフォルダにおいてファイルの色が同じになっています。これは、同じような日時に作成されたことを意味します。
→ M_5_5_01_TOOL.pde

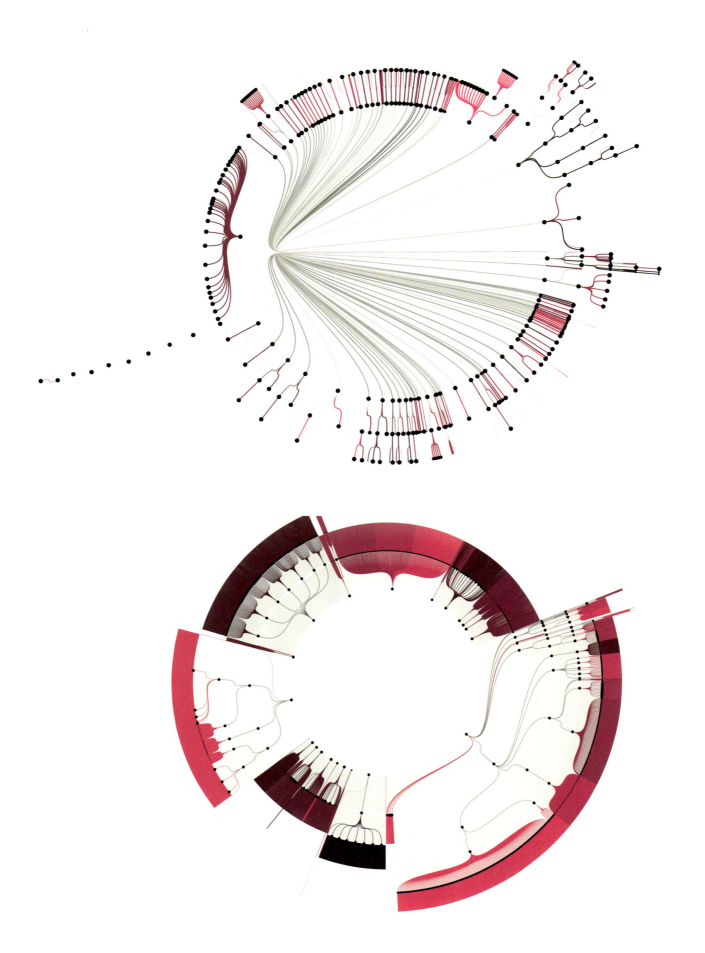

ツールでFOLDERARCSCALEとFILEARCSCALEを変更すると、フォルダやファイルについて描かれる弧の大きさが変化します。両方とも0の場合（上の図）、階層構造のみを強調して表します。対照的に下の図では、ファイルやディレクトリの大きさの分布が、弧の大きさによって分かりやすく表現されています。

→ M_5_5_01_TOOL.pde

442　　M.5　ツリー図 - M.5.5　サンバースト生成ツール

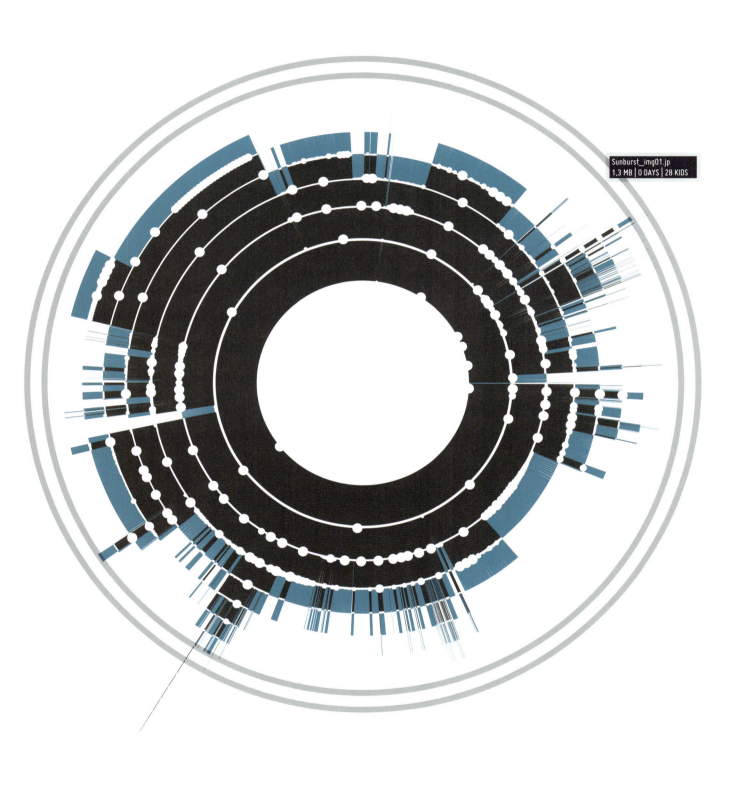

マウスオーバーにより、フォルダやファイルについての追加情報が表示されます。
→ M_5_5_01_TOOL.pde

M. 6

# Dynamic
# data structures

動的なデータ構造

# M.6.0
# 動的なデータ構造 ── 概要

データの種類によって、どのようなビジュアライゼーションが適切であるかも変わってきます。先ほどまで見てきたサンバースト構造は、階層的なデータ構造を表現するのに適していました。しかし、データが階層的に構成されていない場合は、また別の表現が必要になってくるでしょう。このチャプターでは、インターネットからデータを読み込み、適切に視覚化する方法を解説します（例としてWikipediaを使い、「力学モデル」に落とし込みます）。

→ M_6_4_01_TOOL.pde

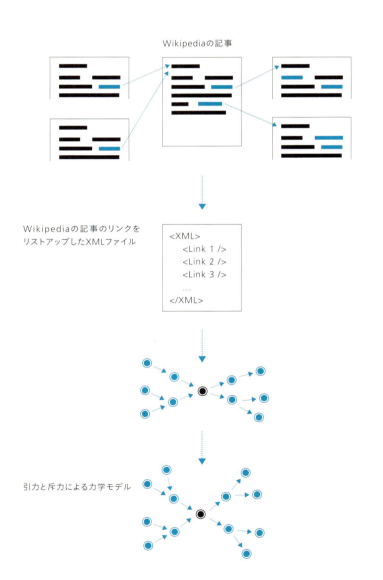

簡単なアプリケーションを作成し、オンライン百科事典Wikipediaの中で、どの記事からどの記事にリンクされているかを調べます。

そのためには、どのように記事同士がリンクされているかを調べなければいけません。WikipediaにはこのためのインタフェースがWikipediaに用意されていて、XMLを出力できます。XMLは、データ交換のための標準化された言語で、ほとんどの言語（Processingも含む）でXMLを扱うライブラリが提供されています。

収集された情報を図に変換します。記事はドットで、リンクは矢印で表現されます。

残る検討課題は、どの位置にドットを描画するか、です。1つのやり方として、ドット同士に引力と斥力が働き、それぞれが動くことで、空いている場所を見つける方法があります。このアルゴリズムは「力学モデル」と呼ばれます。

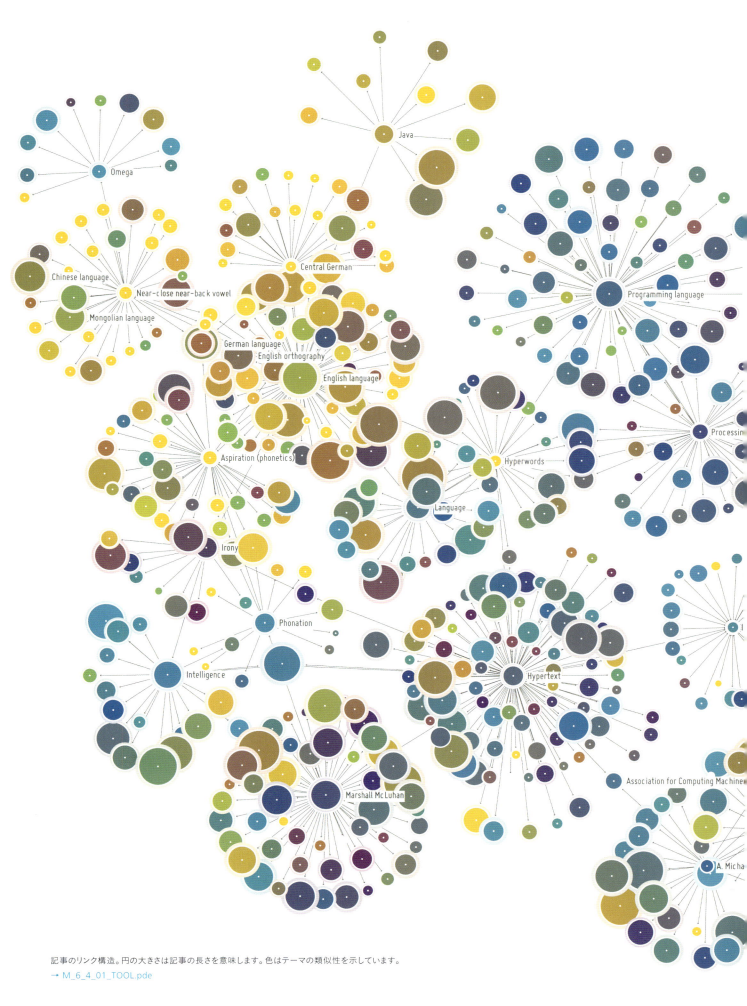

記事のリンク構造。円の大きさは記事の長さを意味します。色はテーマの類似性を示しています。
→ M_6_4_01_TOOL.pde

## M.6.1 力学モデル

数学的に見ると、このチャプターで得られる結果は「グラフ」です。つまり、ノードの集合（Wikipediaの記事群を表す）であり、その一部がつながれているものです。正確に言うならば、「有向グラフ」と呼ぶほうがより適切です。なぜなら、ノードの間の線が矢印で表現されているからです。

このグラフを描画するにあたって難しい課題となるのは、いかにノードに対して適切な場所を見つけるか、という点です。それぞれのノードのまわりに十分なスペースがあり、なるべく線が重なり合わない状態が理想的です。力学モデル（「力学グラフ」とも呼ばれます）は、この問題をエレガントに解いてくれます。

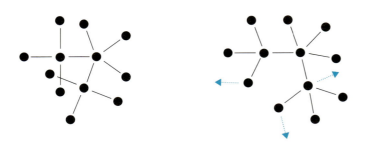

ノードのまわりにつながれたドットが均等に配置されていると、すぐに線が重なり合ってしまいます。線が長くなりすぎないようにしつつ、近いノードが反発し合うことで、この重なりは消えていきます。

力学モデルには2つの相反する力が必要です。ノード同士が反発する力、そしてつながれたノードが引き合う力です。それらの力を反復的なプロセスを用いてシミュレートすると、グラフは自ら最適化されていきます。

**ノードの反発**　ここまでは、ノードの仕組みを抽象的に解説してきました。ここからは、具体的にプログラムに落とし込んでいきます。作例では、「アトラクター」のチャプターでとりあげたクラスを元にして進めます。この`Attractor`クラスには、すでに位置や速度などの必要な属性がいくつか実装されています。→ M.4　ここに、ノード同士が反発する機能を追加する必要があります。

キー ──── R：ノードをリセット                                                      → M_6_1_01/Node.pde

```
class Node extends PVector {
  ...
  void attract(Node[] theNodes) {
    for (int i = 0; i < theNodes.length; i++) {
      Node otherNode = theNodes[i];
      if (otherNode == null) break;
      if (otherNode == this) continue;

      this.attract(otherNode);
    }
  }


  void attract(Node theNode) {
    float d = PVector.dist(this, theNode);

    if (d > 0 && d < radius) {
      float s = pow(d / radius, 1 / ramp);
      float f = s * 9 * strength * (1/(s+1) + ((s-3)/4)) / d;
      PVector df = PVector.sub(this, theNode);
      df.mult(f);

      theNode.velocity.x += df.x;
      theNode.velocity.y += df.y;
      theNode.velocity.z += df.z;
    }
  }
  ...
}
```

ノードは、他のノードをひとつずつ反発させるの
ではなく、すべてのノードを反発させます。その
ため、attract関数にはノードの配列theNodes
を渡せるようにしておくと便利です。関数の中で、
渡されたノードの配列が処理されていきます。

ノードは、自分自身を引き寄せたり反発させた
りするわけにはいきません。そのためループ内
の処理は、otherNodeがthisと等しい場合は
continue文によって無視されます。

引力と斥力の計算は、attract関数内で行わ
れます。attract関数には、対象となるノード
theNodeが渡されます。この計算は、アトラク
ターと同じように行われます。
→ Ch.M.4.2

デフォルトでは、strengthは常にマイナスの値
であるため、ノード同士は反発し合います。

力は直接ノードの位置に影響を及ぼすのでは
なく、まずは対象となるノードの速度ベクトルに
適用されます。

シンプルなプログラムでは、これらの関数は次のように使われます。

→ M_6_1_01.pde

```
Node[] nodes = new Node[200];

void setup() {
  ...
  for (int i = 0 ; i < nodes.length; i++) {
    nodes[i] = new Node(width/2+random(-1, 1),
                        height/2+random(-1, 1));
    nodes[i].setBoundary(5, 5, width-5, height-5);
  }
}
```

200個のノードを入れる配列を作成。

配列をNodeクラスのインスタンスで満たします。
最初の位置は、ディスプレイの中央です。少し
ランダムなオフセット値を与えることで、ノード
が他のノードの真上に乗らないようにします。

ノードの位置の境界は、setBoundary()を使っ
て指定できます。

```
void draw() {
  ...
  for (int i = 0 ; i < nodes.length; i++) {
    nodes[i].attract(nodes);
  }
  for (int i = 0 ; i < nodes.length; i++) {
    nodes[i].update();
  }
  fill(0);
  for (int i = 0 ; i < nodes.length; i++) {
    ellipse(nodes[i].x, nodes[i].y, 10, 10);
  }
}
```

ノードの配列が処理され、他のすべてのノードはattract()関数によって反発します。

ここまで、斥力は速度ベクトルにのみ影響を与えています。ノードの位置はupdate()関数によって更新されます。

ノードは円として描画されます。

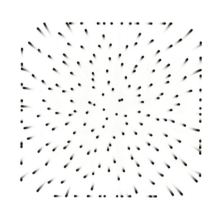

200個のノードが互いに反発し合う。
→ M_6_1_01.pde

**ノードをつなぐバネ**　　ノードの反発ができたら、力学モデルを作るうえで次に重要な要素はノード同士のつながりです。これらのつながりが一定の長さ以上にならないようにするため、一般的にはここでバネの概念が用いられます。

バネのモデルを実現するためには、つながれたノード同士が、離れている場合はお互いに向かって移動し、近づきすぎた場合は反発するアルゴリズムを作る必要があります。これのためには、次のステップを辿るのが唯一の方法です。このステップは、プログラム内で関連するベクトル系の関数に簡単に反映させられます（新しいクラスSpring内で使用されています）。

→ W.415
Wikipedia：Force-directed layout（力学モデル）

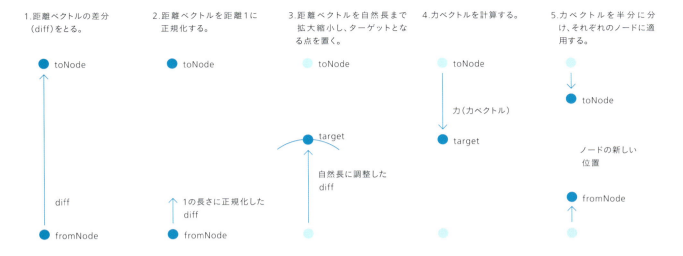

1. 距離ベクトルの差分（diff）をとる。
2. 距離ベクトルを距離1に正規化する。
3. 距離ベクトルを自然長まで拡大縮小し、ターゲットとなる点を置く。
4. 力ベクトルを計算する。
5. 力ベクトルを半分に分け、それぞれのノードに適用する。

マウス —— ドラッグ：ノードを動かす

→ M_6_1_02/Spring.pde

```
class Spring {
  Node fromNode;
  Node toNode;

  float length = 100;
  float stiffness = 0.6;
  float damping = 0.9;

  Spring(Node theFromNode, Node theToNode) {
    fromNode = theFromNode;
    toNode = theToNode;
  }
  ...
  void update() {
    PVector diff = PVector.sub(toNode, fromNode);
    diff.normalize();
    diff.mult(length);
    PVector target = PVector.add(fromNode, diff);

    PVector force = PVector.sub(target, toNode);
    force.mult(0.5);
    force.mult(stiffness);
    force.mult(1 - damping);

    toNode.velocity.add(force);
    fromNode.velocity.add(PVector.mult(force, -1));
  }
  ...
}
```

- バネは常に2つのノード、fromNodeとtoNodeを結びます。
- バネの長さ。
- update()関数の中で計算が行われ、ノードに力が適用されます。
- 1. 距離ベクトルの差分diffを求めます。
- 2. diffを長さ1に正規化します。
- 3. diffを自然長に拡大縮小し、targetの点を求めます。
- 4. 力ベクトルforceを求めます。
- 5. 力ベクトルforceを半分に分け、それぞれのノードの速度ベクトルに適用します。fromNodeでは、速度ベクトルに-1をかけ反転させます。

この作例では、2つのノードがバネでつながれます。

```
void setup() {
  ...
  spring = new Spring(nodeA, nodeB);
  spring.setLength(100);
  spring.setStiffness(0.6);
  spring.setDamping(0.3);
}

void draw() {
  ...
  spring.update();
  nodeA.update();
  nodeB.update();
  ...
}
```

→ M_6_1_02.pde

nodeAとnodeBのあいだにバネが作られます。そして、次の3行でパラメータLength、Stiffness、Dampingが設定されます。剛性(stiffness)と減衰率(dumping)には0〜1の間の値を渡しますが、極端な値を渡すとバネは振動してしまいます。

draw()関数を使い、バネの力を適用します。そしてupdate()で位置を更新します。

両方のクラス(Nodeクラス→M.4.5 とSpringクラス)ともGenerative Designライブラリに含まれています。以降のプログラムでは、これらのクラスをライブラリから読み込みます。HTML形式のクラスリファレンスもライブラリに同梱されています。

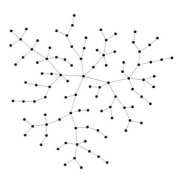

バネでつながれたノード。
→ M_6_1_03.pde

## M.6.2 インターネットからのデータ読み込み

原則として、ブラウザで見られるデータはすべて、他のプログラムから読み込んで別の用途でも利用できます。WebページのHTMLテキストではなく構造化されたデータが必要な場合は、XML形式でデータが提供されていると便利です。幸運なことに、こういった例は増えてきています。例えば、RSSフィードは特殊なXMLフォーマットであり、多くのインターネットページがプログラミングインタフェース(いわゆるAPI)を提供していて、XML形式の情報を取得できるようにしています。

→ W.416
Wikipedia：XML

**WikipediaのAPI** 　　Wikipediaは、多くのプログラミングインタフェースを提供していて、ユーザーはWikipediaのデータベースに問い合わせをしたり、記事を編集したりできます。

→ W.417
Wikipedia：API

例えば、Webアドレスのクエリとして入力することで、問い合わせをかけることができます。その際のアドレスは以下のような形式になります。

http://en.wikipedia.org/w/api.php?action=query&prop=links&titles=Superegg

この問い合わせの結果、次のようなテキストが返ってきます。

```xml
<?xml version="1.0"?>
<api>
  <query>
    <pages>
      <page pageid="10405346" ns="0" title="Superegg">
        <links>
          <pl ns="0" title="Aluminum" />
          <pl ns="0" title="Curvature" />
          <pl ns="0" title="Egg of Columbus" />
          <pl ns="0" title="Executive" />
          <pl ns="0" title="Exponent" />
          <pl ns="0" title="Geometry" />
          <pl ns="0" title="Glasgow" />
          <pl ns="0" title="Implicit function" />
          <pl ns="0" title="Kelvin Hall" />
          <pl ns="0" title="Martin Gardner" />
        </links>
      </page>
    </pages>
  </query>
  <query-continue>
    <links plcontinue="10405346|0|Piet Hein (Denmark)" />
  </query-continue>
</api>
```

問い合わせの結果は、標準的な形式である XMLフォーマットで返ってきます。このフォーマットは、各要素が任意の子要素をもつことができるため、データを階層的に構成できます。

データは開始タグ（例えば`<links>`）と終了タグ（例えば`</links>`）で囲まれています。XMLファイルは必ずルートとなる要素を1つだけもち、他のすべての要素を内包します（このWikipediaの例ではapiです）。追加の属性は開始タグの中に含めることができ、それらを使ってより細かくデータを表現します。例えばpage要素には、pageid、ns（ネームスペース）、titleの属性が指定されています。中身のない要素は終了タグを省略できます。その場合は、必ず開始タグの末尾を`/>`とします。

左のWikipediaの問い合わせでは、記事「Superegg」に含まれるリンクが列挙されています。それらはlinks要素の中に置かれ、各plがページリンクを意味しています。すべての結果が列挙されているわけでないないため（デフォルトでは10件）、続きを取得する際はquery-continue要素を使います。

Processingのプログラムでは、このXMLは以下のようにして読み込みます。

→ M_6_2_01.pde

```processing
XML myXML;
XML[] links;
String query;

void setup() {
  query = "http://en.wikipedia.org/w/api.php?titles=Superegg&
          format=xml&action=query&prop=links&pllimit=500";
  try {
    myXML = loadXML(query);
    links = myXML.getChildren("query/pages/page/links/pl");

    for (int i = 0; i < links.length; i++) {
      String title = links[i].getString("title");
      println("Link " + i + ": " + title);
    }
  }
  catch (Exception exception) {
    println(exception);
  }
}
```

データベース問い合わせに使うURLの中で、いくつかパラメータを指定しています。例えば、結果をXML形式で出力すること、最大で500件のリンクを返すこと、です。

新しいXMLオブジェクトをこのURLを渡して作ることで、XMLを読み込んでいます。

getChildren()関数を使ってXML要素のリストを作ります。この例では、`<pl>`タグで指定されたパス以下のすべての要素を対象にしています。

こうして取得したXML要素のリストから、title属性が読み込まれ表示されます。

**XMLテキストの非同期読み込み**　ファイルの読み込みは、特にインターネットから読み込む場合、1フレームの長さよりも時間がかかってしまう場合が多いでしょう。プログラムの動作中にXMLをそのまま読み込んでしまうと、その間はプログラムの実行が止まってしまい、連続的に何かを動かそうとするときに大きな問題となります。

この問題を避けるため、Generative DesignライブラリにはXMLを非同期で（プログラムを止めずに）読み込む関数が組み込まれています。

**マウス** ── 左クリック：クリックしたノードのリンクを読み込む　　　　→ M_6_2_02.pde

```
void mousePressed() {
  query = "http://en.wikipedia.org/w/api.php?titles=Superegg&
          format=xml&action=query&prop=links&pllimit=500";
  myXML = GenerativeDesign.loadXMLAsync2(this, query);
}
```

このプログラムではアニメーションが動いています。マウスでクリックすることで、loadXMLAsync2()関数を使った読み込み処理が開始します。

```
void draw() {
  ...
  if (myXML != null) {
    if (myXML.getChildCount() == 0) {
      println("not loaded yet");
    }
    else {
      links = myXML.getChildren("query/pages/page/links/pl");
      ...
    }
  }
}
```

draw()の中で読み込み処理が始まったかどうかをチェックします。

読み込むXMLが下位のオブジェクトを何ももたない場合（つまり、関数getChildCount()が0を返す場合）、XMLはまだ読み込まれていない、ということになります。

下位のオブジェクトをもつ場合、XMLはmyXML変数を通じてアクセスが可能になり、前述した処理が実行されます。

454　　　M.6　動的なデータ構造 - M.6.2　インターネットからのデータ読み込み

# M.6.3 データと力学モデル

まずはWikipediaのある記事から始め、クリックする度に一定数のリンク
を増やしていくようにしましょう。そうすることで、徐々にリンク構造が広
がっていきます。複雑さを増すプログラムを読みやすく保つため、一部の機
能をクラスにまとめます。WikipediaNodeクラスは、Nodeクラスを拡張し、
可能な限りデータを独立して読み込めるようにします。それらのノードと、
つながれたバネは、WikipediaGraphクラスで管理します。

**マウス** ── 左クリック：クリックしたノードのリンクを読み込む・
SHIFT＋左クリック：ノードを削除・右ボタンを押しながらドラッグ：ノードをドラッグ・
右ボタンをダブルクリック：記事をブラウザで開く
**キー** ── M：メニュー・↕：ズーム +/-

→ M_6_3_01/WikipediaNode.pde

```
class WikipediaNode extends Node {
  WikipediaGraph graph;
  XML linksXML;
  XML backlinksXML;
  ...
  void setID(String theID) {
    ...
  }

  void loaderLoop() {
    ...
  }
  ...
}
```

WikipediaNodeクラスはNodeクラスを拡張しま
す。グラフから情報を取り出すため、変数graph
はグラフの参照を受け取ります。linksXMLと
backlinksXMLの中で、XMLファイルを読み込
み、記事をつなげます。

Wikipedia記事のタイトルをsetID関数に渡す
と、XMLファイルの読み込みが始まります。

XMLファイルが非同期に読み込まれるため、
loaderLoop()で連続的にデータが読み込まれ
たかどうかチェックする必要があります。

→ M_6_3_01/WikipediaGraph.pde

```
class WikipediaGraph {
  HashMap nodeMap = new HashMap();
  ArrayList springs = new ArrayList();
  ...
  Node addNode(String theID, float theX, float theY) {
    Node findNode = (Node) nodeMap.get(theID);
    if (findNode == null) {
      Node newNode = new WikipediaNode(this, theX, theY);
      newNode.setID(theID);
      nodeMap.put(theID, newNode);
      return newNode;
    }
    else {
      return null;
    }
  }
  →
```

WikipediaGraphクラスでノードとバネを管理
します。ノードはHashMapに保存し、IDでアクセ
スできるようにしておきます。複数のバネには
ArrayListを用いるのが適切です。配列に比べ
てすばやく拡張できます。

addNode()でノードを追加する前に、そのIDの
ノードがすでにnodeMapに存在するかを確認し
ます。存在しない場合、新しいインスタンスを
生成し、nodeMapに保存します。

```
Spring addSpring(String fromID, String toID) {
  WikipediaNode fromNode, toNode;
  fromNode = (WikipediaNode) nodeMap.get(fromID);
  toNode = (WikipediaNode) nodeMap.get(toID);
  if (fromNode==null) return null;
  if (toNode==null) return null;

  if (getSpring(fromNode, toNode) == null) {
    Spring newSpring = new Spring(fromNode, toNode,
                      springLength, springStiffness, 0.9);
    springs.add(newSpring);
    return newSpring;
  }
  return null;
}
...
}
```

2つのノードのIDを渡すと、バネが作られます。そして、そのノードがnodeMapに存在するかチェックします。存在しない場合、処理は中断されます。

nodeMapに存在する場合、すでに2つのノードがつながれているかを確認します。つながれていない場合、バネが作られArrayList型の変数springsに保存されます。

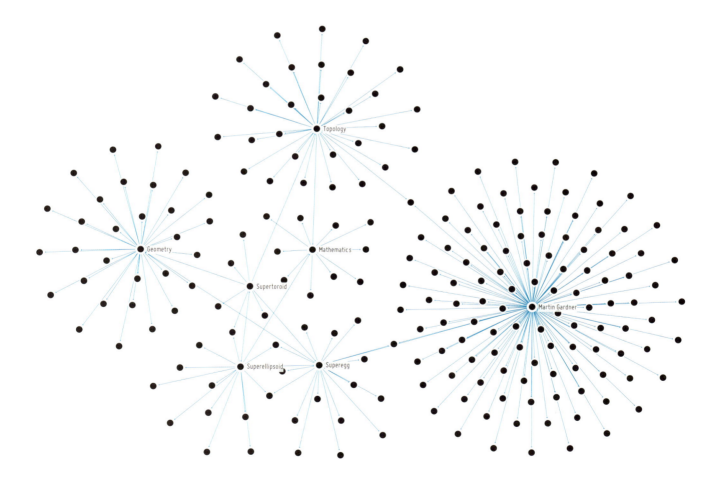

あるWikipediaの記事をもとに、リンク構造を力学モデルで描画したもの。
→ M_6_3_01.pde

## M.6.4 大きさをビジュアライズする

ここまでは、すべてのノードを同じように描画していました。ひとつひとつがまったく違うWikipediaの記事を意味しているにもかかわらず、表現上は同じに見えていました。例えば、どちらの記事が長いのか、どの程度のリンクが集まっているのかなどの情報は直感的に見えるものではありませんでした。記事が長い場合に円を大きくすることは、理にかなっていると言えるでしょう。注意しないといけないのは、量的な情報は、半径ではなくグラフィックの占める面積で認知される、という点です。ノードのまわりに輪を描き、その太さで、ノードからどれだけの数のリンクが出ているかを表現します。

表面の占める面積を2倍にする

円の面積を2倍にするためには、半径をおおよそ1.414倍（＝2の平方根）にする必要があります。

マウス ── 左クリック：リンクを読み込む・左ダブルクリック：新しいノード・SHIFT＋左クリック：ノードを削除・右ボタンを押しながらドラッグ：ノードをドラッグ・右ボタンをダブルクリック：記事をブラウザで開く
キー ──── ↕：ズーム +/-・1：ノードの色のon/off・2：魚眼ビューのon/off

→ M_6_4_01_TOOL/WikipediaNode.pde

```
void setID(String theID) {
  ...
  htmlLoaded = false;
  htmlString = "";
  String url = encodeURL("http://en.wikipedia.org/wiki/"+id);
  htmlList = GenerativeDesign.loadHTMLAsync(thisPApplet,
                   url, GenerativeDesign.HTML_CONTENT);
  ...
}
...
void update() {
  ...
  float l = max(htmlString.length()-1500, 0);
  l = sqrt(l/10000.0);
  diameter = graph.minNodeDiameter +
             graph.nodeDiameterFactor * l;

  int hiddenLinkCount = availableLinks.size() - linkCount;
  hiddenLinkCount = max(0, hiddenLinkCount);
  ringRadius = 1 + sqrt(hiddenLinkCount / 2.0);
  diameter += 6;
  diameter += ringRadius;
}

Spring addSpring(String fromID, String toID) {
  ...
  fromNode.linkCount++;
  toNode.backlinkCount++;
  ...
}
```

記事の長さを調べるため、記事のテキストを読み込む必要があります。ページ名がIDとして保存されているため、それを利用すれば簡単にできます。

loadHTMLAsync()関数では、HTMLソース全体を読み込むことが可能です（この場合、定数HTML_PLAINを使います）。あるいは、この例のようにブラウザに表示されるテキストのみを読み込むこともできます。

読み込まれたHTMLテキストの長さは、ここでノードの半径を定義するために使っています。先頭から1,500文字が長さから差し引かれます。これは、記事とは関係のないテキストのおおよその分量です。次に平方根を使って、円の大きさが記事の長さに対応するように結果を調整します。

リンクの総数は、配列availableLinksの数から求められます。linkCountはすでに描画されたリンクの数です。この差分をもとに、半径を指定します。

→ M_6_4_01_TOOL/WikipediaGraph.pde

新しいつながりが作られる度に、対応するノードの変数linkCountとbacklinkCountを1つ増やす必要があります。

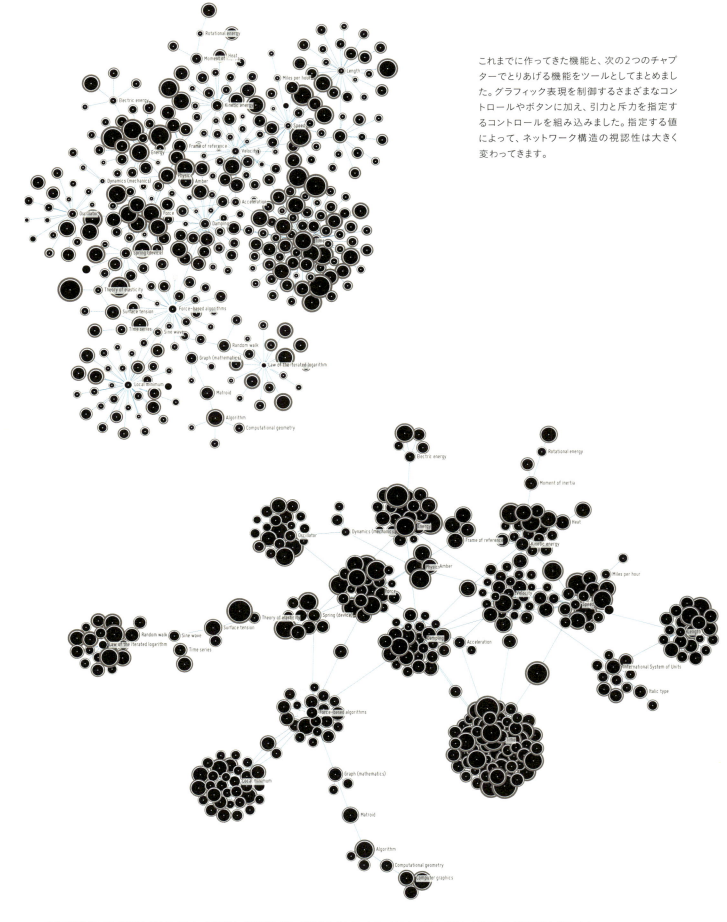

これまでに作ってきた機能と、次の2つのチャプターでとりあげる機能をツールとしてまとめました。グラフィック表現を制御するさまざまなコントロールやボタンに加え、引力と斥力を指定するコントロールを組み込みました。指定する値によって、ネットワーク構造の視認性は大きく変わってきます。

ここで選択されている引力と斥力のパラメータ設定は、読み取りづらい構造を生成しています。上はノード同士が離れすぎていて、下は寄りすぎています。
→ M_6_4_01_TOOL.pde

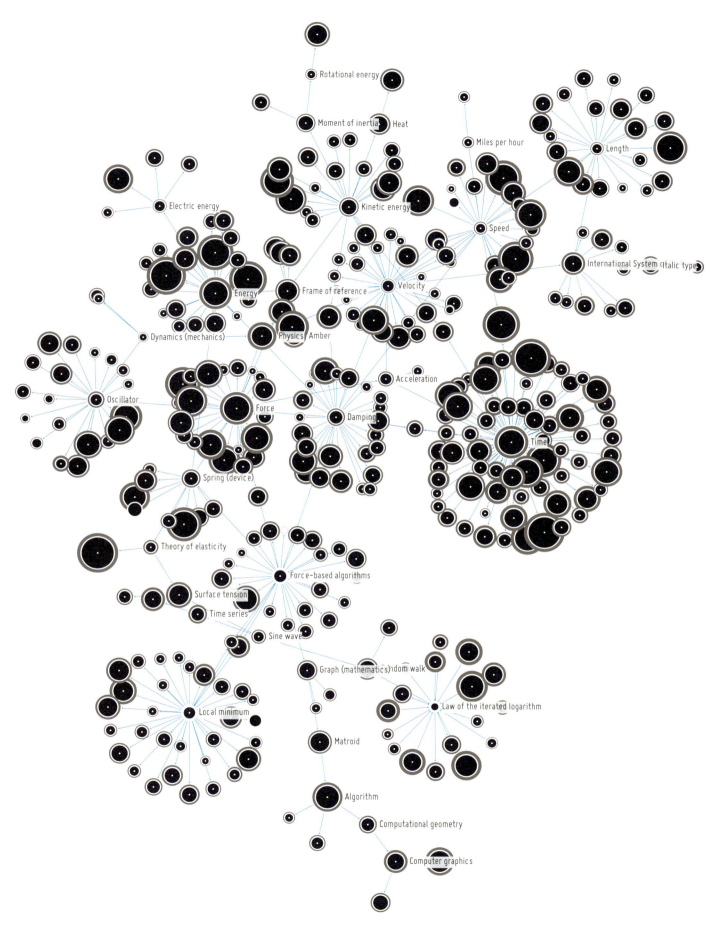

ノードの大きさと斥力とのバランスがとれていて、読み取りやすいグラフィックになっています。
→ M_6_4_01_TOOL.pde

## M.6.5 テキストの意味解析

ここまでの実装で、ノードを見れば、その記事がどの程度重要なのかが分かるようになりました。しかしまだ、タイトル以外の記事の内容は推測できません。例えば、記事が科学、アート、文化について書かれたものなのか、それとも地理的な情報や政治的なトピックをとりあげているものなのか、そういったテーマの分類を色で表現することで便利になるでしょう。

残念なことに、Wikipediaはこういった情報を提供してくれません。しかし、簡単な意味解析を実装することは可能です。テキスト中のキーワードを定義し、カウントするという方法をとります。あるテーマのキーワードが多く現れ、他のキーワードが少ない場合、その記事はそのテーマについて書かれている可能性が高いでしょう。色をテーマに合わせて割り当てて、キーワードの頻度で色を補間していきます。

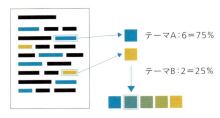

記事内にキーワードが表れる頻度を利用してノードの色を決めます。

```
Pattern[] patterns = new Pattern[0];
color[] colors = new color[0];
...
WikipediaGraph() {
  ...
  String s;
  s = "model|theory|structur|component|element|concept|
      experiment|mathematic|chemi|device|biology|engineer|
      physic|scientific|science";
  patterns = (Pattern[]) append(patterns, Pattern.compile(s));
  colors = append(colors, color(0, 130, 164));

  s = "climate|histor|planet|plant|population|ethnic|politic|
      atmosphere|treaty";
  patterns = (Pattern[]) append(patterns, Pattern.compile(s));
  colors = append(colors, color(181, 157, 0));

  s = "design|jazz|sculpture|culture|music|opus|period|
      composer|perform|literature|author|drama|poet|genre|
      fiction|theatre|style";
  patterns = (Pattern[]) append(patterns, Pattern.compile(s));
  colors = append(colors, color(89, 34, 131));
}
```

→ M_6_4_01_TOOL/WikipediaGraph.pde

テキスト中のキーワードを数えるには、正規表現を扱うJavaクラスに頼るのが便利です。正規表現を使うと、文字列をさまざまな方法で解析したり操作したりできます。Patternは検索パターンを定義するクラスです。それぞれのテーマごとに検索パターンを設定します。

→ W.418
Regular expressions（正規表現）

文字列sで、科学をテーマとするキーワードの正規表現を定義します。この文字列はPattern.compile()でコンパイルされ、配列patternsに追加されます。配列colorsには対応する色が追加されます。

同様に他のテーマ、「自然／社会」と「アート／文化」について処理をしていきます。

色を補間するためには、いくつか検討しなければならない点があります。2つの色の間の値をとるのは簡単です。しかし、3色以上が対象になった場合、この処理を拡張する必要があります。

→ Ch.P.1.2.1
補間で作るカラーパレット

例：3つのテーマにそれぞれ
ヒットしたキーワード数

ステップ1：
最初の2色の補間

ステップ2：
その結果と3番目の色の補間

counters[0]: 3
counters[1]: 12
counters[2]: 5

colors[0]　　　result colors[1]

12 hits
12 / (3+12) = 80%

result

colors[2]

5 hits
5 / (3+12+5) = 25%

3色以上から補間する場合、複数のステップを経る必要があります。

```
color textToColor(String theText) {
  int i;
  int len = patterns.length;
  int[] counters = new int[len];
  int[] counterSums = new int[len];

  Matcher m;
  for (i = 0; i < len; i++) {
    m = patterns[i].matcher(theText.toLowerCase());
    while (m.find() == true) {
      counters[i]++;
    }
  }

  counterSums[0] = counters[0];
  for (i = 1; i < len; i++) {
    counterSums[i] = counterSums[i-1] + counters[i];
  }

  if (counterSums[len-1] == 0) {
    return color(0);
  }

  color result = colors[0];
  for (i = 1; i < len; i++) {
    float amount = counters[i]/float(counterSums[i]);
    result = lerpColor(result, colors[i], amount);
  }
  return result;
}
```

ノードがWikipediaのテキストを読み込むと、textToColor()関数が呼ばれます。その中で、テキストが解析され、色が返ります。この関数は、変数lenでテーマの数を指定することで、柔軟な変更が可能です。この例では3つのテーマを扱っていますが、もっと多くすることもできます。

Matcherは、正規表現による解析結果を保持するクラスです。ループ内で、matcher()関数を使って検索パターンが評価されます。この結果は、条件に一致するものがある限り処理されます。対応するcounter[i]が1つ増やされます。

色を補間するために、カウンターの合計値counterSumsが必要です。カウンターの値が{3, 12, 5}である場合、counterSumsは{3, 15, 20}となります。

配列counterSumsの最後の値が0である場合、テキスト中にキーワードが1つも見つからなかったことを意味しています。その場合、返される色は黒です。

ループの中で補間のステップが実行されます。最後に補間された値resultと、現在の値が補間されます。変数amountが、現在のカウンターの値counter[i]と、ここまでのすべてのカウンターの合計値から求められています。

461

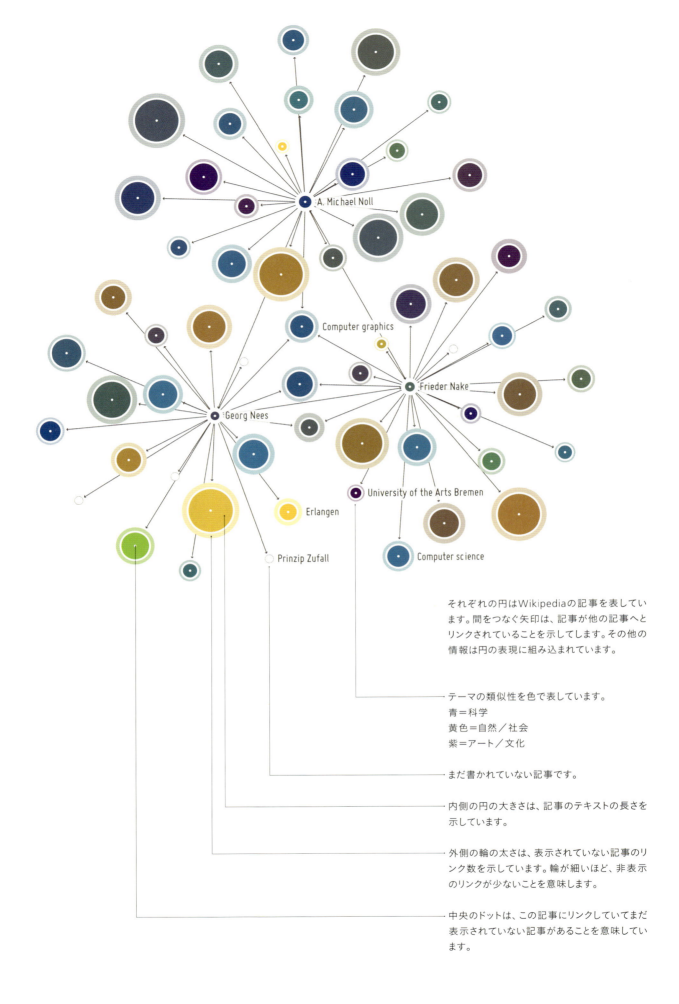

それぞれの円はWikipediaの記事を表しています。間をつなぐ矢印は、記事が他の記事へとリンクされていることを示してします。その他の情報は円の表現に組み込まれています。

テーマの類似性を色で表しています。
青＝科学
黄色＝自然／社会
紫＝アート／文化

まだ書かれていない記事です。

内側の円の大きさは、記事のテキストの長さを示しています。

外側の輪の太さは、表示されていない記事のリンク数を示しています。輪が細いほど、非表示のリンクが少ないことを意味します。

中央のドットは、この記事にリンクしていてまだ表示されていない記事があることを意味しています。

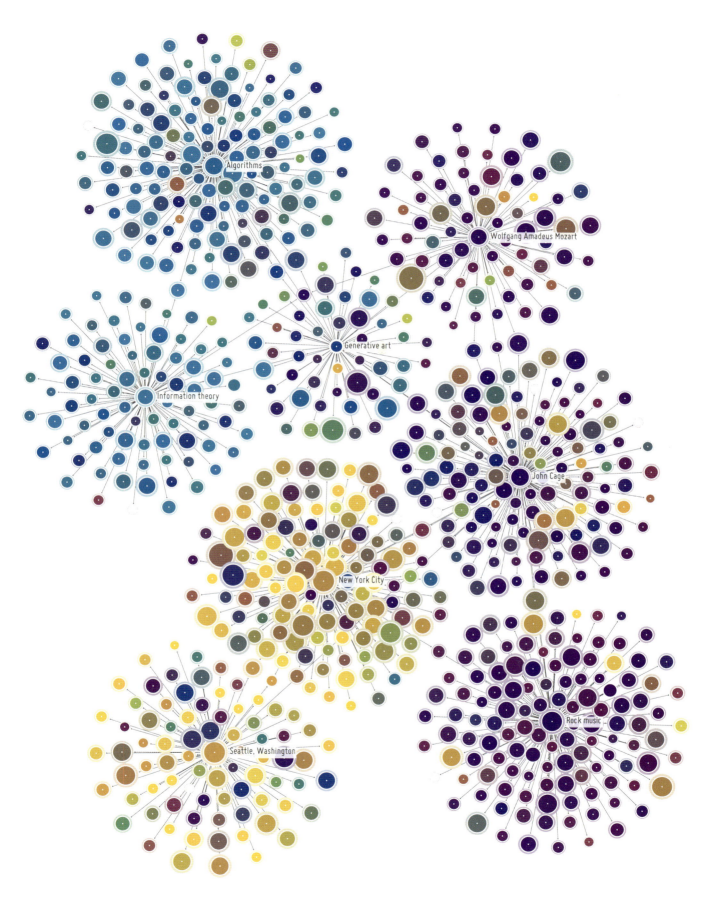

簡単なテキスト解析によってノードに色をつけたことで、記事がどのテーマに属しているかが見やすくなりました。
→ M_6_4_01_TOOL.pde

ノードの大きさはNODEDIAMETERとNODEDIAMETERFACTORで設定できます。nodeDiameterの値で半径の最小値を、nodeDiameterFactorでサイズの増加率を定義します。
→ M_6_4_01_TOOL.pde

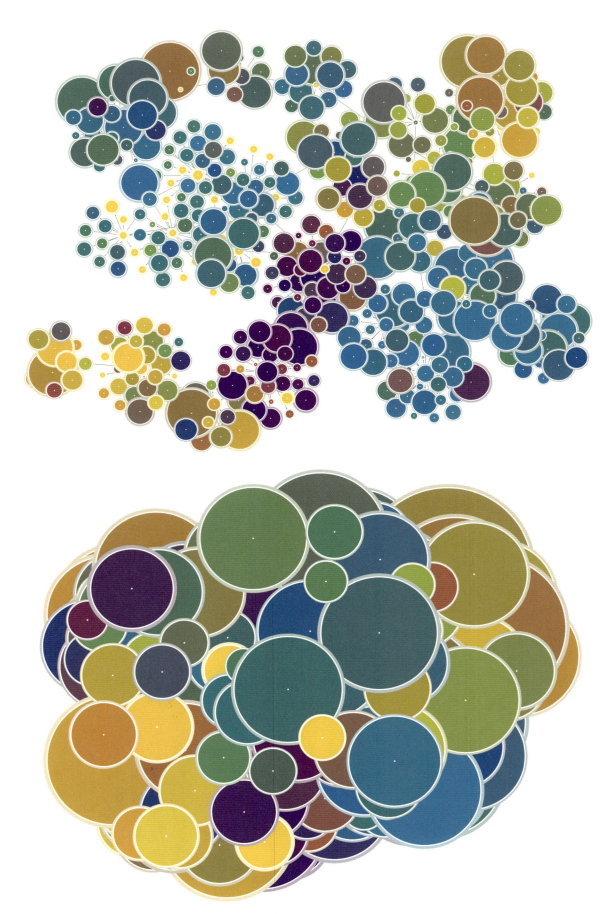

nodeDiameterFactorが0の場合、すべてのノードが同じ大きさになります。その場合、ノードがお互いに反発することで、均等に分散する様子が見られます。
→ M_6_4_01_TOOL.pde

## M.6.6 魚眼ビュー

グラフにノードが追加されるほど、ネットワークはあらゆる方向に拡大していきます。ズームアウトして全体像を見ることもできますが、ノードやノード情報は読み取りにくくなっていきます。

この課題を解決するために、グラフを表示する領域を、魚眼レンズで見たように歪めて投影する方法があります。この方法は、180°の広角レンズのように機能します。ディスプレイの中心にある要素はオリジナルのサイズで表示されていますが、中心から離れた要素ほど小さくなります。ただし、画面上には表示されます。こういった歪みは、情報を失うことなく全体像を保つことができます。特に、力学モデルのような表現では、ノードの正確な位置よりもつながりの構造の方が重要であるため、このような手法が有効なのです。

→ W.419
Wikipedia：Fish-eye lens（魚眼レンズ）

「投影」とは、点の元の座標（この例ではノードの座標です）をもとに、新しい座標を計算することを意味します。そして、計算後の座標のみをディスプレイ上のオブジェクトとして描画します。以下は、魚眼投影のステップの概要を解説したものです。

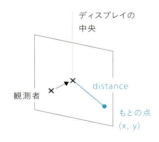

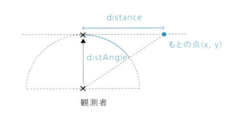

1. ディスプレイの中央と表示する点の距離 distance を計算します。

2. この距離から、atan()関数を使って、表示する角度を計算します。

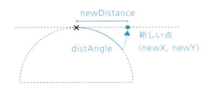

3. 表示角度は、新しい点の座標との距離を計算するために利用されます。円上の点が旋回するイメージです。

4. 最後に、もとの点と同じ方向に新しい距離分離れた点がマークされます。

このように投影することで、遠く離れた点も含めたすべての平面上の点が、
常に描画されるようになります。

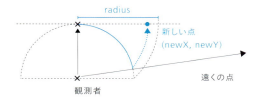
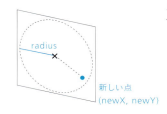

点が中央からどれほど離れていても、魚眼投影では一定の半径の範囲に収まります。

この投影の計算はWikipediaGraphクラスに実装します。

```
PVector screenPos(PVector thePos) {
  if (drawFishEyed) {
    float x = thePos.x + offset.x / zoom;
    float y = thePos.y + offset.y / zoom;
    float[] pol = GenerativeDesign.cartesianToPolar(x, y);
    float distance = pol[0];

    float radius = min(width, height)/2;
    float distAngle = atan(distance/(radius/2)*zoom) / HALF_PI;
    float newDistance = distAngle * radius / zoom;

    float[] newPos = GenerativeDesign.polarToCartesian(
                                         newDistance, pol[1]);
    float newX = newPos[0]-offset.x;
    float newY = newPos[1]-offset.y;
    float newScale = min(1.2-distAngle, 1);
    return new PVector(newX, newY, newScale);
  }
  else {
    return new PVector(thePos.x, thePos.y, 1);
  }
}
```

→ M_6_4_01_TOOL/WikipediaGraph.pde

ノードが表示される前に、screenPos()関数がノードによって呼ばれます。位置thePosが渡され、変換された新しいPVectorが返されます。

1. まず、表示される環境に依存するオフセットoffsetと拡大縮小率zoomの値を使って、渡された位置の値を補正します。位置(x,y)は極座標、距離pol[0]と角度pol[1]に変換されます。

2. 表示角度distAngleの計算を、atan()関数を使って行います。結果は0からHALF_PIまでの数値となります。それをHALF_PIで割ることによって、distAngleは0から1までの値となります。

3. 表示角度を展開するのに必要なのは、distAngleに指定の半径をかけることのみです。

4. ここまでくると、新しい点newPostが計算できます。newDistanceと以前に計算された極座標の角度pol[1]を使います。

返り値のベクトルのz軸で、変数newScaleによってこのノードをどれだけ拡大縮小すればよいかの情報(0から1までの数値)を伝えます。

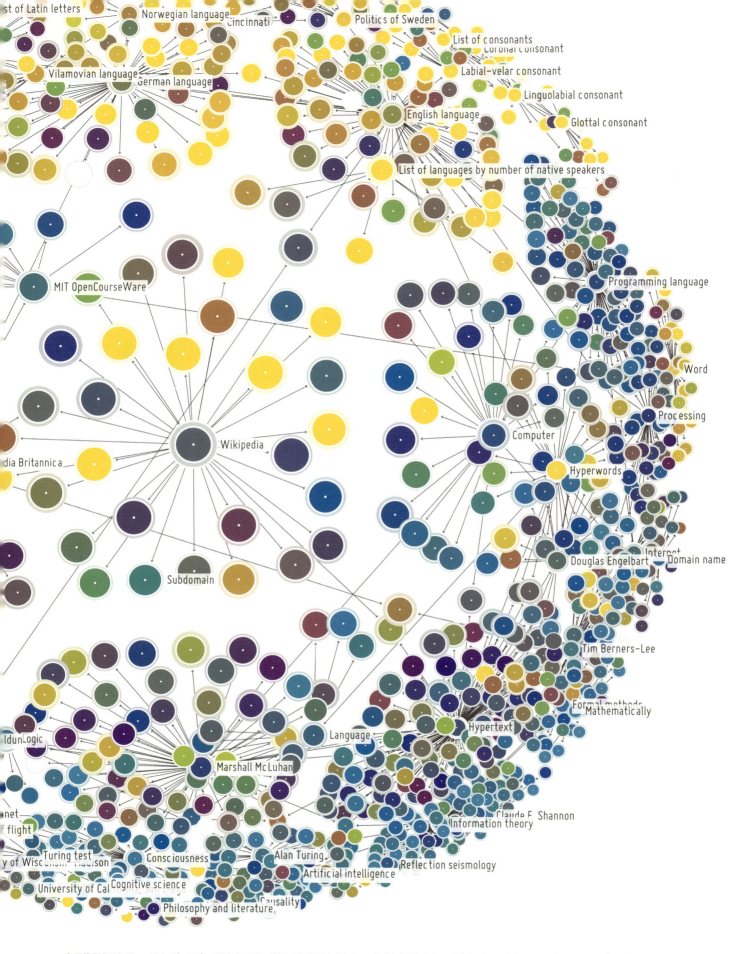

魚眼投影されたビューでは、ディスプレイの中心に近い描画エリアほど大きなスペースが与えられます。こうすることで、ビジュアライゼーションの一部は常に読み取りやすい状態となります。

→ M_6_4_01_TOOL.pde

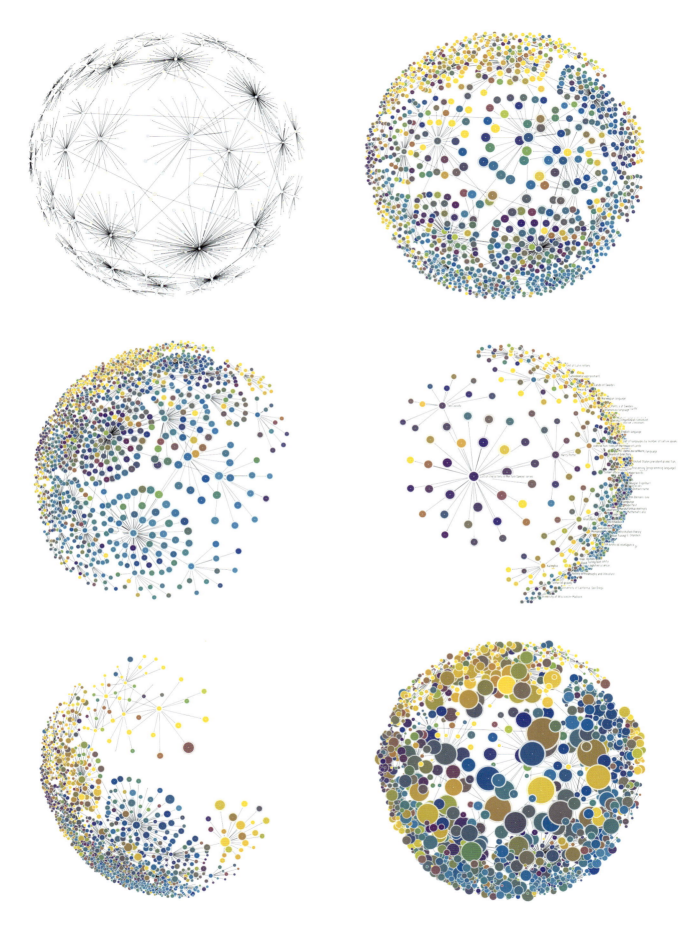

同じネットワーク構造を、それぞれ異なる中心とパラメータ設定で描画したものです。3次元にも見える魚眼効果は意図したものではありませんが、端のほうに向かうほどコンパクトになる構造に起因するものです。
→ M_6_4_01_TOOL.pde

A. ///

# Appendix

付録

# A.0
# 解説

本書の2つのメインパート、「Basic Principles：基本原理」と「Complex Methods：高度な表現手法」では、グラフィックをどのように生成できるかについての実用的なデモを見せることに重点を置いていました。これらのサンプルプログラムで実験することにより、ジェネラティブデザインとは何なのかの感覚をつかむことができます。ここからのページでは、サンプルプログラムの奥にある「考え方」の部分をじっくりとらえて、これまで学んだことに筋道を通していきます。また、関連するトピックやつながりについても触れます。

**現在の状況** デザインにおいて私たち全員が使っているのは、当然ながらコンピュータという万能機械です。Adobe Creative Suite、AutoCAD、3ds Maxのような今日誰もが使っているツールには、何かを代替している機能しかありません。コンピュータが勝ち取ったのは、単に絵筆やはさみ、暗室などの既存のツールを仮想化し、効率を高めたということだけです。その結果、あらゆることがスピーディかつ簡単に行えるようにはなりました。ただし、最も本質的なデザインプロセスはまったく何も変わっていません。あるイメージをマウスで描いても絵筆で描いても、「線を引く」ということにおいては同じままです。ところが、ジェネラティブデザインは従来の技法とは異なっています。ジェネラティブなデザインプロセスは他にないもので、根本的に新たな可能性を切り拓いているのです。

**新しいデザインプロセス** ジェネラティブデザインの利用で実現するデザインプロセスの大きな変化は、伝統的な職人芸が陰に隠れて、新たな基本要素として「抽象化と情報」が登場することです。デザインプロセスにおける問いは、もはや「どのように描くのか」ではなく、「どのように抽象化するのか」になります。なぜなら、あるアイデアから最終イメージに至るプロセスには、コンピュータが解釈して処理する一連の規則（システムの中間層）が不可欠だからです。生成するイメージはどれも、ディスプレイに表示する前にまず一連の規則を使って記述する必要があります。このことがデザイナーに2つの難題を突きつけます。「漠然としたアイデアを、どうやって抽象化するのか」と、「アイデアを、どうやって形式化した手段でコンピュータに入力するのか」です。アイデアを抽象化するのに決まったルールはありません。複雑なアイデアを実装するには、問題を小さなかたまりに分解する必要があります。この問題解決の手法は「分割統治法」として知られています。例えば、ある面にできるだけ多くのランダムなサイズの円を、重ねることなく埋めつくすという問題があります。第一段階は、この漠然としたアイデアを明確でシンプルな「レシピ（手順書）」に変換することです。「新しい円を描く。この円がディスプレイの他のどの円とも重なっていなかったら、その円をできるだけ大きくする。この円が他の円と重なっていた

画面にマウスでお絵描きするのはとても楽しいことですが……ペンで描いた線とマウスで描いた線に違いはありません。真のチャレンジは、新しい画材固有の属性を発見し、コンピュータなしでは描けない線や想像すらできない線をいかにコンピュータに描かせるか、にあるのです。
→ John Maeda（ジョン・マエダ）、『Design by Numbers』、175ページ

「分割統治法」のほかにも、トップダウンやボトムアップなど多くの問題解決手法があります。ジェネラティブデザインでは、「パターン」（パターンを繰り返している問題を分析してシステマティックに解決する）という考え方がとても役に立ちます。
→ Christopher Alexander（クリストファー・アレグザンダー）、『パタン・ランゲージ』

→ W.501
Wikipedia：Divide and conquer algorithm（分割統治法）

→ W.502
Wikipedia：Top-down and bottom-up design（トップダウン設計とボトムアップ設計）

ら、初めからやり直す」というように。 → P.2.2.5
このように分解して初めて、プログラミング言語のそれぞれのステップを明確に記述して、コンピュータに実行させることができます。プログラミング言語は、「繰り返し」「ランダム」「ロジック」などを実行するための基礎的な構成要素を提供しています。次のページでこの要素を詳しく解説します。

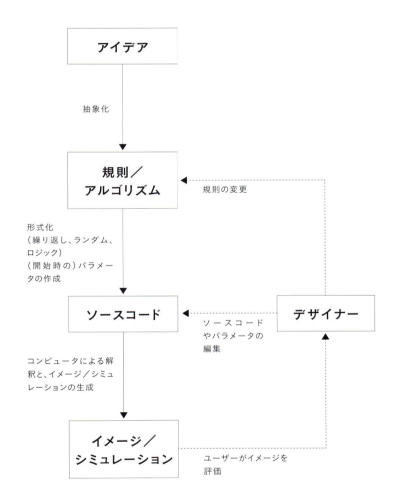

→ 例：エージェントが作る密集状態

アイデア：泡のような円が密集した構造を生成する

抽象化した規則を制定：
1. 新しい円を生成する。
2. この円がディスプレイ内の他のどの円とも重なっていなかったら、円のサイズをできるだけ大きくする。
3. 重なっていたら、新しい円で処理を繰り返す。

コードの文法で形式化：
```
for(int i=0; i < currentCount; i++) {
  float d = dist(newX,newY, x[i],y[i]);
  if (newRadius > d-r[i]) {
    newRadius = d-r[i];
    closestIndex[currentCount] = i;
  }
}
```

→ Ch.P.2.2.5
エージェントが作る密集状態

繰り返しは、コンピュータに、ある問題を解決するまで取り組ませたり、複数のオブジェクトを操作させたりできます。繰り返しの重要性は、本書のプログラムで何度もfor文を使っていること、drawのループがProcessingの中心的な関数であることからも分かります。

ランダムは、コンピュータのもつ厳密な規則性を打ち破り、多様性を作り出すのに使います。完全なランダムでは、構図的に面白い結果にはほとんどなりません。ランダムをそのまま使わずに一定の範囲に制限したり、適切に用いることで、美しい結果が得られます。→ Ch.M.1.2　Processingにおけるランダムは、「random」または「noise」キーワードで表現します。

ロジックは「構造制御」という意味で、ジェネラティブなプロセスの道標に使います。条件式を設定して、プログラムの流れを別々の方向に分岐させることができます。「設計図としてのテキスト」→ Ch.P.3.1.2 では、switch / case文を使って、入力したテキストに応じてプログラムの異なる部分を実行させています。どの文字も通常通り書かれますが、句読点が現れる度に書いている方向を転換して、句読点をカーブする要素に置き換えます。構造を制御するのによく使うキーワードに、「if」「else」「switch」「case」があります。

→ Ch.P.3.1.2
設計図としてのテキスト

クリエイティブなアイデアをコードに変換すると、コンピュータが解釈できるものになり、1本の線も手で描くことなく、ゼロからイメージが生成されます。しかし、コンピュータが瞬時に完全に満足のいく結果を生成することはめったにありません。結果を見て評価する必要があり、その評価が改良への土台になります。従来のアプローチとは違い、イメージを手でいじることはありません。イメージではなく、その背後にある抽象化を修正し、プログラムの個別のパラメータを変更するのです。ジェネラティブシステムは、結果とクリエイターの相互作用を通して繰り返し改良され、最終的な作品に仕上がります。

インタラクションは、こうした相互に及ぼし合う効果を加速させます。ジェネラティブシステム自体はインタラクティブである必要はありません。本書でも、インタラクションをはっきりとは扱っていません。とはいえ、ボタンやスライダーなどのコントロール要素を組み込む手間をかけるのには価値があり、リアルタイムにパラメータを操作することができるようになります。そこで、「Complex Methods：高度な表現手法」パートの各チャプターの終わりにはインタラクティブなツールを入れました。

→ M_3_4_03_TOOL.pde

**デザインの新たな可能性**　プログラミング言語がデザインプロセスの一部となったいま、デザイナーのもつ可能性は根本的に変わり、大きく広がりました。コンセプトの作成はいまでもデザイナーの責務です。コンピュータは勤勉なアシスタント役だけを引き受けます。今日のオートメーション化したデジタルな世界では、デザインを迅速かつ容易に制作でき、何千個もの要素からなるコンポジションを生成することができます。「創発」「シミュレーション」「ツール」の面からジェネラティブデザインの新たな可能性に目を向けるのは、とても興味深いことです。

ジェネラティブデザインの文脈では、予測不可能な結果が生まれたり、すべての要素が相互に作用して個別の属性よりも明らかに上回るものが引き出されたりしたとき、プロセスが「創発的である（emergent）」と言います。よく挙げられる創発の例に、鳥の群れの振る舞いがあります。単純な規則から、非常に複雑で予測不可能な振る舞いが生まれます。「エージェントが作る成長構造」のチャプターでは、たった2ステップのとても単純なアルゴリズムから、まったく予期しない有機的な構造が生まれます（Boids［ボイド］とオートマトンも参照）。　→ Ch.P.2.2.4

自然現象のシミュレーションも、ジェネラティブデザインにおける重要な手法です。「動的なデータ構造」では、力学モデルを使ってWikipediaの記事のリンク構造を可視化しました。→ Ch.M.6　力学モデルは、構造図を均等に調整します。ここではバネと斥力という物理モデルのシミュレーションを利用しています。→ Ch.M.4　物理法則に従って構造全体の張力バランスがとれるまで、すべての要素が互いに影響を与え合います。ここで印象深いのは、バネと斥力という2つの物理公式を応用することで問題を解決していることです。多くの場合、ある分野から別の分野へ知識を移転すると驚くべき結果を引き出します。自然界にはまだ、ジェネラティブシステムに適用可能な多くのモデルがあることは間違いありません。

→ Ch.P.2.2.4
エージェントが作る成長構造

→ W.503
Boids（ボイド）

→ W.504
Wikipedia：Automata（オートマトン）

→ Ch.M.6
動的なデータ構造

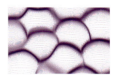

→ Ch.M.4
アトラクター

→ W.505
MSAFluidライブラリ（流体シミュレーション）

この可能性の広がりにおいて最も重要な側面は、デザイナーが自分のためのツールの制作者になったということでしょう。どんなジェネラティブなプログラムも、カスタマイズされたツールと言えるからです。ツールを作るデザイナーは、すでにあるソフトウェアでは到達できなかった新たな道を探究することができ、より幅広いビジュアルデザインの世界が広がります。「ドローイング」の作例で明らかなように、驚くほど多くのデザイナーが独自に開発したツールによる制作を実現しています。→ Ch.P.2.3 このようにシンプルなツールでも、デザイナーの選択肢は大きく広がります。また、こうしたツールを絶えず改良していって、自分にぴったりの制作道具に仕立てることができます。さらに、ジェネラティブなプログラムから、独自のユーザーインターフェースをもつツールに発展させることはそれほど難しいことではありません（「Complex Methods：高度な表現手法」パートの多様なツールを参照）。

→ Ch.P.2.3
ドローイング

**将来を見据える** 本書のドイツ語版が初めて刊行された2009年には、ジェネラティブデザインの利用はすぐに当然のことになると思われました。この本の冒頭にある「Project Selection」の作品群を見ても、すでに多くの分野でジェネラティブデザインが利用されていることが明らかです。その分野は、情報可視化からアート作品、メディアインスタレーション、建築、映像、タイポグラフィ、さらにはジェネラティブな照明デザインにまで至ります。

どこでもつながるコンピュータネットワークのおかげで、私たちが日々向き合っている大量の情報がより一層増え続けています。この情報洪水に対してデータビジュアライゼーション（可視化）という手法で取り組み社会に貢献することが、デザイナーにとっての重要な任務です。この課題に対処するには、ジェネラティブデザインがなくてはならないものになるでしょう。

技術的な可能性が発展することは、ジェネラティブデザインにとって常に刺激の源です。例えば、ほんの数年前まで複雑な3次元世界を生成することはほとんど不可能でしたが、現在では携帯電話でも実現可能になりました。こうした技術的な可能性は、これからもジェネラティブデザインの原動力になるでしょう。

データを理解し、データを処理し、データから価値を抽出し、データを可視化し、データとコミュニケーションできるといった、データを取り扱う能力は、これからの数十年で非常に重要なスキルになります。これは専門職のレベルに限らず、大学生や高校生、小学生の教育のレベルにおいても重要です。いまや私たちは基本的にフリーなデータをいたるところに持っているからです。このような状況で称賛に値する希少な要素が、データを理解し、データから価値を引き出す能力なのです。
→ Hal Varian（Googleチーフエコノミスト）

同じく重要なのが、コミュニティです。活気にあふれた多くのネットコミュニティが、ライブラリ、チュートリアル、サンプルプログラム、記事、フォーラム投稿、Wikiなどを提供しています。この理由の1つに、次のことがあることは間違いありません。ジェネラティブデザインの基礎であるコードの作成では、ソフトウェア開発のようなチームワークがよく適しているからです。コードには、ビデオファイルのような他のメディアよりも、簡単に交換したり拡散したりできるという利点があります。

とはいえ忘れてはいけないのは、プログラミングをするデザイナーはいまだ少数派にとどまっているということです。これには歴史的かつ文化的な理由があります。例えば、大学や専門学校では、これまでデザインとプログラミングの両方を教えてきていませんでした。状況によっては両者の隔たりはなくなりつつあるのに、です。さらに、この新しいデザインプロセスを身につけること、アイデアを見える形にするためにコードを使うことは、多くの人にとって乗り越えがたい壁です。この壁を乗り越えられるようにすることが、本書の主な目的の1つなのです。

→ Steven Johnson, Interface Culture, Chapter 9

私たちは、ジェネラティブデザインの将来をとても楽観的にとらえています。幸運なことに、使い勝手のよい開発ツールが登場し、コンピュータの性能が向上したことで、最も大きなハードルは飛び越えています。ジェネラティブデザインは、コンピュータが秘めている可能性に取り組む新たな自己認識をもたらします。私たちは、プログラミング、ひいてはジェネラティブデザインが、20世紀における写真や映画のように、私たちの技術の文化に欠くことのできない確立した様式に瞬く間になると思っています。その可能性がここにあります。私たちは、その可能性を活用していかなければいけません。

→ Georg Trogemann and Jochen Viehoff, CodeArt, foreword

477

# A.1
# 索引

**A**

Andreas Fischer　→ 032, 036
Andreas Koller　→ 76
Apacheライセンス　→ 015, 191
ASE形式　→ 015, 180, 200

**B**

Ben Fry　→ 100, 284
Benjamin Maus　→ 32
Boris Müller　→ 92

**C**

Carl Bergstrom　→ 148
Casey Reas　→ 112, 180
Cedric Kiefer　→ 72
Christopher Alexander　→ 472

**D**

David Dessens　→ 20
DSFフォーマット　→ 398

**E**

Eno Henze　→ 060, 064, 068

**F**

FELD　→ 24
FIELD　→ 28
Flash　→ 92
Florian Pfeffer　→ 92
for文　→ 188

**G**

Generative Designライブラリ
　→ 013, 015, 180, 203, 260, 389, 407,
　　411, 416, 452, 454
Golan Levin　→ 084, 088

**H**

HSB　→ 194, 198, 200, 324

**J**

James George　→ 164
Janne Kyttänen　→ 80
Java　→ 181
Joanie Lemercier　→ 172
John Maeda　→ 472
Jonathan Minard　→ 164
Jonathan Puckey　→ 104, 108

**K**

Karsten Schmidt　→ 128, 132
kynd　→ 168

**M**

Marc Fornes　→ 044, 048
Marius Watz　→ 156
Martin Roswall　→ 148
Memo Akten　→ 162
Michael Hansmeyer　→ 052, 056
Michael Schmitz　→ 136, 140
Miguel Nóbrega　→ 170
Moritz Stefaner　→ 148

**O**

onformative　→ 96
openFrameworks　→ 088, 168
OpenGL　→ 052, 156, 184

**P**

Paul Bourke　→ 389
Paul Prudence　→ 100
phi　→ 362
Philipp Steinweber　→ 76
Processingエディタ　→ 181

**Q**

Quayola　→ 160, 162

**R**

Ralph Ammer　→ 120
Refik Anadol　→ 174
RGB　→ 200, 314
RhinoScripting　→ 48
Ricard Marxer　→ 288
robamoto　→ 166
Robert Seidel　→ 144
Roman Verostko　→ 152

**S**

Scriptographer　→ 104, 108
Skylar Tibbits　→ 44
Stefan Sagmeister　→ 076, 120, 124
SVG　→ 180, 220, 221, 246, 256, 260,
　　264, 265, 274, 275, 288, 318

**T**

THEVERYMANY　→ 044, 048
Thorsten Fleisch　→ 40
Tim Riecke　→ 116

**V**

vvvv　→ 013, 020, 068, 076, 100

**X**

XML　→ 446, 452, 453, 454, 455

**Z**

Zachary Lieberman　→ 88

## あ

アトラクター　→ 060, 408
アルゴリズム　→ 473
位相シフト　→ 362
インストール　→ 14
インテリジェントエージェント　→ 232
エージェント　→ 052, 072, 230, 248,
　　　　　　　296, 344
演算子　→ 186

## か

階層構造　→ 424
開発環境　→ 181
角度　→ 184, 199, 254
型　→ 185
カラーモデル　→ 194, 198, 200
関数　→ 189
キーボード　→ 187
魚眼ビュー　→ 466
繰り返し　→ 463, 474
グリッド　→ 196, 218, 384, 385, 390, 394
計算式　→ 186
コサイン　→ 198, 365
コメント　→ 190

## さ

再帰　→ 048, 426
彩度　→ 206
サイン　→ 198
サイン波　→ 362
座標系　→ 184
座標変換　→ 184
サンバースト図　→ 424
色相　→ 206
シミュレーション　→ 473, 475
条件文　→ 187
スケッチ　→ 014, 180
創発　→ 475

## た

ダムエージェント　→ 230
抽象化　→ 472
ツリーマップ　→ 284, 285
ディスプレイウィンドウ　→ 14
データ型　→ 185
テキスト解析　→ 463
テクスチャ　→ 339
デザインプロセス　→ 472
同時対比　→ 194

## な

ノード　→ 404, 406

## は

パーリン・ノイズ　→ 338
配列　→ 185
バネ　→ 475
フィードバック　→ 306
フラクタル　→ 040, 144
分割統治法　→ 472
ベクターデータ　→ 15
ベジェ曲線　→ 292
変数　→ 185
変調　→ 365
補間　→ 200
ボロノイ図　→ 84

## ま

マウス　→ 187
明度　→ 206

## ら

ライブラリ　→ 013, 180
ラジアン　→ 184
乱数　→ 336
ランダム　→ 336
ランダム・ジェネレータ　→ 334
力学モデル　→ 448
リサジュー図形　→ 360, 363, 366, 368
ループ　→ 188
レンダラー　→ 184
ロジック　→ 473, 474

# A.2
# 参考文献

## 全般

→ Flake, Gary William. The Computational Beauty of Nature: Computer Explorations of Fractals, Chaos, Complex Systems, and Adaptation. Cambridge: MIT Press, 1998.
かなり数学的にとらえたジェネラティブデザイン。
→ Noble, Joshua. Programming Interactivity, Second Edition. Sebastopol: O'Reilly Media, 2012.
→ Reas, Casey, Chandler McWilliams, and Jeroen Barendse. Form+Code in Design, Art, and Architecture. New York: Princeton Architectural Press, 2010.
邦訳：『FORM+CODE -デザイン／アート／建築における、かたちとコード』、久保田晃弘 監訳・吉村マサテル 訳、ビー・エヌ・エヌ新社、2011年

## Processing

→ Glassner, Andrew. Processing for Visual Artists: How to Create Expressive Images and Interactive Art. Natick: A K Peters, 2010.
→ Reas, Casey, and Ben Fry. Getting Started with Processing. Sebastopol: O'Reilly Media, 2010.
邦訳：『Processingをはじめよう』、船田巧 訳、オライリージャパン、2011年
入門者に最適なハンドブック。
→ Processing: A Programming Handbook for Visual Designers and Artists. Cambridge: MIT Press, 2007.
邦訳：『Processing:ビジュアルデザイナーとアーティストのためのプログラミング入門』、中西泰人 監訳・安藤幸央・澤村正樹・杉本達應 訳、ビー・エヌ・エヌ新社、2015年
「オフィシャル」なProcessingハンドブック。
→ Shiffman, Daniel. Learning Processing: A Beginner's Guide to Programming Images, Animation, and Interaction. Boston: Morgan Kaufmann, 2008.
→ The Nature of Code. http://www.shiffman.net/teaching/nature/
邦訳：『Nature of Code -Processingではじめる自然現象のシミュレーション-』、尼岡利崇・鈴木由美・株式会社Bスプラウト 訳、ボーンデジタル、2014年

## データグラフィックス

→ Bertin, Jacques. Semiology of Graphics: Diagrams, Networks, Maps. Translated by William Berg. Madison: University of Wisconsin Press, 1983.
→ Fry, Ben. Visualizing Data. Sebastopol: O'Reilly Media, 2007.
邦訳：『ビジュアライジング・データ —Processingによる情報視覚化手法』、増井俊之 監訳・加藤慶彦 訳、オライリージャパン、2008年
Processingを利用した上級データグラフィックプログラミング。
→ Klanten, Robert, and Nicolas Bourquin. Data Flow: Visualising Information in Graphic Design. Berlin: Gestalten, 2008.
さまざまなデータグラフィック作品。
→ Klanten, Robert, Sven Ehmann, Nicolas Bourquin, and Thibaud Tissot. Data Flow 2: Visualizing Information in Graphic Design. Berlin: Gestalten, 2010.
さらなるデータグラフィック作品。
→ Lima, Manuel. Visual Complexity: Mapping Patterns of Information. New York: Princeton Architectural Press, 2011.
邦訳：『ビジュアル・コンプレキシティ —情報パターンのマッピング』、久保田晃弘 監訳・奥いずみ 訳、ビー・エヌ・エヌ新社、2012年
複雑なビジュアライゼーションの概要。
→ Segaran, Toby. Programming Collective Intelligence: Building Smart Web 2.0 Applications. Sebastopol: O'Reilly Media, 2007.
生成されたデータの分析や収集のためのアルゴリズム集。コンピュータサイエンスのスキルのある経験豊富なユーザーに限っておすすめ。
→ Tufte, Edward R. Envisioning Information. Cheshire: Graphics Press, 1990.
→ The Visual Display of Quantitative Information. Cheshire: Graphics Press, 2001.

## 美学

→ Albers, Josef. Interaction of Color. New Haven: Yale University Press, 1975.

→ Gerstner, Karl. Designing Programmes. Zürich: Lars Müller, 2007.
邦訳：『デザイニング・プログラム』、朝倉直巳 訳、美術出版社、1966年
1964年に原著刊行。このタイトルは現在のデジタル時代では誤解を招くかもしれない。もし今日この本が刊行されるなら、『デザインルールの発明』と題されるだろう。

→ Kandinsky, Wassily. Point and Line to Plane. Edited by Hilla Rebay. Translated by Howard Dearstyne and Hilla Rebay. New York: Dover Publications, 1979.
邦訳：『点と線から面へ』、宮島久雄訳、中央公論美術出版、1995年
1925年に原著刊行。バウハウスの名匠による抽象絵画に関する理論的考察。

→ Leborg, Christian. Visual Grammar. Translated by Diane Oatley. New York: Princeton Architectural Press, 2006.
邦訳：『Visual Grammar—デザインの文法』、大塚典子 訳、ビー・エヌ・エヌ新社、2007年
ビジュアル言語の概説。明快かつ実例が豊富。


## 歴史と系譜

→ Brown, Paul, Charlie Gere, Nicholas Lambert, and Catherine Mason, eds. White Heat Cold Logic: British Computer Art, 1960–1980. Cambridge: MIT Press, 2008.

→ Burnham, Jack. Software: Information Technology: Its New Meaning for Art. New York: The Jewish Museum, 1970.

→ Franke, Herbert W. Computer Graphics, Computer Art. New York: Phaidon, 1971.

→ Leavitt, Ruth, ed. Artist and Computer. New York: Harmony Books, 1976.

→ Lee, Pamela M. Chronophobia: On Time in the Art of the 1960s. Cambridge: MIT Press, 2004.

→ Maeda, John. Design by Numbers. Cambridge: MIT Press, 2001.
プログラミング言語DBNを利用して作り出すデザインの世界を紹介した最初の著名な本。

→ Maeda@Media. New York: Rizzoli, 2000.
ジェネラティブデザインに多大な貢献をしたジョン・マエダの自伝であり作品集。

→ McCollough, Malcom. Abstracting Craft. Cambridge: MIT Press, 1998.

→ Paul, Christiane. Digital Art. New York: Thames & Hudson, 2003.

→ Reichardt, Jasia. Cybernetic Serendipity: The Computer and the Arts. New York: Praeger, 1968.
ロンドンで開催された初めての大きなコンピュータアート展のカタログ。

→ Rosen, Margit, ed. A Little-Known Story about a Movement, a Magazine, and the Computer's Arrival in Art: New Tendencies and Bit International, 1961–1973. Cambridge: MIT Press, 2011.

→ Shanken, Edward A. Art and Electronic Media. New York: Phaidon Press, 2009.

→ Wardrip-Fruin, Noah, and Nick Montfort, eds. The New Media Reader. Cambridge: MIT Press, 2003.

→ Whitelaw, Mitchell. Metacreations: Art and Artificial Life. Cambridge: MIT Press, 2004.

→ Wilson, Mark. Drawing with Computers. New York: Perigree Books, 1985.

→ Wood, Debora. Imaging by Numbers: A Historical View of the Computer Print. Chicago: Northwestern University Press, 2008.


本書の参照Webサイトのすべてのリストと追加のリンクは、www.generative-gestaltung.deに掲載しています。

# A.3
# 編著者紹介

**Julia Laub**
(ユリア・ラウブ)

1980年、バイエルン州生まれ。2003年、シュヴェービッシュ・グミュント・デザイン大学でコミュニケーションデザインを学ぶ。バーゼルのHGKに留学。2007年、修士論文『ジェネラティブシステム』(Benedikt Großと共著)。2008年から、ブックデザイン、コーポレートデザイン、ジェネラティブデザインを専門とするグラフィックデザイナーとして独立。2010年、デザインエージェンシーonformative(ジェネラティブデザインのための事務所)をベルリンでCedric Kieferとともに設立。多くの大学でジェネラティブデザインの講師を務める。

**Claudius Lazzeroni**
(クラウディウス・ラッツェローニ)

1965年、バイエルン州生まれ。1984年、写真家を目指しRaoul Manuel Schnellに師事。1987年、ボストンのマサチューセッツ芸術大学のチューター。1992年、ベルリンのBILDOアカデミーでメディアデザインの学位取得。1996年までPixelparkのクリエイティブディレクター。2001年までベルリンのデザインエージェンシーIM STALLの創設者、ディレクター、クリエイティブディレクター。1999年から、エッセンのフォルクヴァング芸術大学でインターフェースデザインの教授。2005年から、「solographs」を探究、開発、構築。2007年から、フィジカルコンピューティングを含む学科へと拡張。

**Benedikt Groß**
(ベネディクト・グロース)

1980年、バーデン=ヴュルテンベルク州生まれ。2002年、地理学とコンピュータサイエンスを学ぶ。これらの分野の研究を離れ、ビジュアルデザインに興味をもつ。2003年、シュヴェービッシュ・グミュント・デザイン大学で情報とメディアを研究。2005年、フランクフルトのMesoでインターンシップ。2007年、修士論文『ジェネラティブシステム』(Julia Laubと共著)。2007-2009年、シュヴェービッシュ・グミュント・デザイン大学インタラクションデザイン学科で助手と講師を務める。2009-2011年、シュツットガルトのIntuity Media LabでIX(インタラクション)/UXデザイナー。2011年から、ロンドンのロイヤル・カレッジ・オブ・アートのデザインインタラクション修士課程の大学院生。

**Hartmut Bohnacker**
(ハルムート・ボーナッカー)

1972年、バーデン=ヴュルテンベルク州生まれ。数学の研究と経済学の学位から離れて、シュヴェービッシュ・グミュント・デザイン大学でコミュニケーションデザインを学ぶ。卒業後の2002年、シュツットガルトでフリーのデザイナー。専門は、インターフェースやインタラクションデザイン分野のプロジェクトのコンセプト構築、デザイン、プロトタイプ実装。2002年の終わりからは、デジタルメディアの教員。2009年から、シュヴェービッシュ・グミュント・デザイン大学でインタラクションデザインの教授。

### 本書の成り立ち

それは、ピレネー山脈沿いにある小高い丘で始まりました。人里離れた場所を求めていた4人の著者は、みんなの能力を合わせて共通のアイデアにまとめようとしていました。Benedikt GroßとJulia Laubは、ジェネラティブデザインについて書いた修士論文をリュックに入れてきました。Hartmut Bohnackerは、学生にアルゴリズムを理解してもらう豊富な経験を携え、Claudius Lazzeroniは、デザインの基礎についての幅広い知識を共有し、さらに私たちの舌を十分満足させてくれました。数週間かけて本のビジョンを固めた後は、ともに作業するために別々の道に向かいました。それ以来、ほとんどずっと離れたところにいました。インターネットや、時には集中的なワークショップでの打ち合わせをもとに、絶え間ない反復的な段階を経て、テキスト、プログラム、デザインがすべて出来上がって整理を終えたときには、14ヶ月の月日が経っていました。KarinとBertram Schmidt-Friderichsという情熱的な発行人と組んでいなかったら、私たちはまだ書き続けていたかもしれません……。

# A.4
# 謝辞

→ Project Selectionに掲載させていただいた、すべてのアーティスト、デザイナー、建築家。

→ Cedric Kiefer。問題解決、プログラミング、相談、イラストレーション、長い作業の夜の間の気持ちのこもった精神的援助。

→ Intuity Media Lab（シュツットガルト）。コンサルタント、サポート、オフィス利用。

→ 47 Nord（シュツットガルト）のDany SchmidとStefan Landsbek。SVNとWikiのホスティング。オフィス利用。Javaヘルプ（ASE書き出し）、Webサイトwww.generative-gestaltung.deの実現。

→ Christopher Warnow。プログラミングとサポート。

→ Matthias Wagler。Processingライブラリの手助けと相談。

→ Joreg、Sebastian Gregorと、彼らのアシスタントであるRoman Grasy、Igne Degutyte、Anton Mezhiborskiy、Anna-Luise Lorenzら。すべてのスケッチをvvvvパッチに移植。

→ Sojamo。controlP5の改変。

→ Casey Reas、Ben Fry。Processingのバグの迅速な解消。Caseyによる英語版の初期サポートと参考文献の支援。

→ Processingコミュニティ。フォーラムでの手助け。

→ FreeSans.ttf GNU Project、Mårten Nettelbladt（MISO）、FontShop。フォント提供。

→ Exyzt（パリ）のFrançois Wunschel。オフィス利用。

→ Frank Weiprecht。InDesignスクリプトの手助け。

→ Andres Colubri。ProTabletライブラリ。

→ Pau Domingo、Markus Schattmaier、Franz Stämmele、Andrea von Danwitz、Jana-Lina Berkenbusch、Ben Reubold、Victor Juarez Hernandez。イラストレーション。

→ Tom Ziora、Stefan Eigner。写真の提供。

→ Vanessa Schomakers。プロジェクトセレクションのテキスト。

→ Nicole Schwarz、Linda Hintz。レイアウトとタイポグラフィの助言。

→ Florian Stötzler。フィードバックとアイデア。

→ Sebastian Oschatz。コメントと引用文。

→ Kristijan Kolak、Marc Guntow。シネマ・レイトレーシングの手助け。

→ Hermann Schmidt Mainz publishing houseのみなさん（特にBrigitte Raab）。

→ Marie Frohling。英語翻訳と多大な協力。

→ Amos Confer。英語翻訳のレビュー。

最後に、周囲の方々に心より感謝します。みなさんの協力がなければ本書が完成することはありませんでした。

→ Hartmut Bohnackerから、ほとんど時間がとれなかったことを理解してくれた友人、同僚、親類のみんなへ。

→ Benedikt Großから、Sabrina、両親と兄弟、Fischer家のみんな、IG基礎コースでともに時間を過ごしたMichael Götteへ。

→ Julia Laubから、Cedric、Johannes、家族、祖父母、励ましと理解で私を支えてくれたすべてのみなさんへ。

→ Claudius Lazzeroniから、Hu Hohn、Anna Heine、Thomas Born、両親、元気づけて協力してくれた妻のDaniela von Heylへ。

# A.5
# 連絡先

Generative design チーム
→ info@generative-gestaltung.de

Hartmut Bohnacker
→ hartmut.bohnacker@generative-gestaltung.de

Benedikt Groß
→ benedikt.gross@generative-gestaltung.de

Julia Laub
→ julia.laub@generative-gestaltung.de

Claudius Lazzeroni
→ claudius.lazzeroni@generative-gestaltung.de

# A.6
# 訳者／監修者紹介

## 訳者

### [S]

**安藤 幸央** ［あんどう ゆきお］ @yukio_andoh

北海道生まれ。株式会社エクサ コンサルティング推進部所属。Open GLをはじめとする三次元コンピュータグラフィックス、ユーザエクスペリエンスデザインが専門。Webから始まり情報家電、スマートフォンアプリ、VRシステム、巨大立体視シアター、メディアアートまで、多岐にわたって仕事を手がける。Processingは、その前身であるDBN（Design By Numbers）からのユーザー。『Processing』（ビー・エヌ・エヌ新社、2015年）共訳者。

### [I, P, A]

**杉本 達應** ［すぎもと たつお］ @sugi2000

札幌市立大学デザイン学部講師。2016年4月から佐賀大学芸術地域デザイン学部准教授。国際情報科学芸術アカデミー［IAMAS］卒業。東京大学大学院学際情報学府修士課程修了。メディア表現を支援するシステム開発や、メディア表現の技術文化史研究などを行う。共著に『メディア技術史：デジタル社会の系譜と行方』（北樹出版、2013年）。『Processing』（ビー・エヌ・エヌ新社、2015年）共訳者。

### [M]

**澤村 正樹** ［さわむら まさき］ @sawamur

ソフトウェアエンジニア・インタラクションデザイナー。ポータルサイトやゲームプラットフォームなど、これまでに様々なWebサイトやWebアプリケーションの開発と企画に携わる。テクノロジーとデザイン、アートやビジネスなど、複数のカルチャーをつなぐ存在になるのが目標。訳書に『メンタルモデル』『SF映画で学ぶインタフェースデザイン』（いずれも共訳／丸善出版、2014年）。『Processing』（ビー・エヌ・エヌ新社、2015年）共訳者。

## 監修者

**深津 貴之** ［ふかつ たかゆき］ @fladdict

大学で都市情報デザインを学んだ後、英国にて2年間プロダクトデザインを学ぶ。2005年に帰国し、thaに入社。2013年、THE GUILDを設立。Flash／Interactive関連を扱うブログ「fladdict.net」を運営。現在はiPhoneアプリを中心に、UIデザインやInteractiveデザイン制作に取り組む。

**国分 宏樹** ［こくぶん ひろき］ @cocopon

メーカー勤務を経て、現在は株式会社Art & MobileおよびTHE GUILDのメンバーとして、主にWebやiOSのエンジニアとして活動中。個人としてはエンジニアの枠にとらわれず、UIデザインやジェネラティブアート、ドット絵など幅広い領域で活動している。

# A.7
# コピーライト

**Generative Gestaltung**
Copyright ©(2010 by Verlag Hermann Schmidt, Germany and the authors)
www.verlag-hermann-schmidt.de


Japanese translation rights arranged with
Verlag Hermann Schmidt GmbH & Co. KG through
Japan UNI Agency, Inc., Tokyo

Japanese translation © 2016 BNN, Inc.

BNN, Inc.
1-20-6, Ebisu-minami, Shibuya-ku, Tokyo
150-0022 JAPAN
www.bnn.co.jp

本書のすべてのコードは、Processing 3.0 →www.processing.orgに
対応し、Apacheライセンスで公開されています。

**Webサイト**
www.generative-gestaltung.de

**連絡先**
info@generative-gestaltung.de

［ジェネラティブデザイン］

# GENERATIVE DESIGN
Processingで切り拓く、デザインの新たな地平

2016年 2 月24日　初版第 1 刷発行

著者：Hartmut Bohnacker、Benedikt Groß、Julia Laub
編者：Claudius Lazzeroni

翻訳：安藤幸央、杉本達應、澤村正樹
監修：THE GUILD（深津貴之、国分宏樹）

発行人：籔内康一
発行所：株式会社ビー・エヌ・エヌ新社
　　　　〒150-0022
　　　　東京都渋谷区恵比寿南一丁目20番6号
　　　　E-mail：info@bnn.co.jp
　　　　Fax：03-5725-1511
　　　　http://www.bnn.co.jp/

印刷・製本：シナノ印刷株式会社

日本語版編集協力：久保田晃弘
日本語版デザイン：平野雅彦
日本語版編集：石井早耶香、村田純一

※本書の内容に関するお問い合わせは弊社Webサイトから、またはお名前とご連絡先を明
　記のうえE-mailにてご連絡ください。
※本書の一部または全部について、個人で使用するほかは、株式会社ビー・エヌ・エヌ新
　社および著作権者の承諾を得ずに無断で複写・複製することは禁じられております。
※乱丁本・落丁本はお取り替えいたします。
※定価はカバーに記載してあります。

ISBN978-4-8025-1013-4
Printed in Japan

rapid prototyping ·

architecture ·

organic shapes ·          · sculpture ·

art ·

installation ·          animation ·
                   interaction ·

video ·

realtime images ·          agents ·

color ·

spectrum ·          palettes ·

3D ·

image filter ·

image collection ·

font outline ·          recursion ·

image ·

image cut-outs ·

meshes ·          pixel values ·

algorithms ·

mesh structures ·

tree diagrams ·

interpolation ·

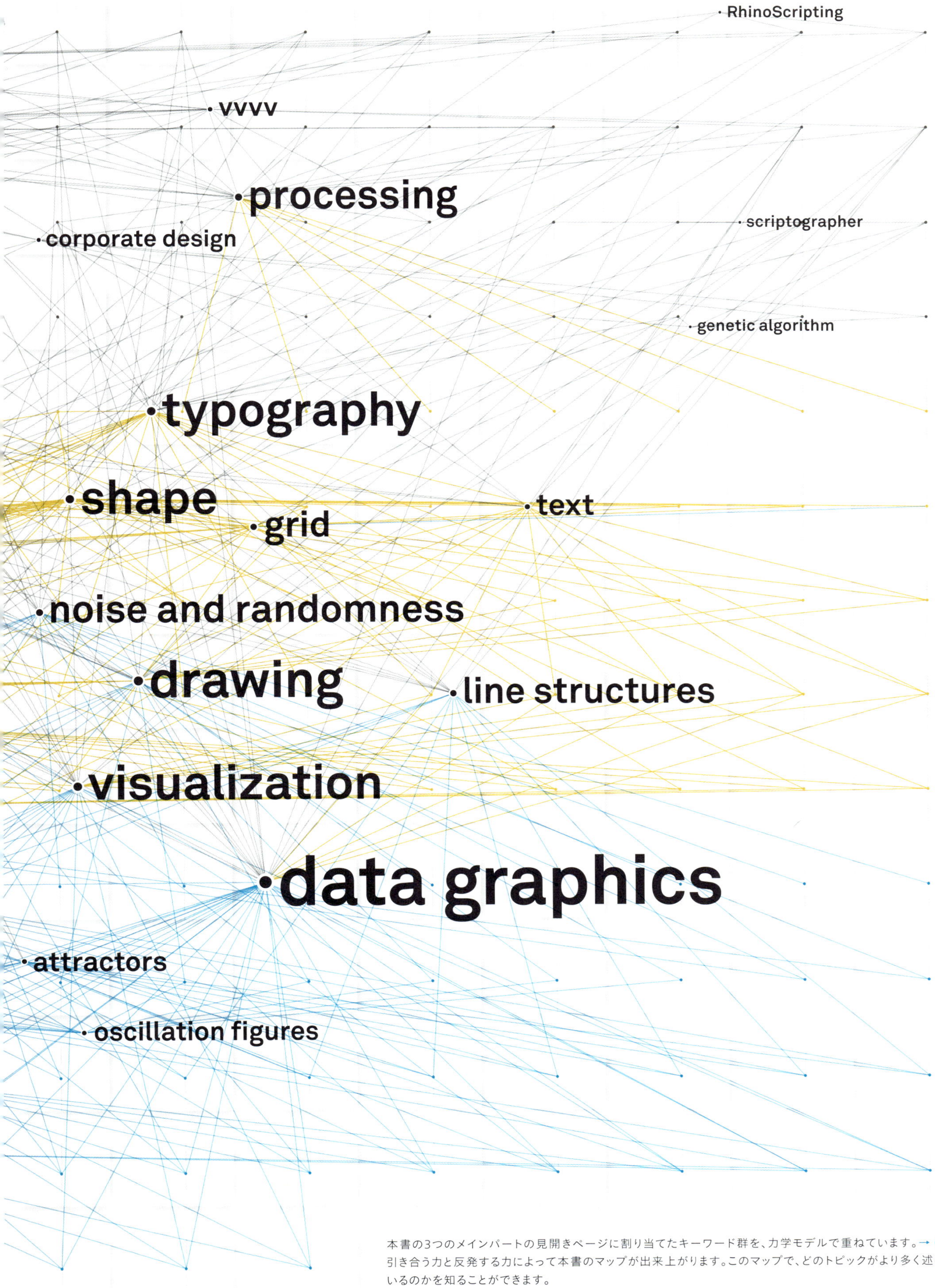

RhinoScripting

vvvv

processing

corporate design

scriptographer

genetic algorithm

typography

shape

grid

text

noise and randomness

drawing

line structures

visualization

data graphics

attractors

oscillation figures

本書の3つのメインパートの見開きページに割り当てたキーワード群を、力学モデルで重ねています。→ Ch.M.6
引き合う力と反発する力によって本書のマップが出来上がります。このマップで、どのトピックがより多く述べられて
いるのかを知ることができます。
→ Force-Directed-Tags.pde